国家出版基金项目
NATIONAL PUBLICATION FOUNDATION

多用途模块式小型堆技术概览

李 庆 曾 未 宋丹戎 秦 冬
刘 佳 秦 忠 徐英虎 王 飞 著

先进核科学技术出版工程

丛书主编 于俊崇

多用途模块式小型堆技术概览

李 庆 曾 未 宋丹戎 秦 冬
刘 佳 秦 忠 徐英虎 王 飞 著

图书在版编目(CIP)数据

多用途模块式小型堆技术概览/李庆等著. —西安：西安交通大学出版社，2023.9

先进核科学技术出版工程/于俊崇主编

ISBN 978-7-5693-2752-6

Ⅰ.①多… Ⅱ.①李… Ⅲ.①反应堆—核技术 Ⅳ.①TL4

中国版本图书馆 CIP 数据核字(2022)第 149911 号

书　　名 多用途模块式小型堆技术概览
DUOYONGTU MOKUAISHI XIAOXINGDUI JISHU GAILAN
著　　者 李　庆　曾　未　宋丹戎　秦　冬　刘　佳　秦　忠　徐英虎　王　飞
策划编辑 田　华　曹　昳
责任编辑 李　佳　王　娜
责任印制 张春荣　刘　攀
版式设计 程文卫
装帧设计 伍　胜

出版发行 西安交通大学出版社
(西安市兴庆南路 1 号　邮政编码 710048)
网　　址 http：//www.xjtupress.com
电　　话 (029)82668357　82667874(市场营销中心)
(029)82668315(总编办)
印　　刷 中煤地西安地图制印有限公司

开　　本 720 mm×1000 mm　1/16　**印张** 16　**彩页** 2　**字数** 308 千字
版次印次 2023 年 9 月第 1 版　2023 年 9 月第 1 次印刷
书　　号 ISBN 978-7-5693-2752-6
定　　价 218.00 元

发现印装质量问题，请与本社市场营销中心联系。
订购热线：(029)82665248　(029)82667874
投稿热线：(029)82668818

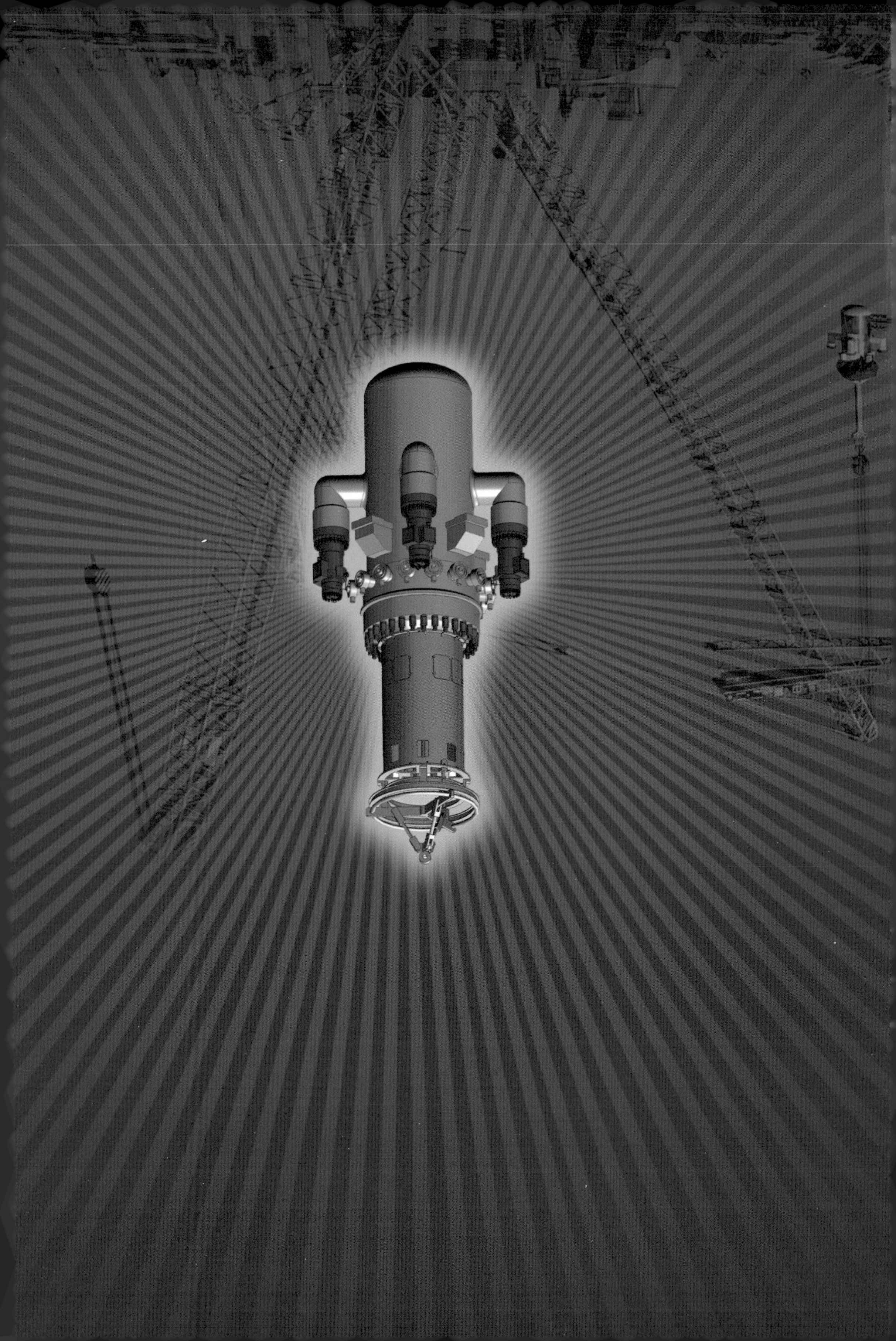

“先进核科学技术出版工程”编委会

序言 PREAMBLE

本书对全球小型堆技术研发情况进行调查研究，涵盖了世界上各种小型堆技术研发现状、技术特点、国内基础、关键技术问题、各国支持政策情况等，并对各种堆型的特点及其面临的关键问题进行了综合分析。

根据调研情况，目前全球有72种小型堆技术处于开发或建设阶段，其中压水堆24种(占比33%左右)、沸水堆5种、重水堆2种、气冷堆17种、金属快堆11种、熔盐堆11种、热管堆2种。有2种堆型正在建设，包括阿根廷的CAREM 25(工业原型堆)和中国的HTR-PM(工业示范堆)(截至2020年9月数据)。根据最新信息，俄罗斯的KLT 40S已于2020年投入运行；中国的ACP100示范工程已开始建设，于2021年7月实现第一罐混凝土浇注(the first concrete date，FCD)。

整体来看，水堆、气冷堆、金属快堆均有在运、在建堆型，基础较好，设计深度较深；熔盐堆普遍处于概念方案阶段，基础薄弱，设计深度较浅。从各国研发设计情况来看，美国、俄罗斯、中国、日本等核能大国在水堆、气冷堆、金属快堆、熔盐堆等小型堆技术领域各有布局；其他国家如法国、阿根廷、韩国侧重于小型压水堆技术；南非侧重于球床高温气冷堆技术；丹麦、英国侧重于熔盐堆技术。从调研情况看，初步形成以下结论：

(1)小型压水堆是目前最成熟、工程可实现性最高的堆型，也是国内外支持研发的重点，美国、俄罗斯、阿根廷、韩国、中国等国均大力推进其研发及部署，印尼、沙特、泰国等国也纷纷制定各自的建设计划或发展意向。全球四个在建小型堆中有三个是压水堆，且有多个小型压水堆的研发已达设计认证阶段，具备示范工程条件，有望尽早实现市场化推广。

(2)高温气冷堆具有固有安全性、高温输出等特性，经过多年不断研究，积累了大量经验。我国正在建设高温气冷堆示范工程，在进一步提高经济性后，具备规模推广的技术基础。

(3)小型快堆目前主要有钠冷、铅冷和气冷3种类型，均被第四代核能系统国际论坛(Generation Ⅳ International Forum，GIF)列为最有希望的第四代核能技术。钠冷快堆在国际上已有相当的建设运行经验，我国已建成实验快堆，具有相当的技术储备。铅冷快堆具有优良的中子学、热工水力学及安全特性，根据GIF发布的第四代核能系统路线图，铅冷快堆有望成为首个实现工业示范和商业化应用的第四代先进核能系统，近年来在国际上受到越来越多的关注。气冷快堆目前还处于探索阶段，短期很难实现商业化应用。

(4)熔盐堆已被GIF列为第四代核能技术，具有独特的技术优势，小型熔盐堆日益受到国际上的广泛关注。虽然当前正在研发的熔盐堆技术总体上还处于概念设计阶段，技术上还存在很多亟待解决的问题，但早期熔盐堆技术的基础和实践经验，以及多年来核能技术的发展和工业技术的进步，为熔盐堆的示范和商业化奠定了一定的基础。

目录 CONTENTS

>>> 第1章　小型堆简介

1.1　背　景

中共中央、国务院始终高度重视核电安全及高效发展问题，2006 年，国务院将“大型先进压水堆”和“高温气冷堆”列入国家科技重大专项，通过国家部委、企事业单位、科研院所的共同努力，形成了一批新产品、新材料、新装置以及一系列新工艺。目前，AP1000 核电机组已建成发电，大型先进压水堆 CAP1400 建成在即，高温气冷堆示范工程已并网发电，核电技术水平在专项的支持下实现了一次大跨越，我国核电自主创新能力得到显著提升，为实现核电强国目标奠定了坚实基础。在实施大型先进压水堆重大专项的同时，我国成功设计了具有完全自主知识产权的华龙一号核电技术，并已实现批量化建造和出口，上述成果标志着我国“十二五”期间实施的大型先进压水堆和高温气冷堆核电重大专项已顺利完成，转入工程实施阶段。

近年来，随着我国经济发展和国家利益的需要，小型堆的需求逐步显现。小型堆具有适应性强，可满足不同用户、不同使用环境条件对电、水、热、汽的能源需求。同时，小型堆具有安全性高、系统设计简化、厂址适应性好、初投资少等优点，通过一体化、模块化、智能化、增材制造等设计理念和制造工艺，有望获得较好的经济性。此外，由于核能具有功率密度高、一次装料运行时间长、不需要助燃剂等特点，小型堆还可为深海、太空等特殊环境提供可靠的能源保障，有力支撑我国海洋和太空战略。

2004 年 6 月，国际原子能机构（International atomic energy agency，IAEA）启动中小型堆的开发计划，成立“革新型核反应堆”协作研究项目，许多国家都参与其中，成员总数至今已达到 40 个。在随后的十多年间，IAEA

发布了一系列的小型反应堆发展报告，努力推动小型反应堆技术的开发和研究，通过模块化设计和批量化应用可实现较好的经济性，并大力提倡小型核电厂在发展中国家和中小电网中的应用。

随着技术进步，核能已向固有安全加非能动安全、用户多元方向发展，能适应不同厂址，类似传统能源灵活部署。小型堆是一个“好邻居”，从设计上可实现不需要场外应急，实际消除大量放射性释放的可能性。作为分布式清洁能源，模块式反应堆能靠近城市、小镇及高能耗工厂部署，让核能“贴近城市、靠近用户”成为可能。近年来，国家能源局也在规划开展分布式能源的研究，小型堆将是这些领域应用的重要选择。据 IAEA 预测，未来 20 年，占能源消耗总量 50%的供热领域——城市区域供热、工业工艺供热、海水淡化等对清洁能源的需求会快速增加，仅全球城市区域供热一项的采暖能耗就占能源消耗总量的约 16%。供热市场规模是电力市场的约 1.7 倍。供热领域(包括工业工艺蒸汽、城市区域采暖供热、海水淡化等)具有典型的分布式能源特征，通过小型堆的部署，可有效替代小型火电机组，实现城市区域热、电联供，提高能源利用效率，有助于改善我国北方地区冬季燃煤供暖带来的雾霾问题，还可有效缓解煤改气造成的“气荒”等现象。

综上可以看出，发展小型堆技术对提高我国国家能源安全、促进经济社会发展、引领反应堆技术发展等方面均具有重要意义。我国对于小型堆具有迫切的现实需求，且意义重大(美国政府已明确对我国小型堆技术进行全面封锁)。小型堆使用条件通常较为恶劣，且对安全性、可靠性、运行参数、体积、重量等要求极高，技术难度大、涉及专业面广，与大型压水堆技术存在巨大差异。美国和俄罗斯的相关部门和企业均在政府的大力支持下开展相应的关键技术攻关工作，我国应适时启动重大专项接续项目，基于我国现有小型堆技术，以建设一批压水堆堆型为主的示范项目为依托，积极开展小型堆共性技术、前沿技术研究，推动我国小型堆技术发展。适时开发出一批应用于不同场景、满足不同需求的高可靠性、高安全性、高经济性的小型堆技术，从而进一步提升我国核电设计能力和工业制造水平，巩固和加强我国在世界核电发展中的地位，引领世界核电技术发展。同时从常规能源保障、多用途供给等方面，助力我国一带一路、经略海洋、太空探索等国家战略。

1.2 小型堆技术特点

IAEA 将“小型核反应堆”定义为电功率小于 300 MW 的核反应堆动力装置，简称“小型堆”。发电功率在 300～600 MW 的被定义为中型反应堆，两者可以统称为中小型核反应堆，英文简称 SMR(small and medium - sized reactors)。美国在 IAEA 定义的基础上加入了模块化概念，即小型模块化反应堆，英文简称 SMR(small modular reactor)。

相比于大型反应堆，小型反应堆的特点和优势有：功率规模小、系统简单、建造初投资少；安全性能高，可建于大城市等人口密集地区周边；运行灵活，对传输配套设施要求较低，适应负荷变化能力强；模块式建造，建造周期短；厂址条件要求简化，选址灵活等；应用领域广泛，除发电外还可用于区域供热、工业供气、海水淡化等。基于这些方面的独特优势，小型反应堆可为区域电力、能源供应分布和优化提供新的解决方案，具有很好的发展前景。许多国家都将其视为未来核能应用的一个重要方向，很多国际相关的研究机构对小型反应堆未来的发展均给出了乐观预测。

美国能源部在 IAEA 小型堆概念的基础上强化了模块化概念，采用模块化设计、模块化制造、模块式运输、现场快速装配，采用革新技术的新一代反应堆。所谓“模块化设计”，就是把整个核电站分成若干个独立的模块，每个模块可以单独在工厂里生产加工，然后用火车、轮船或者卡车运到核电站现场进行组装。核电站成为在工厂里批量生产的产品，以期通过工厂批量化生产带动制造成本大幅降低。这种模块化的设计方案，正是模块式小型堆与大型反应堆之间的本质区别。美国能源部确信模块化小型堆在美国有良好的市场前景，视为“美国接下来的核选择”，并从 2012 年起 5 年内提供总经费 4.52 亿美元，经竞标确定支持美国巴威 mpower 公司和福陆公司 Nuscale 两种模块式一体化小型压水堆的研发。美国能源部于 2014 年 12 月宣布了一份价值 125 亿美元的联邦贷款担保出资计划，用于为模块式小型堆等重点先进核能项目提供资金支持。俄罗斯主要针对偏远地区能源需求，研究并建造了世界上首座浮动核电站“罗蒙诺索夫”号，于 2020 年 5 月正式投入商业运行。此外，韩国、英国、阿根廷等国家均相继启动小型压水堆研发计划，部分堆型已进入工程实施阶段。

1.3 小型堆发展需求

IAEA 预测，未来 20 年，占能源消耗总量 50%的供热领域——城市区域供热、工业工艺供热、海水淡化等对清洁能源的需求会快速增加，仅全球城市区域供热一项的采暖能耗就约占能源消耗总量的 16%。供热市场规模是电力市场的约 1.7 倍。供热领域(包括工业工艺蒸汽、城市区域采暖供热等)具有典型的分布式能源特征：

(1)分布在用户端;

(2)厂址接近工业区和人口密集区;

(3)区域性强，对单机容量的需求较小;

(4)与大电网、城市热力管网组网运行;

(5)向区域内用户同时提供电力、蒸汽、热水和空调制冷。

随着技术进步，核能已向固有安全加非能动安全、用户多元方向发展，能适应不同厂址，类似传统能源灵活部署。模块式反应堆从设计上可实现不需要场外应急，实际消除大量放射性释放的可能性。

模块式小型反应堆能很好地满足中小型电网的供电、城市供热、工业工艺供热和海水淡化等多个领域应用的需求。

1.3.1 老旧小火电机组替代

城市化导致我国北方地区城市区域供热规模增长迅速。我国“三北”地区兼顾城市供热的纯凝小火电机组约 8×10^7 kW，能耗高、污染高。在双碳背景下，淘汰 2×10^5 kW 以下落后小火电机组是我国政府大力推进能源结构转型的重要举措，但是淘汰落后小火电特别是热电联供小火电必须有替代能源。

1.3.2 工业工艺供热

在工业工艺供热领域，电力、建材、冶金、化工等能源消费密集的行业的企业大都建有不同规模的自备热电厂，使用的绝大部分是化石能源，它们的排放物占大气污染源的 70%以上。中国每年需求工业工艺蒸汽 9×10^9 t，相当于 1.2×10^9 kW 的热源，温室气体排放量约占我国每年温室气体排放总量的 10%。治理雾霾，这些存量工业热负荷必须有清洁替代能源。此外，随着工业发展，还将有增量工业热负荷需要解决。由于需求量和厂址条件的特殊性，大型核电机组应用受到限制，加快开发模块式小型堆以核代煤发展核能供热是解决这些问题的有效途径。

1.3.3 核能海水淡化

中国属于资源性缺水国家，再加上气候变化令极端天气频发，九成沿海城市缺水，城市之“渴”已经十分普遍。我国的水资源总量虽然居世界第 6 位，但是人均水资源占有量仅为世界第 109 位，为世界平均水平的 1/4，被联合国列为世界 13 个缺水国之一。我国大部分工业集中于沿海、近海地区，按照人均水资源低于 1000 m^3 为严重缺水的标准，大连、天津、青岛、威海、连云港等城市已经处于严重缺水状况。严重的淡水资源缺乏，已成为经济可持续发展不可忽视的瓶颈。沿海城市通过反渗透法、闪蒸法、蒸馏法局部开展了常规能源海水淡化，见图 1-1。目前大规模海水淡化消耗的能源主要来自化石燃料，淡水的生产成本居高不下，且造成了较大污染。

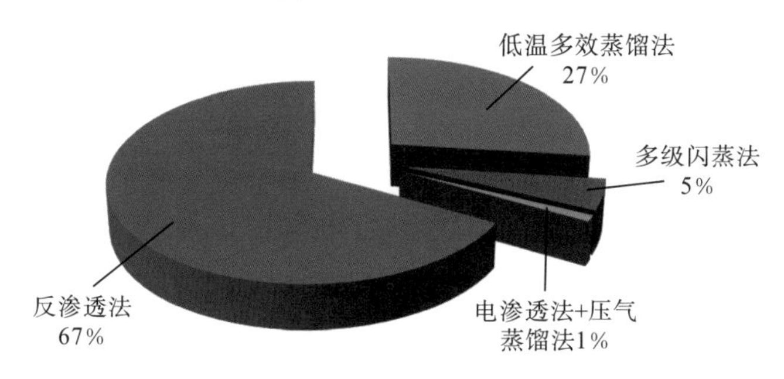

图 1-1 中国海水淡化工艺市场份额

淡水资源缺乏不仅发生在我国，中东地区和非洲地区国家也长期严重缺水。以色列依靠海水淡化满足至少 10%的用水需求。沙特是世界上最大的海水淡化生产国，其海水淡化量约占全球总量的 22%(见图 1-2)，使沙特登上了“海水淡化王国”的宝座。截至 2013 年，沙特共有 30 个海水淡化厂，海水淡化厂沿波斯湾和红海沿岸建设，接近工农业发展的重点地区，而且各厂之间由管道相连，形成供水网络，全国饮用水的 46%依靠淡化水。海水淡化可提供一个不受气候变化影响的稳定水源，可有效增加水资源总量，有效解决沿海地区城市水资源短缺。海水淡化有反渗透膜法、闪蒸法、蒸馏法等方法，图 1-3 给出了全球海水淡化工艺份额，但不管采用何种海水淡化工艺，都需要消耗大量能量。

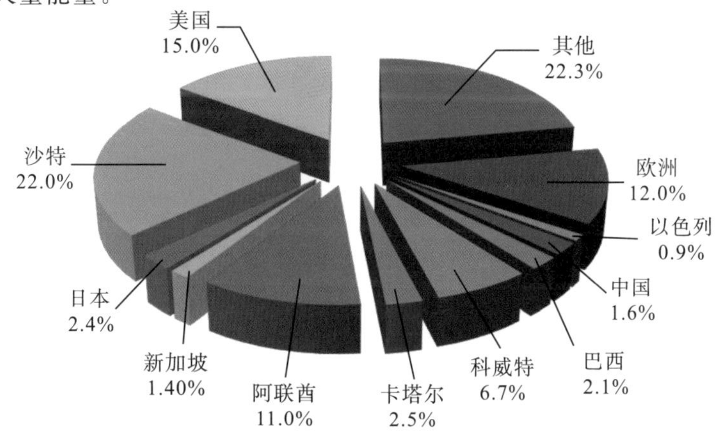

图 1-2　全球海水淡化市场分布

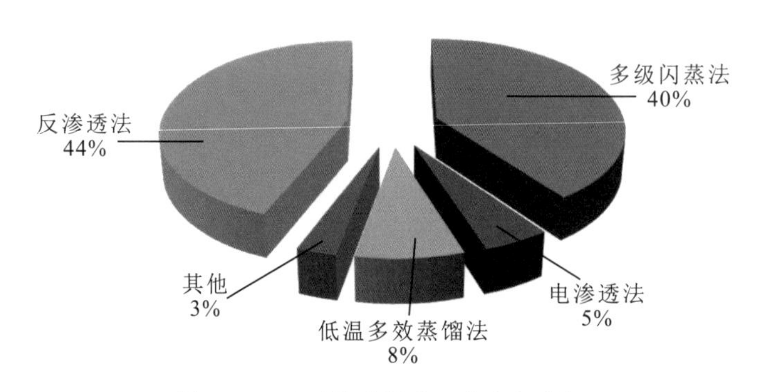

图 1-3　全球海水淡化工艺市场份额

IAEA 于 20 世纪 60 年代就开始进行了核能用于海水淡化的可行性研究。多年研究结果表明，用核能进行海水淡化是现实的选择。核能海水淡化在美国、日本、哈萨克斯坦等国已有几十年的良好应用记录，中东国家沙特、伊朗、阿尔及利亚、约旦等国明确需要小型堆进行核能海水淡化。

1.3.4　核能城市区域供热

我国人口众多，地域辽阔，大约有 1/3 地区需要冬季采暖，采暖期达 4～6 个月。我国城市供热对能源的需求量居世界的前列，广大的东北、华北和西北地区数百座大中型城市每年需要采暖供热的热功率高达几十万兆瓦，年耗煤数十亿吨，占总能源消耗的 15%以上。

由于能源结构和经济性的原因，煤炭成为我国主要能源，大多数城市仍然使用大量高煤耗、高污染的中小机组、小锅炉和小炉灶热源，使燃煤的消耗量很大，并对环境造成了巨大污染。随着城镇化进程加快和深化，采暖热负荷呈现迅猛增长态势，节能减排的形势非常严峻。由于热源必须建在城市附近或居民区内，在市内大量燃煤会造成严重的环境污染，而且煤炭还是温室气体的强排放能源。

为扭转煤烟型污染的严峻形势，改善大气环境，我国城市供热必须调整能源结构，大力发展清洁能源，为城市热网提供更多环保、安全和经济的热源。城市区域供热的典型温度范围为 100～150 ℃，供热介质为水或蒸汽，大城市的区域热网规模大都在 600～1200 MW，为间歇供应模式，每年的热负荷因子一般都不超过 50%，并要求高可靠性，必须为非计划停机期间提供备份容量。大型热网往往由多个供热单元供热，因此模块式反应堆具有极好的热电联供市场，发展模块式反应堆能够有效应对因燃煤带来的环境压力。我国哈尔滨、沈阳等地都开展了核能城市供热的可行性研究。

1.3.5 大中小电网核电市场

随着世界经济的快速发展和对低碳能源的需求快速增加，核能应用将很快从发达国家向中等发达国家和发展中国家扩展。大型反应堆的一次性投资成本很高，许多发展中国家难以解决建设的一次性融资问题。受地质、气象、冷却水源、运输、电网容量和融资能力等条件的限制，发展中国家对中小型堆发电存在切实需求。模块式反应堆投资小、占地少、建造方便、不受地域条件限制，可以在城市中发挥更多作用。模块式反应堆可根据用户需求灵活地选择初始建造规模，逐步增加装机容量，采用滚动发展、资金分阶段逐步投入的方式进行核电建设。模块式反应堆的模块能够用驳船、铁路甚至卡车来运输，这就为内陆、偏远地区建造核热电厂提供了机会。

1.3.6 海洋开发对核能的需求

党的“十八大”制定了海洋开发战略，我国要成为海洋强国。我国拥有约1.84万千米大陆海岸线，海域总面积约473万平方千米，海岛逾1.1万个，整个南海的石油地质储量大约在230亿至300亿吨之间，且距离我国陆地远，海底距海面深度大。开发海洋资源及南海诸岛，必须建设深海油气钻井平台。海上钻井平台生产、生活必须首先解决水电供应等基本要素。

目前，我国渤海油田主要采用油田伴生气和原油发电，这种供电方式是目前我国海上油气开采能源供应的主要方式，存在浪费资源、污染海洋环境、成本高、资源有限，伴生气只能满足油田的前1/4～1/3开采期的供应等困境。中海油渤海油田已明确目前60×10^4～100×10^4 kW的电力需求，中期将达到200×10^4 kW。东海、南海等海上油气开采能源需求更加巨大，尚难以估算，利用海上核能源平台作为替代能源是最佳的方式。

沿海海岛开发计划，一直受水电资源瓶颈的制约。2011年6月，浙江省政府发布了《浙江省重要海岛开发利用与保护规划》，计划选择大鱼山、高塘岛、南田岛、雀儿岙岛等探索发展海岛核电，建设海岛小型核电站，打造浙江沿海和海岛地区安全核电生产基地。

模块式小型堆无疑是一个很好的水电联供理想热源，可为海岛、海上油气钻井平台、偏远基地、极地考察基地提供热、电、水联供，还可用于浮动核电站、核动力商船等。核能是现阶段唯一满足海洋开发要求的能源供给方式。

目前，核能应用还主要局限于美国、加拿大、法国、英国、俄罗斯、德国、日本、韩国等一些工业化发达国家。出于对环保、生态考虑，越来越多的发展中国家纷纷加入核能应用的行列。这些国家经济欠发达，电网容量有限，大型机组很难适应，同时，由于建造大型核电机组的高融资压力及财务风险，以及地域的适应性，使得这些国家和地区对核电的发展望而却步。近年来，先进的中小型反应堆的研究开发逐渐引起了人们的重视，这些小型机组可以单独建造，或作为大型综合设施的模块之一，容量可以根据需求递增，规模的经济性随着机组数量的增加而提高。这些中小型反应堆不但能作为工业国家的电力负荷需求的补充，也可满足电网不能承受大容量机组的发展中国家的电力需求。美国加州大学伯克利分校能源学院专门做过统计，从世界范围内电站规模分布来看，在现有运行的所有类型的电站中，93%的装机容量在500 MW以下，这就说明，在现有的能源需求结构中，小型和中型电站是占绝大多数的，同时中小型机组有利于电网尤其是中小电网稳定。国际上相关大型研究机构对模块式小型堆的市场预测如下。

著名的美国法维翰调查咨询公司曾在2013年6月预测，到2030年，全球将在新增发电装机容量、高耗电工业、移动用户、化石燃料电厂替代、电网中期短缺管理、老旧核电厂替换、区域供热、电力负荷曲线管理、液体燃料生产、孤岛地区及海水淡化等领域提供总计1235 GW目标市场供模块式反应堆选择，图1-4给出了模块式反应堆可寻目标市场规模容量分布预测。

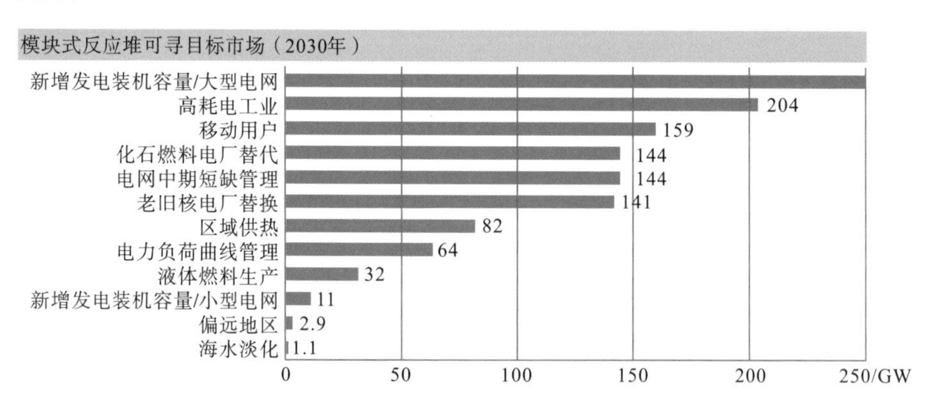

图1-4 模块式反应堆可寻目标市场规模容量分布预测

美国芝加哥大学等研究机构预测，到2050年，在经合组织与非经合组织国家，模块式反应堆可占核电装机容量的1/4。图1-5给出了2050年经合组织及非经合组织模块式反应堆所占核电份额预测图。

英国国家核实验室联合曼彻斯特大学、罗尔斯-罗伊斯集团等7家机构针对全球模块式反应堆市场进行分析评估后认为，以低碳发电及可用厂址为基础，大型核电无法实现而模块式反应堆才能满足的潜在市场需求非常显著。到 2035 年，全球将有 65～85 GW 的潜在市场规模，中国、美国、俄罗斯、英国、巴西、印度将分别有 15000 MW、15000 MW、10000 MW、7000 MW、6200 MW、4800 MW 潜在市场需求采用模块式反应堆。

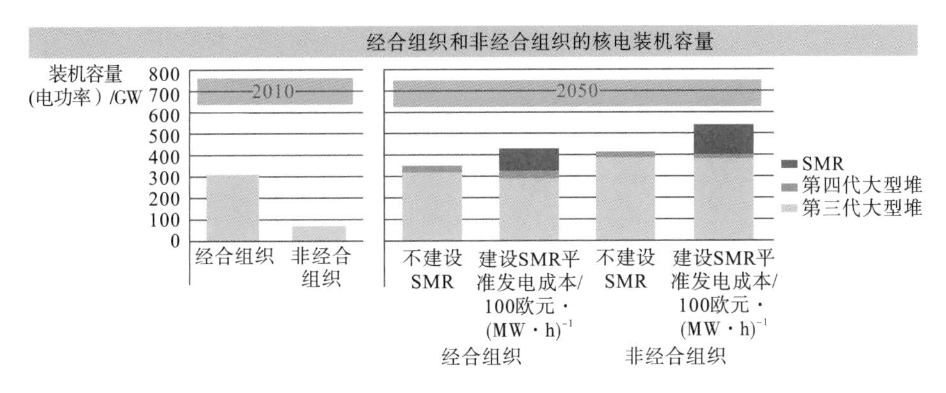

图 1-5 2050 年经合组织及非经合组织模块式反应堆所占核电份额预测图

>>> 第2章　小型堆技术发展现状

目前，世界上很多核能国家均开发了具有各自特色的小型反应堆，包括重水堆、压水堆、沸水堆、气冷堆、液态金属堆、熔盐堆等，各堆型特征及技术优势见表2-1。

表2-1　小型堆主要堆型及特征

序号	堆型		主要工艺特征	技术特点
1	重水堆		重水作为冷却剂和慢化剂	可以直接利用天然铀作为核燃料，分压力容器式和压力管式两类
2	轻水堆	压水堆	加压轻水为冷却剂和慢化剂，通过两回路产生蒸汽	技术最为成熟，建设和运行经验丰富
		沸水堆	轻水为冷却剂和慢化剂，只有一个回路，反应堆压力容器出口蒸汽直接推动汽轮机做功	系统简单、技术成熟，建设和运行经验丰富，但放射性隔离回路少
3	高温气冷堆		氢气为冷却剂，石墨材料慢化	具有固有安全性，热力参数高，可用于制氢等高热力参数需求领域
4	液态金属堆		以液态金属(钠、钾、铅铋)为冷却剂，中间回路隔离	铀资源利用率高，具有增值性能，核废料产生量小
5	熔盐堆		以熔融态的混合盐为冷却剂，低压运行，无大型安全壳	钍-铀盐料循环，核废料产生量少，可用于制氢等高热力参数需求领域

根据国际原子能机构(IAEA)统计，截至2022年9月，全球有超过80种小型堆技术处于开发或建设阶段。其中，俄罗斯装载有两台KLT-40S反应堆的“罗蒙诺索夫院士”号浮动式核电站与2019年12月并网并于2022年5月投入商业运行；中国HTR-PM高温气冷堆于2021年12月并网并预计于2022年底实现满功率运行；阿根廷CAREM25反应堆正在建设中，预计2026年临界；中国模块式小堆ACP100于2021年7月实现开始建设并预计于2026年投入商用；俄罗斯BREST-OD-300于2021年6月开工建设，计划于2026年完工。美国NuScale反应堆已于2020年9月获得美国NRC的标准设计批准。国内外开发中的小型堆见表2-2。IAEA对全球主要小型堆技术研发进度评价如图2-1所示。全球在建SMR情况见表2-3。

表2-2　国内外开发中的小型堆堆型及容量(截至2022年9月)

序号	反应堆名称	功率/MW	反应堆类型	国家	设计状态
一、陆基小型反应堆					
1	CAREM	(电功率)30	一体化压水堆	阿根廷	建造阶段
2	ACP100	(电功率)125	一体化压水堆	中国	建造阶段
3	CANDU SMR™	(电功率)300	重水堆	加拿大	概念设计
4	CAP200	(电功率)≥200	压水堆	中国	初步设计
5	DHR400	(热功率)400	压水堆(泳池)	中国	初步设计
6	HAPPY200	(热功率)200	压水堆	中国	详细设计
7	NHR200-Ⅱ	(热功率)200	一体化压水堆	中国	初步设计
8	TEPLATOR™	(热功率)<150	重水堆	捷克共和国	概念设计
9	NUWARD™	(电功率)2×170	一体化压水堆	法国	概念设计
10	IMR	(电功率)350	压水堆	日本	概念设计完成
11	i-SMR	(电功率)170	一体化压水堆	韩国	概念设计
12	SMART	(电功率)107	一体化压水堆	韩国 沙特阿拉伯	详细设计
13	RITM-200N	(电功率)55	一体化压水堆	俄罗斯	详细设计完成
14	VK-300	(电功率)250	沸水堆	俄罗斯	详细设计
15	KARAT-45	(电功率)45～50	沸水堆	俄罗斯	概念设计
16	KARAT-100	(电功率)100	沸水堆	俄罗斯	概念设计
17	RUTA-70	(热功率)70	压水堆(泳池)	俄罗斯	概念设计

续表

序号	反应堆名称	功率/MW	反应堆类型	国家	设计状态
18	STAR	(电功率)10	压力管式 轻水反应堆	瑞士	初步设计
19	Rolls-Royce SMR	(电功率)470	压水堆	英国	详细设计
20	VOYGR™	(电功率) 4/6/12×77	一体化压水堆	美国	设备制造阶段
21	BWRX-300	(电功率)270～290	沸水堆	美国 日本	详细设计
22	SMR-160	(电功率)160	压水堆	美国	初步设计完成
23	Westinghouse SMR	(电功率)＞225	一体化压水堆	美国	概念设计完成
24	mPower	(电功率)2×195	一体化压水堆	美国	概念设计
25	OPEN20	(电功率)22	压水堆	美国	详细设计
二、船用小型压水反应堆					
26	KLT-40S	(电功率)2×35	压水堆	俄罗斯	商业运行
27	ACPR50S	(电功率)50	压水堆	中国	详细设计
28	ACP100S	(电功率)125	一体化压水堆	中国	初步设计
29	BANDI-60	(电功率)60	压水堆	韩国	概念设计
30	ABV-6E	(电功率)6～9	压水堆	俄罗斯	施工设计
31	RITM-200M	(电功率)50	一体化压水堆	俄罗斯	初步设计完成
32	VBER-300	(电功率)325	一体化压水堆	俄罗斯	取证阶段
33	SHELF-M	(电功率)10	一体化压水堆	俄罗斯	初步设计
三、小型高温气冷堆					
34	HTR-PM	(电功率)210	球床高温气冷堆	中国	商业运行
35	STARCORE	(电功率) 14/20/60	棱柱状高 温气冷堆	加拿大	概念前设计
36	JIMMY	(热功率) 10～20	棱柱状高 温气冷堆	法国	详细设计
37	GTHTR300	(电功率) 100～300	棱柱状高 温气冷堆	日本	初步设计
38	GT-MHR	(电功率)288	棱柱状高 温气冷堆	俄罗斯	初步设计完成

续表

序号	反应堆名称	功率/MW	反应堆类型	国家	设计状态
39	MHR-T	(电功率) 4×205.5	高温气冷堆	俄罗斯	概念设计
40	MHR-100	(电功率)25~87	高温气冷堆	俄罗斯	概念设计
41	AHTR-100	(电功率)50	球床高温气冷堆	南非	概念设计完成
42	PBMR-400	(电功率)165	球床高温气冷堆	南非	初步设计完成
43	HTMR100	(电功率)35	球床高温气冷堆	南非	初步设计
44	EM^2	(电功率)265	氦冷快堆	美国	概念设计
45	FMR	(电功率)50	氦冷快堆	美国	概念设计
46	Xe-100	(电功率)82.5	球床高温气冷堆	美国	初步设计
47	SC-HTGR	(电功率)272	棱柱状高 温气冷堆	美国	初步设计
48	PeLUIt/RDE	(热功率)40	球床高温气冷堆	印尼	概念设计
49	HTR-10	(电功率)2.5	球床高温气冷堆	中国	运行阶段
50	HTTR	(热功率)30	棱柱状高 温气冷堆	日本	运行阶段
四、小型液态金属快堆					
51	BREST-OD-300	(电功率)300	铅冷快堆	俄罗斯	建造阶段
52	ARC-100	(电功率)100	钠冷快堆	加拿大	初步设计
53	4S	(电功率)10	钠冷快堆	日本	详细设计
54	MicroURANUS	(电功率)20	铅铋快堆	韩国	概念设计
55	LFR-AS-200	(电功率)200	铅冷快堆	意大利	概念设计
56	SVBR	(电功率)100	铅铋快堆	俄罗斯	详细设计
57	SEALER-55	(电功率)55	铅冷快堆	瑞典	概念设计
58	Westinghouse LFR	(电功率)450	铅冷快堆	美国	概念设计
五、小型熔盐堆					
59	IMSR400	(电功率)2×195	熔盐堆	加拿大	详细设计
60	SSR-W	(电功率)300	熔盐堆	加拿大	概念设计
61	smTMSR-400	(电功率)168	熔盐堆	中国	概念前设计
62	CMSR	(电功率)100	熔盐堆	丹麦	概念设计

续表

序号	反应堆名称	功率/MW	反应堆类型	国家	设计状态
63	Copenhagen Atomics Waste Burner	（热功率）20	熔盐堆	丹麦	详细设计
64	FUJI	（电功率）200	熔盐堆	日本	初步设计完成
65	THORIZON	（电功率）40～120	熔盐堆	荷兰	概念设计
66	SSR－U	（电功率）16	熔盐堆	英国	初步设计
67	KP－FHR	（电功率）140	球床高温熔盐堆	美国	概念设计
68	Mk1 PB－FHR	（电功率）100	球床高温熔盐堆	美国	概念前设计
69	MCSFR	（电功率）50/200/400/1200	熔盐堆	美国	概念设计
70	LFTR	（电功率）250	熔盐堆	美国	概念设计
71	ThorCon	（电功率）250	熔盐堆	美国 印尼	初步设计完成
六、微型反应堆					
72	Energy Well	（电功率）8	氟化物高温反应堆	捷克共和国	概念前设计
73	MoveluX	（电功率）3～4	热管堆	日本	概念设计
74	ELENA	（电功率）0.068	压水堆	俄罗斯	概念设计
75	UNITHERM	（电功率）6.6	压水堆	俄罗斯	概念设计
76	AMR	（电功率）3	棱柱状高温气冷堆	南非	概念前设计
77	LFR－TL－30	（电功率）30	铅冷快堆	英国	概念设计
78	U－Battery	（电功率）4	高温气冷堆	英国	概念设计
79	Aurora	（电功率）1.5～50	液态金属快堆	美国	详细设计
80	HOLOS－QUAD	（电功率）10	高温气冷堆	美国	详细设计
81	MARVEL	（电功率）0.015～0.027	液态金属快堆	美国	详细设计
82	MMR™	（电功率）>5 和>10	高温气冷堆	美国	初步设计
83	Westinghouse eVinci™	（电功率）2～3.5	热管堆	美国	概念设计完成

注：根据当前信息更新。

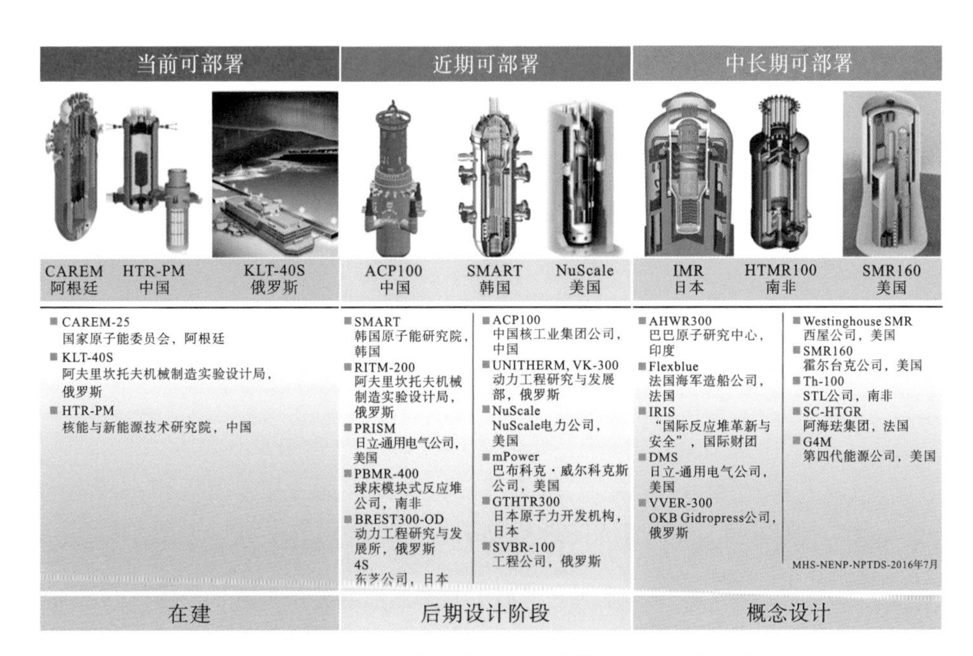

图 2-1 IAEA 对全球主要小型堆技术研发进度评价

表 2-3 全球在建 SMR 情况

国家	堆型	输出电功率/MW	设计方	机组数	厂址	进展
阿根廷	CAREM-25	30	CNEA	1	靠近阿图查 2 号	正在建设，预计 2026 年临界
中国	HTR-PM	250	清华/华能	2 个模块 1 个汽轮机	石岛湾	2022 年已商运
	ACP100	125	中核集团	1	海南昌江	正在建设，预计 2026 年投入商运
俄罗斯	KLT-40S	70	OKBMA frikantov	2 个模块	罗蒙诺索夫院士号	2022 年已商运
	RITM-200	50		2 个模块	破冰船	已下水
	BREST-OD-300	300	NIKIET	1	谢韦尔斯克	正在建设，预计 2026 年投入运行

注：根据当前信息更新。

在各种类型小型堆中，压水堆技术目前最成熟，该技术也是国内外研发设计的主力堆型。最近开发的小型堆大都具有三代以上的安全特性，中国、美国、俄罗斯、法国、韩国、日本等国家的小型堆开发尤为积极。

>>> 第 3 章　小型压水堆技术

本节主要针对小型压水堆开展调研，包括国内外小型压水堆项目进展、主要技术特点(典型技术方案)、国内基础、关键技术问题以及各国政策支持情况，并对小型压水堆堆型情况进行总结，为后续制定小型堆技术发展规划提供参考。

3.1　国内外研发现状

3.1.1　国内外发展概况

3.1.1.1　IAEA

IAEA 核动力部鼓励发展小型堆，因为小型堆是提高能源供应保障的有力选择。IAEA 在 2004 年宣布重新启动中小型反应堆开发计划，并在 2009 年 IAEA 理事会大会决议上鼓励感兴趣的成员国共同考虑发展和部署革新性核电系统。越来越多的国家开展小型堆技术研究，其发展小型堆的主要动力在于：

(1)小型堆可以灵活满足更大范围的用户和应用需求；

(2)小型堆能够替代逐渐老化的化石能源电厂；

(3)小型堆的固有非能动安全特征能够提高安全性能；

(4)小型堆是无电网设施的偏远地区的优良选择之一；

(5)小型堆可以结合核能及其他能源建造多能源系统。

先进小型堆技术不同于大型堆，可以实现更高的安全性和核电厂系统、构筑物、部件的可靠性，这将会是设计、操作、材料和人因之间复杂的交互结果。而小型堆技术研发的第一阶段需要验证其高水平的核电厂安全性和可靠性，并证明其经济性，以便未来实现规模商业化。

20 世纪 90 年代末，IAEA 发起小型堆发展的国际合作项目 IRIS，由美国西屋公司牵头，20 多个单位参与的国际合作团队开发设计，电厂概念设计于 2001 年完成。IRIS 的发展和推进在全球范围内极大推动了小型商用堆的开发，之后不断有政府和企业投入资金和人力开发小型堆技术。

3.1.1.2 美国

2010 年 3 月 23 日，时任美国能源部长朱棣文在《华尔街日报》上发表专文，提出美国政府将在未来的 10 年重点开发小型化、模块化核反应堆技术。朱棣文的专文和其后的小型反应堆发展会议，标志着美国在新一代核反应堆的研发上摆脱了想“鱼和熊掌”兼得，追求多堆型、高指标的发展方针，全面转向基于成熟技术的小型化、模块化设计，搞“小、快、灵”，集中精力，在短时间内完成 1～2 种成熟堆型，并快速进入系统设计、安全评估和工程建造。与 2001 年提出的带有预研性质的 6 种第四代反应堆研究计划不同，这次先进商用小型轻水堆项目有严格的时间规定，并明确把 2016 年通过 NRC 安全审核作为关键目标。很明显，这些指标都是为了在 2017 年左右开始建造示范堆，2020 年左右大规模推广小型轻水堆铺平道路。

美国国会积极支持小型堆的研究和发展，并与美国能源部(United States department of energy，DOE)达成一致，在经费和政策上对小型堆技术研发和设计取证等方面给予支持。2010 年，美国参议院提出议案，建议将小型堆开发项目列入联邦政府资助名单，并期望在 2018 年前所有小型堆的设计都能通过 NRC 的设计认证，在 2020 年前获得 NRC 颁发的建造和运行许可证。DOE 成立小型模块化反应堆项目办公室并于 2012 年 1 月 19 日公布了小型堆资金补助公告草案，征询公众意见。该草案显示，美国政府 5 年内将向 2 座小型堆的设计提供一半的开发和许可证申请经费，共计 4.52 亿美元，旨在促进加速小型模块化反应堆部署，通过申请人与行业合作伙伴成本共担的合作方式，提供资金支持美国 SMR 项目设计验证和许可证申请，并解决 SMR 通用问题。美国能源部在 2011 年 2 月向美国国会提交的 2012 财年预算提案中称 SMR 项目方面目前只支持轻水堆设计，但他们也指出，只考虑获得 NRC 许可证并能够在 2022 年前商运的 SMR 设计申请，并且优先考虑商运时间较早的反应堆设计。

美国有数家公司提出了小型堆的设计方案，巴威公司设计的是单模块电功率 180 MW 的 mPower 堆型；西屋电气公司设计的是单模块电功率 225 MW 的 SMR；Nuscale 公司设计的是单模块电功率 45 MW；Holtec 提出的 SMR - 160 等。目前，美国已有明确规划建设小型堆的区域主要有：在能源部的萨瓦纳河厂址新建 15 台小型模块堆机组，在田纳西河流域管理局的田纳西州克林奇河厂址新建 2 台 mPower 机组，在 Ameren Missouri 电力公司卡勒韦核电厂址内新建 5 台 WSMR 机组。

美国能源部小型堆资金计划情况简述如下：

2012 年 11 月，DOE 已将第一轮资金资助计划中的 2.26 亿美元授予美国 mPower 团队，该团队由美国巴威公司、田纳西河流域管理局和贝克特尔公司(Bechtel)组成。项目范围包括完成设计验证、场地特征描述、获取施工许可证，同类别首个工程活动和相关的 NRC 审查流程。这个项目的目标是在 2022 年前将 SMR 投入商业运行。mPower 小型模块化反应堆是一个 180 MW 压水反应堆，设计中体现非能动安全特性，可以减少设计基准事故。巴威公司已与田纳西河流域管理局达成协议，将在克林奇河(田纳西河的一个支流)厂址建造首个 mPower 核电站。

2013 年 3 月，DOE 发布了第二轮项目倡议，专注于创新的 SMR 技术，能够在当前通过认证的设计基础上提升安全性和性能。倡议还要求 SMR 商业运行日期能够定在 2025 年。2013 年 12 月，DOE 选择了 NuScale Power 公司作为这个项目的第二个合作伙伴。NuScale 小型模块化反应堆是一个 45 MW 压水反应堆，通过在所有条件下依靠自然过程冷却反应堆提供高水平安全性。核电站标准设计包含 12 个反应堆单元，提供总计 540 MW 的反应堆。其拥有多重屏障以应对任何潜在的放射性物质排放，包括主体在地面以下的布置结构。NuScale 已于 2017 年向美国核管理委员会提交设计认证申请，预计 2026 年投入商业运行。

另外，小型堆与其他能源也存在竞争关系。与其他国家相比，美国由于页岩气储量较为丰富，数年来天然气价格一直保持在低位，美国巴威公司高级副总裁 Ali Azad 认为，天然气价格是美国小型模块堆发展的关键因素。

但是小型堆有机会在天然气电站和大型核电机组的夹缝中有生存余地，原因如下：

(1)碳排放税政策会增加天然气发电成本，未来一段时间内美国碳排放价格将会显著影响小型堆的竞争力。

(2)到 2050 年，美国的电力系统要减少 80%的二氧化碳排放量，但是要实现 80%的减排目标，天然气燃烧过程中释放的二氧化碳数量仍旧不可小视，这决定了天然气不能被作为主力能源广泛使用。

(3)由于天然气价格具有不稳定性，天然气发电厂的发电成本随天然气价格的变化更大，因此各电力公司积极寻求燃料多样性，以避免过分依赖某一种能源，也会选择核燃料成本比较稳定的小型堆。

(4)美国电力投资商对大型核电机组的投资持谨慎态度。例如，美国电力巨头 Exelon 在 2012 年撤销在得克萨斯州进行核电站厂址早期许可的申请，表明 Exelon 无意在 20 年内再在得克萨斯州建设核电站。

3.1.1.3　阿根廷

阿根廷计划通过提高核电在整个电力机构中的比重，重振其核电产业，加速相关工业体系及核医学的发展，提升国际竞争力。除完成在役机组(阿图查 1 号、恩巴尔斯)的升级改造与延寿和阿图查 2 号机组的续建工程外，最重要的核能振兴举措是开展自主核电技术 CAREM 原型堆的研发部署工作。

阿根廷政府原计划在 2016 年前，在阿图查厂址建成投运 CAREM－25 原型堆；2021 年前，在西北部的福尔摩沙省建设基于 CAREM 的电功率 100～200 MW 堆型。但因工程延期，首堆计划将在 2026 年临界。

阿根廷重点研发 CAREM，不仅仅出于发展民用核电技术，同时看中了其军用潜力。2011 年 8 月 3 日，阿根廷国防部长阿图罗·普里切利撰文表示将把 CAREM 技术应用在阿根廷的核潜艇上。而阿根廷国家原子能委员会和国家空间与核技术研究院也已经完成了适合潜艇使用的 CAREM 反应堆的设计工作。

3.1.1.4　韩国

福岛事故后，世界上多数国家都或多或少地对自身核能政策进行调整，采取了比较谨慎的核能发展政策，而韩国却在这种大潮下制定了庞大的核电发展计划。韩国规划，到 2020 年核电装机容量提高到电功率为 27 GW，到 2030 年提高到电功率为 43 GW，占韩国国内发电量的 59%，同时计划在 2030 年前向海外出口 80 座核电站，占世界核电市场份额的 20%。而在这样宏大的核能发展计划中，小型堆是其重要的一环，重点推广 SMART 的商用。根据韩国相关机构初步估算结果，SMART 的发电成本约为 6～10 美分/(kW·h)。其经济性明显优于在韩国运行的天然气电站和燃油电站。

韩国原计划在 2017 年建成 90 MW 的 SMART 型示范电站，积极拓展海外市场，有意在澳大利亚马都拉岛和印度尼西亚新建基于 SMART 技术的海水淡化工厂及发电厂，此计划目前并未实现。

3.1.1.5　俄罗斯

俄罗斯是最早开展小型堆应用的国家之一，早在 1976 年(苏联时期)就建成投运了比利比诺联合发电站。4 台热功率为 62 MW 的石墨慢化沸水堆机组(EGP－6 设计)为当地供暖的同时，每台机组生产 11 MW(净)电力。福岛核事故后，俄罗斯发展核电的规划不降反增，在建设大型堆的同时(当时计划

2012—2014 年每年有 2 台、2015—2020 年每年至少有 3 台新核电机组投产），重点推进浮动电站的建设与市场开拓。此外，加速快堆建设也是其一项重要战略举措。

俄罗斯地广人稀，在该国东部等地区存在小型堆的现实市场需求。同时俄罗斯拥有丰富的军用核动力反应堆开发和运行经验，从本国的现实情况出发，俄罗斯政府一直支持国内小型堆研发与推广应用工作。2006 年的俄罗斯未来反应堆技术研讨会上，确立了着重发展的两款小型堆 KLT－40 和 VBER。俄罗斯舰船核动力经验丰富，民用方面主要用于破冰船，其中 3 艘现役破冰船使用了 KLT－40(第三代破冰船反应堆)。KLT－40S 是在 KLT－40 基础上稍做改进，专门为浮动式发电站设计的反应堆。

3.1.1.6　中国

我国“七五”期间，清华大学核能技术设计研究院完成了 5 MW 供热堆的攻关，并于 1989 年建成试验性 5 MW 供热堆。“八五”期间，完成了 200 MW 商用堆关键技术攻关，完成了热电联供、制冷空调、海水淡化等各种商业用途供热堆、示范堆的可行性研究、初步设计和工程前期准备。“九五”期间，完成了与核供热堆技术应用相关的工程验证实验。在初步设计基础上编制了大庆 200 MW 核供热堆初步安全分析报告和环境影响评价报告等许可证申请文件，并通过了国家核安全局、国家环保局的审查，国家核安全局于 1996 年 12 月颁发了建造许可证。

2011 年，我国的模块式小型堆示范工程列入了国家《能源发展“十二五”规划》和《国家能源科技“十二五”规划》，国家核安全局、国家能源局携手支持我国小型堆研发，在资金保障、关键技术研究、示范工程配套科研等方面提供了有力支持。

由清华大学自主设计建造的 10 MW 高温气冷实验堆核电站(HTR－10)已于 2003 年 1 月实现满功率运行发电，成为世界上第一座具有模块式高温堆特点的实验电站。2012 年 12 月 4 日，华能山东石岛湾核电厂高温气冷堆核电站示范工程获得国家核安全局建设许可，项目于 2022 年并网发电。

我国政府层面，包括国家能源局、科技部，均积极支持小型堆开发，小型堆已纳入我国能源科技“十三五”规划。2014 年国家能源局授予中广核研究院等四家单位“国家能源海洋核动力平台技术研发中心”；2015 年国家发改委批复将海上核动力平台纳入能源科技创新“十三五”规划，我国多家核能开发单位(包括中国广核集团、中核集团、国电投、中核能源、清华大学等)都在全力推进小型堆研发和工程实施。

中国广核集团针对陆上和海上开发了 ACPR 系列小型堆，并与中海油等市场用户紧密合作，开展项目前期工作。同时，为加快小型堆项目开发，还与清华大学等单位合作，以清华大学低温供热堆 NHR200 - Ⅱ 型为基础开发热电堆(热电联供堆)，推进高温堆工程项目等。中核集团 ACP100 小型堆已完成初步设计和多项试验，并于 2021 年 7 月实现 FCD。中核能源和国电投也在推动低温堆建设。

3.1.1.7 小型堆部署情况

根据前述调研，目前各国/国际组织的小型堆发展概况总结见表 3 - 1。

表 3 - 1 目前各国/国际组织的小型堆发展概况

国家/组织	发展概况	小型压水堆支持力度
IAEA	2004 年宣布重新启动中小型反应堆开发计划，定期组织相关会议，积极推动国际小型堆技术发展	★★
美国	积极支持和促进小型堆的研究和发展，联邦政府资助力度较大，以轻水堆为主，充分鼓励竞争，支持重点堆型。NuScale、mPower 进展较快，已进入设计审查阶段	★★★
阿根廷	为重振核电产业，举全国之力积极发展小型堆(CAREM)，并以民促军	★★★
韩国	积极发展小型堆(SMART)，以海外推广为主	★★
俄罗斯	俄罗斯是最早开展小型堆应用的国家之一，目前重点推进浮动电站及破冰船建设，多型号并进，2006 年确定着重发展两款小型堆：KLT - 40 和 VBER	★★★
中国	小型堆发展已列入能源科技发展规划，政府层面积极支持，国内企业兴趣浓厚，大力投入开发自主堆型(中广核 ACPR 系列、中核 ACP100、清华大学低温堆、国电投 CAP200 等)	★★★

根据 IAEA 在第六届创新型核反应堆和燃料循环国际项目论坛上公布的数据，目前共有 13 个国家从事 SMR 技术开发工作，并且有 37 个国家考虑部署应用 SMR，具体情况如图 3 - 1 所示。

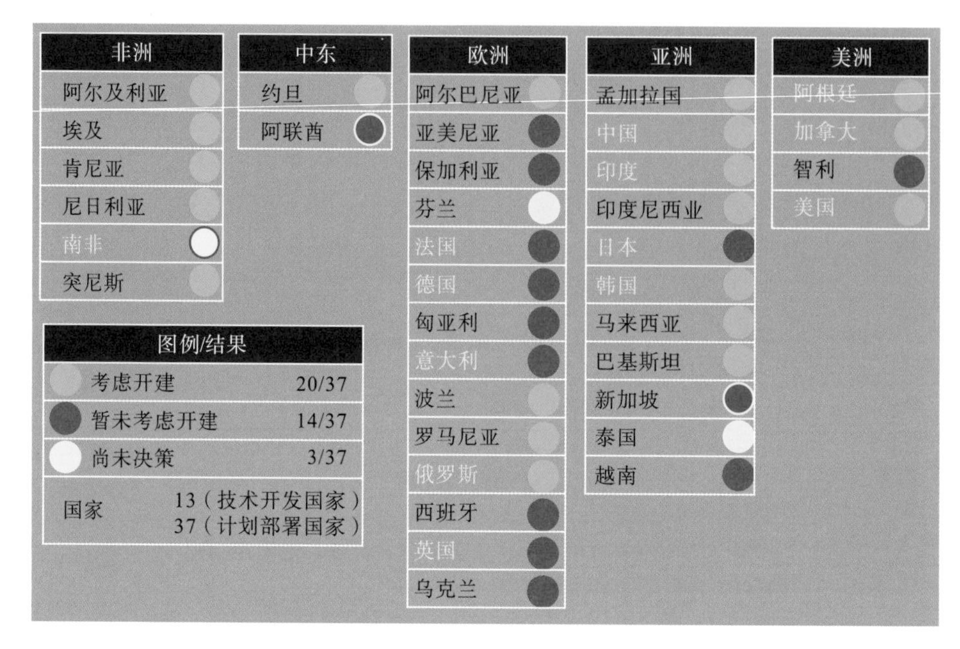

图 3-1　考虑在国内部署应用 SMR 的国家(数据来源：IAEA)

近期可能实现部署应用的反应堆见表 3-2。

表 3-2　近期可能实现部署应用的 SMR 设计

序号	堆型	设计方	国家	装机容量/MW	设计状态
1	SMART	KAERI	韩国	(电功率)100	获得标准设计许可(2012 年 7 月)
2	mPower	巴威	美国	(电功率)180/模块	设计许可申请(未见动作)
3	NuScale	NuScale	美国	(电功率)50/模块	已通过 NRC 设计审查(2020 年 8 月)
4	NHR200	清华大学	中国	(热功率)200，供热	设计许可申请

3.1.1.8　主要压水堆堆型

整体上看国际小型压水堆的研发已达设计认证阶段。本报告重点调研范围为设计深度较高、项目推进较快的陆上应用压水堆堆型，主要针对国内的

NHR-200、ACP100、ACPR50、ACPR100、CAP200、HAPPY200 以及国外的 CAREM-25、SMART、mPower、NuScale、WSMR(西屋)、SMR-160、IRIS、KLT-40S 等。

3.1.2 各型号进展

调研内容包括各型号的项目进展、设计取证进展及研发动态等。

3.1.2.1 低温供热堆 NHR200

NHR200 低温供热堆(包括 NHR200-Ⅰ和 NHR200-Ⅱ)是由清华大学核能与新能源技术研究院(以下简称清华大学核研院)设计开发，具有完全自主知识产权的小型模块化堆。该供热堆采用一体化布置、全功率自然循环、非能动余热排出等技术方案，具有技术成熟、固有安全性高等诸多特点，关键主设备均可在国内生产制造。

NHR200 低温供热堆的研究主要可分为以下几个阶段：

1)供热堆堆型研究

1981 年起，清华大学核研院开始低温核供热堆的概念设计研究，并于 1983—1984 年利用池式堆进行核供热试验。经过大量对比分析，确定了壳式核供热堆作为主要研究方向。1985 年，低温核供热堆被列入国家"七五"重点攻关项目，国家决定建造一座 5 MW 低温核供热试验反应堆。

2)5 MW 试验堆建设

在国家"七五"攻关课题的支持下，清华大学核研院开展了低温供热堆的关键技术研究，确定了一体化布置、全功率自然循环冷却、水力驱动控制棒等关键技术方案，完成了 5 MW 试验堆建设，并于 1989 年投入运行。清华大学核研院在该堆上进行了大量的运行性能实验和安全性能实验研究，从而验证了该堆型的固有安全性和非能动安全性。

我国的 5 MW 试验堆是世界上第一座投入运行的"一体化自然循环壳式供热堆"，是世界上第一座使用新型水力驱动控制棒的反应堆。它的运行成功，使我国在低温核供热领域跨入世界先进行列，该堆于 1992 年获得国家科技进步一等奖。

3)商用堆攻关

1991—1995 年，在国家"八五"攻关计划的支持下，清华大学核研院完成了 200 MW 商用堆关键技术研究，开展了热电联供、空调制冷、海水淡化等综合利用技术的研究与开发，完成了示范工程的可行性研究、初步设计和工程的前期准备工作。

4)低温供热堆技术推广与应用

自1996年以来，清华大学核研院致力于200 MW低温供热堆(NHR200-Ⅰ)的技术推广与应用。

5)核供热堆技术系列开发

为进一步提高低温供热堆的适用范围和经济性，清华大学核研院在保持低温供热堆技术特点和安全性的基础上，进行了一系列堆型的开发。

1998年10月，摩洛哥王国坦坦地区10 MW核能海水淡化示范厂工程通过了IAEA组织的评审，认为核供热堆具有良好的固有安全特性和非能动安全性，完全满足IAEA对核安全的要求，并具有很大的安全裕度，核能淡化厂运行绝不会污染环境和危害公众安全。

2003年以来，清华大学核研院在NHR200-Ⅰ的基础上开发了具有更高运行参数的NHR200-Ⅱ。近年来，针对NHR200-Ⅱ，清华大学核研院开展了大量的设计和关键技术验证，包括一回路自然循环热工水力学研究，控制棒水力驱动系统试验研究，燃料组件关键技术研究，集成优化控制技术研究等，技术方案已成熟，具备建设商用示范堆的条件。

2015年5月，中广核集团与清华大学、中国核建联合签署“低温核供热堆产业化合作协议”，三方将通过强强联合和优势互补，推进低温供热堆在中国的商业化和产业化。至此，在我国有近三十年研究历史的低温核供热技术再度进入公众视野。

3.1.2.2 中核ACP100

ACP100反应堆是中核集团在成熟的压水堆核电技术的基础上，采用非能动的安全系统和一体化反应堆设计技术的革新型压水堆，热功率为385 MW，于2010年开始顶层设计，2014年基本完成初步设计，目前处于详细设计阶段。

ACP100已列入《国家能源科技“十二五”规划》新能源技术领域，为重大研究(Y28)和重大示范项目(S26)。2015年4月16日，中核集团与IAEA签署了ACP100通用反应堆安全审查协议。安全审查工作从2015年7月开始，由IAEA组织相关专家实施，计划历时7个月，针对反应堆安全和环境分析报告以及设计方案等方面的内容进行审查。

主要进展如下：

2013年底，ACP100项目设计定型。

2015 年 6 月，ACP100 完成总体方案设计。

2016 年，完成 ACP100 小型模块反应堆第二阶段设计。

2016 年，ACP100 通过 IAEA 小型堆安全审查。

2017 年 5 月，海南昌江小堆科技示范工程得到国家发改委核准。

2018 年初，启动小堆示范工程设计优化工作，12 月完成设计优化。

2019 年 3 月，完成海南小堆项目两评报告编制，6 月完成 PSAR 报告编制提交。

2019 年 7 月，示范工程现场开工。

2020 年 6 月，通过国家核安全局设计审查。

2021 年 4 月，通过项目核准。

2021 年 7 月，实现 FCD。

3.1.2.3 中广核 ACPR50/ACPR100

中国广核集团从 2009 年开始开展 ACPR 系列小型堆研发，2011 年作为战略专项重点支持并成立小型堆项目部统筹集团内部资源。中国广核集团 ACPR 系列小型堆针对陆上应用，根据布置方式及功率不同分为紧凑型 ACPR50 及一体化 ACPR100 小型堆，针对海上应用紧凑型 ACPR50S，其中陆上紧凑型 ACPR50 与海上 ACPR50S 均采用紧凑型技术路线，反应堆本体结构相同，具有较好的技术延续性和一致性。

中广核集团在研发设计过程中，与相关单位通过组织专项会议的形势保持紧密联系，目前紧凑型 ACPR50 已完成方案设计，正在开展初步设计。一体化 ACPR100 已完成概念设计，正在开展关键技术研究及方案设计。

ACPR50 于 2018—2019 年完成初步设计并完成 PSAR 编制。目前 ACPR 系列小型堆项目进展顺利。

3.1.2.4 国电投 CAP200

基于世界核电型号和技术发展趋势，立足于孤网运行、供热供电市场等需求，国家核电技术公司布局并开发了面向不同用途的系列化小型反应堆型号，并作为公司 CAP 系列化型号产品的重要组成部分，以进一步提升核电安全性、环境相容性和灵活性，拓展核电应用范围和市场前景。

CAP200 是国家核电陆基小堆的代表堆型。CAP200 是由上海核工程研究设计院牵头自主开发的非能动小型反应堆技术，采用非能动安全理念和两环路紧凑式技术路线，主要面向小旧火电替代、区域供热供气、海水淡化等市场对象。机组热功率为660 MW，纯凝工况发电量可达到电功率220 MW左右。同时，该堆型可通过不同的抽汽方式实现包括工业供热和居民供热的多种供热功能，单堆可供城市供热面积约600×10^4 m^2。

CAP200采用了国际先进技术，继承了非能动先进设计理念，全面吸收了大型先进非能动压水堆重大专项研发成果，CAP1400型号开发和AP1000依托项目工程建设的经验反馈，并对主要的创新项开展了充分的论证和试验验证，采用了一系列独特的技术创新方案，是先进、安全、成熟的小型反应堆型号。

上海核工院从2009年12月开始开展小型模块化反应堆和四代堆的研发。CAP200已经经历了概念设计、总体设计，目前已进入到全面初步设计阶段，关键技术分析、计算论证已经全部完成。

CAP200基于成熟压水堆技术，使用成熟的自主设计工具和设计技术，进一步平衡成熟性、安全性、经济性和先进性，对主要的创新项开展了充分的论证和试验验证工作，是安全成熟的先进小型反应堆技术。

3.1.2.5 国电投 HAPPY200

国家电投集团科学技术研究院项目团队通过调研居民供热参数与实际需求，形成了具有完全自主知识产权的微压供热堆HAPPY200技术方案。该方案的研究进展如下：

2015年11月，国家电投集团科学技术研究院正式组建了研发团队，启动了新一代供热堆(HAPPY200)的研发工作。

2016年5月，该研究发团队初步完成HAPPY200概念设计的核心内容，提交了7项专利申请，撰写了20多份技术报告。

2016年6月，HAPPY200概念设计通过国家电投集团内部组织的专家评审，获得专家肯定。

目前，HAPPY200项目组正在开展方案优化设计、关键设备和系统研发以及工程技术方案等研究工作，并计划与设计院、工程公司形成联合体，共同申请设计取证，将微压供热堆(HAPPY200)尽快推向工程应用。

3.1.2.6 阿根廷 CAREM－25

阿根廷CAREM小型堆的设计和研究已经持续了很长时间，CAREM开始的契机是阿根廷意图将新建的潜艇改成核动力，需要小型化的反应堆来提供动力支持。1984年，IAEA在秘鲁组织召开了一次中小型堆发展会议，阿根廷在此次会议上首次提出了CAREM概念，这是世界上首次提出小型堆概念。后来因为政治原因，该项目暂停搁置。阿根廷国家原子能委员会于2006年启动CAREM-25项目，建设地点位于布宜诺斯艾利斯东北方向约115公里处的利马镇，2012年开始土建工作，2013年阿根廷与IMPSA公司签署CAREM原型堆压力容器制造合同，这是阿根廷自主设计和制造的首个反应堆压力容器，2014年2月8日进行了第一罐混凝土的浇筑，标志着该反应堆正式开工建设。CAREM堆型原计划2022年首次临界。

后来，阿根廷计划2021年前在福莫萨省北部开建更大装机容量(电功率100 MW或200 MW)的CAREM，乌拉圭已经表示了对该项目的兴趣。此外，沙特阿拉伯考虑引进CAREM技术，用于海水淡化项目。

主要进展如下：

1984年3月，在秘鲁利马召开的IAEA中小型反应堆会议上，CAREM的概念首先被提出，且成为当时首批提出的小型堆。

2009年，提交《初步安全分析报告》和《质保大纲》，同时准备提交《环境影响评价报告》。

2010年12月，控制棒驱动机构(control rod drive mechanism，CRDM)的试验台架建设完成，该台架可开展CRDM的各项高温高压试验。

2011年12月，开始进行25 MW CAREM原型堆的厂址挖掘工作。

2014年2月8日，进行了第一罐混凝土的浇筑，标志着该反应堆正式开工建设。

2016年1月，CAREM-25反应堆压力容器和锅炉取得美国机械工程师协会技术规范认证。

2016年4月，意大利Forge Monchieri金属锻造公司完成压力容器环所用钢材的锻造工作，之后将其送至门多萨的IMPSA公司进行反应堆压力容器的制造。

2016年6月，巴西核工业公司与阿根廷国家原子能委员会的子公司Conuar签署合同，将为CAREM反应堆提供4 t首循环用的二氧化铀粉末。

2016年8月，阿根廷国家原子能委员会同Tecna和西门子的联合机构签署CAREM-25反应堆核电厂配套设施供应合同，涵盖了常规岛和电气相关设备供应(除盐设备和锅炉辅机等)。该项目投标工作从2015年开始，中国葛洲坝集团旗下公司参与竞标。

3.1.2.7 韩国 SMART

SMART(system - integrated modular advanced reactor)是由韩国自主开发的一体化先进压水堆，发起单位为韩国原子能研究所(Korea atomic energy research institute，KAERI)。项目计划从 1996 年开始，目标是设计一座用于发电兼作海水淡化、区域供热、供应高温蒸汽等用途，堆芯热功率为 330 MW 的反应堆。SMART 的概念设计及海水淡化应用系统的设计已于 1999 年 5 月完成。近年来，韩国已把 SMART 作为第Ⅳ代先进中、小型核电站反应堆概念之一，其电功率在 100 MW 左右。

2012 年 7 月，该项目获得韩国原子能安全委员会的设计审查，并获得了 SMART 的标准设计许可，标志着韩国在一体化小型堆的研发方面已经获得了一定成功并初步具备了小型堆的出口能力。原计划于 2017 年完成示范堆的建设，实际并未完成。KAERI 目前已将 SMART 推向至国际市场，并于 2015 年 3 月与沙特阿拉伯签订了 2 台 SMART 建设协议。

3.1.2.8 美国 mPower

2012 年 11 月，mPower 项目获得美国能源部(小型模块化反应堆项目办公室)第一轮资金资助计划 2.26 亿美元。巴威公司在美国的电力公司合作伙伴为田纳西流域电力管理局(Tennessee valley authority，TVA)。另外，美国能源部与 TVA 按照成本分摊方式与后者签署了一项为期 5 年的合约。2012 年 mPower 一体化系统测试设备在弗吉尼亚贝德福德县正式投入运行。从 2014 年第三季度开始，巴威公司表示由于无法保证与投资者和客户建立稳定的合同关系，大幅削减 mPower 项目费用(每年将不超过 1500 万美元)。因此，2014 年 11 月美国能源部开始暂停提供其配套资金。2014 年巴威公司董事会批准了关于拆分该公司部分发电业务的计划，正式拆分为 Babcock & Wilcox Enterprises，Inc. 和 BWX Technologies 两家公司(并成立了子公司 BWXT mPower，Inc. 负责 mPower)，并于 2015 年完成出售。其中 mPower 项目由 BWX Technologies 公司负责。2016 年 2 月，该公司表示，用于 mPower 设计工作方面的资金投入将缩减至每年 1000 万美元以下。2016 年 3 月，Bechtel(负责项目管理)和 BWX Technologies 公司签署了“加速开发” mPower 小型堆设计的协议，均表示正在考虑重启 mPower 项目并积极寻求第三方的资金支持，第三方包括美国能源部。

1. 得到美国能源部资金资助前的主要进展

2012 年 1 月，巴威公司计划重组其核能业务，将小型模块堆 mPower 的研究、开发、部署等业务划入其模块核能公司(Babcock & Wilcox modular nuclear energy Inc.)。

2012年6月，巴威公司与TVA签署了1项协议，计划在田纳西州克林奇河厂址建造6座mPower小型堆。原计划2018年左右实现FCD，2020年商运，受mPower项目重组影响，该计划预计会推迟(认证申请已延期到2016年，商业投运时间延期到2023年)。

2012年7月19日，用于评估巴威公司mPower小型模块反应堆设计和性能的设施显示达到“反应堆满功率运行压力和温度环境状态”。

2012年7月25日，美国FirstEnergy与巴威公司共同发表声明称，FirstEnergy已与巴威子公司Generation mPower LLC(GmP)签署了谅解备忘录，研究在前者服务区域建造和运行mPowre小型模块堆的可能性。

2. 设计取证进展

mPower已经完成了概念设计工作，目前正在开展初步设计。为了验证安全系统的性能，巴威公司于2012年建立了综合性能试验台架，开展了一系列验证试验，包括系统整体性能试验、模块流量试验、控制棒驱动机构试验、反应堆冷却剂泵试验、燃料机械性能试验、临界热流密度试验等。

巴威公司已于2009年4月28日向美国核管理委员会(nuclear regulatory commission，NRC)提交设计取证预申请，并相继提交了若干技术报告，涵盖安全分析、质保大纲、堆芯设计、试验等重要内容。NRC开展了设计申请预评审工作，评审依据主要以标准审查大纲(NUREG-0800)为模板进行了适应性修改，编制针对mPower设计的特定审查大纲DSRS(design-specific review standard for the B&W mPower™ design)，该DSRS已于2013年10月完成并公布。巴威公司原计划2014年中开始正式的设计认证申请，但受一些非技术因素影响，2014年4月巴威宣布mPower项目重组，并放缓原工作计划，预计2020年左右重启执照申请和设计认证事宜。

2016年5月16日，TVA向NRC提交了一份关于在田纳西州的克林奇河建设小型模块化反应堆(SMR)机组的早期选址许可申请。

3.1.2.9 美国NuScale

不同于巴威和西屋公司，NuScale公司积极看好SMR的应用前景。2013年9月获得美国能源部(小型模块化反应堆项目办公室)第二轮资金资助计划2.17亿美元。在获得美国能源部的资金支持后，NuScale公司积极拓展研发团队，2015年5月9日，NuScale Power公司宣布将在北卡罗来纳州夏洛特市成立一个运行与工程中心，招募 70 名核电专业技术人才，用于支持其 SMR 商业化。NuScale 公司的合作伙伴是美国犹他州联合市政电力系统，已达成为期 3 年的成本分摊合作协议。

1. 主要进展

2011 年，NuScale 公司遭遇资金危机，濒临破产，其主要投资者也被联邦政府以欺诈罪起诉。在福陆公司以 3000 万美元收购了 NuScale 公司多数股权后，该公司重获资金支持。

2012 年 3 月，NuScale Power 已与美国能源部达成协议，计划在美国能源部位于南卡罗来纳州的萨凡纳河厂址建造首台 SMR。

2012 年 8 月，NuScale Power 公司宣布首个控制室模拟机试运行。

2012 年 11 月，NuScale Power 公司与工程公司 Curtiss - Wright 签署了 45 MW 级 NuScale 反应堆控制棒驱动机构设计合同。

2015 年 2 月，美国对 NuScale 反应堆蒸汽发生器进行了相关测试。

2015 年 3 月，NuScale 小型模块堆上层模块样机完工，NuScale 公司计划于 2016 年递交设计认证申请，2023 年投入商业运行。

2015 年年底，NuScale 公司与阿海珐公司签署了关于由阿海珐设计和制造小型堆燃料组件的协议。

2016 年年初，NuScale 公司官方确认将参加英国政府的小型堆设计方案竞赛。

2020 年 8 月，NuScale 通过 NRC 设计审查。

NuScale 公司在美国国内小型堆的竞争中依然处于领先地位，目前已经确定了首选厂址，美国犹他州联合市政电力系统已从爱达荷国家实验室地界内 4 个可行的电厂选址中确定了首选厂址，用于建设 NuScale 小型模块化反应堆示范工程；并将开展小型堆 Module 模块的制造合作伙伴选择程序，该程序命名为 NuFAB。同时，美国能源部也表示将继续拨款支持 NuScale 小型堆项目的建设和发展。此外，英国国家实验室也证实了 NuScale 小型堆能够使用 MOX 燃料。

2. 设计取证进展

Nuscale 公司于 2008 年开始向 NRC 递交预申请，2016 年第二季度向核管会提交设计许可申请，预计 2022 年取得设计许可，并在 2026 年左右实现示范堆商运。预申请阶段讨论的技术专题包括：人因工程、LOCA 事故分析、纵深防御、应急计划区、分析软件、测试程序、核燃料、运行规程、抗震分析和控制室人员编制等。为了验证技术的安全性，NuScale 公司在俄勒冈州立大学建设了一个 1/3 比例大小、电加热的一体化系统测试试验设备，经过一系列的试验，已证实 NuScale 公司的自然循环冷却系统可以安全可靠地运行，并验证了专设安全设施的有效性。此外，NuScale 公司还在加拿大安大略省汉密尔顿的 STERN 实验室开展了临界热流密度试验；在意大利的 SIET SpA 实验室开展蒸发器试验；建造模拟主控室开展人因工程研究等一系列验证试验。

2020 年 8 月，NuScale 已通过 NRC 最终安全分析设计审查。

3.1.2.10 美国 WSMR

2011 年 2 月，西屋公司正式公布自己的 SMR 堆型设计方案——WSMR 小型堆。由于未获得美国能源部的 SMR 研发、许可与部署资金支持，同时西屋公司认为短期内 SMR 相对其他能源形式并不具有突出优势，短期内无法实现部署投运，且投资风险过高，因此，西屋公司决定暂停 SMR 的研发，将研发资源重新分配至短期经济性更好的领域。目前西屋公司正在寻求与英国进行合作。

主要进展如下：

2011 年 2 月，西屋公司正式公布了其 200 MW 小型堆。

2012 年 3 月，西屋公司与 Ameren Missouri 电力公司达成协议，计划在后者运营的卡勒韦核电站内建造 1 台西屋公司设计的 SMR。

2012 年 4 月，西屋公司向 NRC 提交了取证专题报告。

2012 年 5 月 17 日，西屋公司发表声明称，已与美国密苏里电力联盟(Missouri electric alliance)共同成立了电力公司联盟——NexStart SMR 联盟，该联盟由美国阿莫林电力公司(Ameren Missouri)牵头，以协助西屋公司获得美国能源部提供的 4.5 亿美元的拨款。

2012 年 5 月 22 日，Electric Boat 和 Burns & McDonnell 加入 NexStart SMR 联盟。

2013 年 7 月，完成了小型模块化反应堆两个核燃料测试组件的制造与组装。

2015 年 2 月 27 日，NRC 通过信函告知西屋公司，其已为取证报告出具了安全评估报告，报告阐述了由于反应堆冷却水回路发生小破口而引起的事故工况下会出现的情况，并明确了西屋公司在该事故状态下应实施的证明其安全系统能够安全地关闭反应堆的试验方案。

2015 年 3 月 18 日，NRC 批准了西屋公司小型模块化反应堆设计的试验方法。

2016 年，西屋公司与英国政府在小型堆研发领域展开了密切的合作，寻求小型堆燃料、压力容器制造等合作。2015 年 10 月，西屋公司向英国政府提议合作开发小型堆技术，后者正在着手评估本国的小型堆技术应用潜力。

3.1.2.11 美国 SMR－160

SMR－160 小型堆是 Holtec 联合 URS 公司在 HI－SUMR(Holtec inherently safe modular underground reactor)140 的基础上提出的一款模块化小型堆。Holtec 于 2013 年 12 月表示，尽管未获得美国能源部提供的资金支持，但仍对 SMR－160 市场推广充满信心。其也正在积极推进 SMR－160 研发工作。目前，具体开发计划已从 Holtec International 转移至新成立的子公司 SMR LLC。HI－SMUR 的开发不依赖私有、公共或政府领域的外部资金。该计划拥有充足的资金来开展详细设计、分析、授权和其他活动，以便使该计划进入前期施工阶段，确保 SMR LLC 不会陷入资金短缺困境。Holtec 凭借其拥有的 3 座具备生产 HI－SUMR 反应堆所有部件能力的制造厂(该公司核心能力即为生产压力容器、热换热器和冷凝器部件)，在申请美国能源部资金支持时也具备相当优势。

主要进展如下：

2012 年 3 月，Holtec International 与 DOE 达成协议，计划在 DOE 位于南卡罗来纳州的萨凡纳河厂址建造首台 SMR。

2014 年，Holtec 研发团队宣布 SMR－160 的设计进入稳健的安全设计阶段，即使遇到类似福岛事故中发生的地震和海啸，也能够保证核电站的安全。

2014 年 7 月，Holtec 国际授予美国西方服务公司(Western services corporation，WSC)多个模拟辅助项目，推进 SMR－160 的热工水利设计，并构建一套未来设计审查使用的模型。

2014 年 7 月 17 日，Holtec 国际对外宣布，其将联合新泽西州政府，在卡姆登新建一个技术中心，预算 2.6 亿美元，计划 2017 年完工，2018 年年中投入使用。该中心主要给 Holtec 的 SMR－160 开发组使用。

2014 年 8 月，Holtec 向 NRC 提交了质量保证专题项目报告。

2015 年 8 月 6 日，美国 Holtec 公司选定日本三菱集团美国子公司 Mitsubishi Electric Power Products 为其 SMR－160 小型模块堆供应数字仪控系统。

2020年，完成SMR－160初步设计。

3.1.2.12 美国IRIS

IRIS(international reactor innovative and secure，国际革新与安全反应堆)项目始于1999年10月，是美国能源部首次提出的“核能研究倡议”计划中获得批准的提议之一。IRIS是一种模块化压水堆，由美国西屋公司牵头，20多个单位参加的国际合作团队开发设计。电厂概念设计已于2001年完成，2002年10月向美国NRC提出设计预认证申请。

西屋公司在2011年1月份表示，考虑到IRIS机组的单机容量较大，暂不推进IRIS反应堆的商业化。尽管作为牵头方的西屋公司放弃IRIS，但是一些成员设计单位在POLIMI的带领下仍然积极进行机组的研发工作。

该项目目前已暂停。

3.1.2.13 俄罗斯KLT－40S

2007年，作为KLT－40S载体的罗蒙诺索夫号在北德文斯克的谢夫马什船厂开工建设，2008年转移至圣彼得堡的波罗的海造船厂，2010年6月船体完工，开始安装设备(2011年安装汽轮机，2013年9月开始安装反应堆)，计划选择楚科塔地区的佩韦克作为首座浮动电站的停泊厂址。已于2016年7月在波罗的海造船厂进入下海测试阶段，2019年9月14日，抵达佩韦克港，2020年已投入商运。罗蒙诺索夫号核电站通过两台KLT－40S型反应堆提供70 MW电力。

3.1.2.14 法国Flexblue

Flexblue的设计结合了陆地反应堆和潜艇的技术特点，适合部署在基础设施缺乏或电网容量小的地区。法国电力公司和阿海珐集团均对Flexblue的模块化和标准化设计表示出浓厚的兴趣。法国DCNS集团原计划在2013年左右建造第一台原型堆，由于各方面因素，该计划出现延期。

目前Flexblue的概念设计已提交至法国核安全部门，正在进行技术安全交流。

3.1.2.15 主要压水堆堆型研发进展对比

本节针对上述具有代表性且进展较快的压水堆堆型的研发进展对比分析见表3－3。

表 3-3 具有代表性且进展较快的压水堆堆型的研发进展对比分析

国家	堆型	设计阶段	完成设计	申请意向	预申请审查	设计许可申请	设计许可	合作伙伴	厂址确认	建设准备	开建	建成投运	项目评述
中国	NHR-200	○	○	○	○	○		○	○	○			顺利
	ACP100	○	○	○	○	○		○	○	○	○		顺利
	ACPR50	○		○	○			○					顺利
	ACPR100	○		○				○					顺利
	CAP200	○		○				○					顺利
阿根廷	CAREM	○	○	○	○	○		○	○	○	○		顺利
韩国	SMART	○	○	○	○	○	○	○					顺利
美国	mPower	○		○	○			○	○				困难
	NuScale	○		○				○	○				顺利
	WSMR	○		○				○	○				顺利
	SMR-160	○		○				○					顺利
	IRIS	○						○					停滞
俄罗斯	KLT-40S	○	○	○	○	○	○	○	○	○	○	○	顺利
	VBER-300	○		○				○	○	○			顺利
法国	Flexblue	○		○				○					顺利

3.2 技术特点

3.2.1 小型堆技术特点

小型压水堆以大型压水堆成熟的技术经验为基础，能够在较短时间内实现工程应用，而模块化概念又备受关注，模块式设计和建造理念可以通过组合而实现容量扩增，以适应不同需求和条件，因此，模块化小型压水堆成为世界各国优先发展的目标。模块化小型压水堆的主要优势见表 3-4。

表 3-4 模块化小型压水堆的主要优势

序号	技术特点	优势	补充说明
1	非能动设计、功率密度低、固有安全性好	安全性高	为了保证反应堆的安全性，几乎所有的小型堆都在寻求加强自身的固有安全性，并专门设置具有非能动特征的安全系统。这些堆型共同的特点在于较强的非能动余热排出能力和更低的堆芯功率密度。此外，小堆的设计目标还着重于从根源上消除事故的发生，例如，通过取消一回路主管道，消除大 LOCA 事故；减少泵、阀门数量，而且使用密封性更好的屏蔽泵(无轴封装置，减少一回路泄漏，这些措施有助于简化核电厂的系统，使电厂达到更高的安全级别，并且在遇到紧急事故时，可以有效地减少场外应急措施和人为干预
2	系统简化	SMR 采用一体化或紧凑型设计，取消了主管道，系统设备大幅简化(取消主管道可避免大破口事故，提高了设计安全性)	减少不必要的阀门和管道，以提高安全性，减小投资和运行成本； 一体化设计的 SMR 将主设备集成到一个容器内，减少了压力容器开口、贯穿，取消了主管道，消除大破口失水事故； 紧凑型设计的 SMR 布置同样取消主管道，同时避免了内置主设备设计及难于维修的问题
3	模块化建造、施工	缩短建造周期，建造成本大幅下降，融资方面有优势	在工厂进行模块化制造，运输到现场直接组装，现场不需要进行核级设备焊接等复杂工艺，从而缩短工期，节约建造成本。 能够实现模块化生产和安装，能够根据电厂容量，逐步增加机组模块，模块间相互独立，互不影响，而且这些模块可以实现工厂预制，从而批量生产。相比大型堆的现场施工和组装而言，小型堆核电厂建设减少了运输费用和特殊要求，成本下降，建造周期缩短。小型堆项目初期无需太多资金，当一个模块建成发电后，可以为下一个模块的建设提供资金流

续表

序号	技术特点	优势	补充说明
4	可减小应急计划区	可减少应急计划区面积并简化应急，甚至取消场外应急	SMR 功率低、核燃料装量少、事故发生概率低、安全性高、放射性后果小，可有效减少核电站对周围环境的影响，因此可建于大城市等人口密集地区周边
5	占地面积小、设备尺寸小	厂址条件要求低	小型堆占地面积小于常规核电机组，大型锻件减少，设备尺寸明显缩小，系统也进行了简化，且采用模块化建造，不仅可以减少运输要求和费用，而且缩短建造工期，降低建造成本。小型堆的设备尺寸和重量大幅度缩减，可用公路、铁路和水路运输，降低了大件运输的难度
6	单模块容量小，可以选择多个模块组合成大容量核电站	模块数量配置灵活，可更贴近用户，满足不同的需求（发电、供热、海水淡化等）	单模块容量小，可满足广大发展中国家中小规模电网稳定性要求以及电力需求增长率较低的国家市场需求。小型堆的核蒸汽系统布置为一个模块，一个核电厂可以由若干个模块组成。可根据厂址特点和业务需求采用滚动发展、资金分阶段逐步投入的方式进行建设，逐步增加核电厂模块和装机容量，最终形成规模效应，实现小型堆综合成本优势
7	多用途	应用灵活	专家对小型堆抱有更多的价值认可："小型堆不仅仅是发电，还可以综合利用，比如供暖、海水淡化、制冷、工业用热、为海上平台提供能源、为破冰船提供动力等等。"小型堆能够实现电、热、水、汽联产，可根据用户不同需求进行配置，因而用途广泛

目前世界上主要小型堆技术开发国家和主要技术特点见表 3－5。

表 3-5 小型堆技术开发国家和主要技术特点

国家	公司	堆型	主要技术特点
(一)重水堆			
印度	巴巴拉原子能研究院	先进重水堆，电功率 300 MW	AHWR 是一种直接循环、沸水进行冷却、重水慢化的竖直压力管式的反应堆，没有蒸汽发生器，其具有简化的非能动系统，在任何工况下，都采用自然循环作为从堆芯排出余热的方法
(二)轻水堆			
中国	中国广核集团	海上堆 ACPR50S/陆上堆 ACPR50	(1)主设备紧凑布置，反应堆模块的整体性好。可整体固定安装，整体运输和吊装，安装便捷。 (2)反应堆模块重心低，易适应摇摆、加速度等海洋条件。 (3)半潜式深吃水设计，充分利用海水作为天然屏蔽和最终热阱。 (4)关键设备技术特点：采用螺旋管式直流蒸汽发生器；部分主设备之间连接采用双层短套管连接；主泵采用湿定子泵；燃料组件采用截短型燃料组件；CDRM 采用成熟技术，加装弹簧装置
中国	中国广核集团	陆上堆 ACPR100	(1)一体化布置、可靠性高、设备尺寸小、占地小。 (2)模块化布置，可按用户需求，安装多个模块，各模块独立运行。 (3)高安全性，一体化布置消除大破口事故，全非能动安全系统。负的功率反应性，压力容器内水装量大，固有安全性高。反应堆深埋地下，利于反射性屏蔽，利于事故时非能动冷却，同时抗震等级高
中国	中核集团	小型压水堆 ACP100、ACP100+，电功率 125 MW	(1)反应堆的一体化系统设计，用一体化布置取代环路型布置，取消了大堆原来的主回路管道，将蒸汽发生器内置于反应堆压力容器中，主泵通过短管让反应堆压力容器把主泵“扛”在肩上。

续表

国家	公司	堆型	主要技术特点
中国			(2)将核蒸汽系统一体化集成为反应堆模块，每个模块的最大发电能力是10^5 kW。一个模块式核电厂可以有2～6个模块，模块可以根据厂址的形状和大小自由组合安放，业主可以根据需求，在建厂初期一次性灵活配置装机容量
中国	清华大学	NHR-200（一体化低温堆供热堆）	该堆型采用完全一体化布置，内置水力驱动控制棒，自稳压，设置中间回路，采用双层承压壳，非能动预热排出，全功率自然循环
中国	国电投	CAP200	CAP200是采用非能动安全理念和两环路紧凑式技术路线，使用成熟设计工具和设计技术，通过自主创新和平衡电厂设计，兼顾成熟性、安全性、先进性和经济性，并具有完全自主知识产权的有代表性的紧凑式先进小型压水堆核电型号
俄罗斯	OKBM	一体化压水堆ABV-6M，反应堆热功率39 MW	(1)ABV-6M应用了非能动应急给水系统、非能动堆芯余热排出系统、安注系统和氮气稳压系统。这些系统使反应堆控制与保护得到简化，安全性大大提高。 (2)ABV蒸汽发生器可分组运行，机动性好。稳压器外布置，降低了堆芯高度，更加紧凑。 (3)由于ABV堆一回路的流程短、流阻小，自然循环能力达到100%，即取消主泵，舰艇噪音可以降低很多。 (4)与法国的CAP不同，ABV蒸汽发生器可在堆外维修，在给水管处堵掉破损的传热管，每一次堵掉1/80管子，功率损失1%。但因在传热面积设计中留

续表

国家	公司	堆型	主要技术特点
			有15%的余量，因此在整个寿期将会保证满功率运行。堵管维修时，可将该组蒸汽发生器隔离。 (5)机动性好。ABV每秒钟可变化0.5%满功率，如果增设主泵，可达到每秒1%满功率
俄罗斯	OKBM	浮动式小型压水堆KLT-40S，电功率70 MW	(1)KLT-40S是一种双回路核电机组，拥有一座通过“管中管”歧管与蒸汽发生器和一回路循环泵相连的水-水反应堆。该机组的基本设备(反应堆、蒸汽发生器和循环泵)在结构上由许多歧管连接在一起。 (2)反应堆由壳体、顶盖、可移动部件、堆芯、补偿联动装置及堆芯驱动机构组成。壳体是锻压和焊接而成的。 (3)蒸汽发生器是一个线圈型直流蒸汽发生器，在管系内产生蒸汽。蒸汽发生器的管道是用钛合金材料制造的，形状像圆柱型螺旋线圈。 (4)反应堆装置包括一个全密封的单级离心泵，该泵配有一台屏蔽的双速异步电机。轴承的润滑和冷却及转子和定子的冷却通过一个单独回路由一回路冷却水循环来完成。 (5)该反应堆装置采用组件型堆芯，使用陶瓷金属燃料和浓度小于20%的浓缩铀，换料周期为3～4年
俄罗斯	OKBM	VBER-300，电功率325 MW	OKBM Afrikantov公司的VBER-300压水堆(装机容量约295～325 MW)，是一种可用于浮动核电站和路基核电站的多用途反应堆。该反应堆运行寿命为60年，容量因子为90%，拥有4个蒸汽发生器，堆芯装有85个燃料组件，浓度为5%，燃耗率为48 GW·d/(tU)

续表

国家	公司	堆型	主要技术特点
俄罗斯	OKBM	RITM-200， 电功率 50 MW	RITM-200 型反应堆主要用在 LK-60 型核动力破冰船上，采用一体化设计，燃料铀浓缩丰度预计低于 20%，在 40 年的寿期内每 7 年需要进行一次换料
俄罗斯	库尔恰托夫 研究院	一体化沸水堆 VKR-MT	(1)采用球状燃料单元，可以运行十年而不用换料，并且换料的时候不需要打开压力容器大盖，而是通过特殊容器将微燃料单元送入反应堆。因为这种反应堆具有高的安全性。 (2)采用喷射泵进行强制循环，为强制循环沸水堆。采用饱和蒸汽透平，它有两个汽水分离器，没有再热器。具有非能动余热排出系统，没有能动控制阀，其有一套球状燃料换料系统，可以实现不停堆换料
美国	西屋	一体化反应堆 IRIS， 电功率 335 MW	(1)IRIS 采用一体化的主回路布置，而不是像传统的压水堆那样采用环路式布置。IRIS 的反应堆容器是一体化结构，容器内不仅有核燃料组件和控制棒，还有反应堆冷却剂系统的所有设备和部件，包括 8 台小型的联轴式反应堆冷却剂泵、8 个螺旋盘管式直流蒸汽发生器模块，为改善中子经济性和降低堆容器中子辐照影响而设置的位于堆容器下降通道内围绕堆芯的钢质反射层，以及位于堆容器上封头内的稳压器。 (2)由于取消了环路管道及安装在外面的蒸汽发生器和主泵，所以，堆容器就可以放置在一个直径比较小的安全壳结构中。IRIS 的安全壳设计采用球形钢质容器结构形式。与典型的圆柱形安全壳相比，在相同的容器壁厚和应力水平下，球形安全壳的尺寸减小后，其设计承压能力可以高出 3 倍以上

续表

国家	公司	堆型	主要技术特点
美国	纽斯高动力有限公司	NuScale，单模块电功率 50 WM	(1)NuScale 的核蒸汽供应系统集成了反应堆堆芯和蒸汽发生器的管束，并且其主冷却剂的循环完全依靠自然循环，从而完全消除了主泵与外部应急电源的使用。此外，NSSS 与非能动余热排出系统均紧凑地布置在钢制安全壳内。 (2)在制造工艺与维修方面，NuScale 的反应堆模块，包括其安全壳及壳内的设备，均可以实现在制造厂的生产和预装。在设计参数方面，与标准的大型反应堆相比，NuScale 在 NSSS 的尺寸、热功率、冷却剂和蒸汽压力方面，都有着相应地减少，并且在系统设计方面，也有着创新性地简化。每个模块都装备了单独的汽轮发电机组和冷凝水泵/给水泵。在换料大修期间，整个汽轮发电机组都可以跟随单个模块被调换
美国	巴威公司	mPower，电功率 195 WM	(1)一体化、模块化设计。 (2)内置直流蒸汽发生器。 (3)内置蒸汽式稳压器。 (4)内置控制棒驱动机构位于堆芯上部
美国	核能研究院	多用途小型轻水堆(MASLWR)，热功率 150 MW	反应堆的堆芯浸在外部水池中，反应堆压力容器放置在竖直的安全壳中，螺旋管式蒸汽发生器布置在堆芯的上升通道周围，螺旋管环绕在上升通道的压力容器筒体壁周围，压力容器顶部留有气空间，作为控制一回路系统的压力。反应堆压力容器放在高压的充有含硼水的安全壳中，这个高压的安全壳浸没在一个水池中，这个水池也作为紧急堆芯排热的最终热阱
美国	通用电气	模块式简化沸水堆 MSBWR	(1)MSBWR 的核燃料富集度为 5%，换料周期为 10 年，其一个重要的特征是消除了循环回路和泵，利用自然循环来冷却堆芯，自然循环带来的一个最大的好处是使得系统简化和可靠。 (2)其具有非能动应急堆芯冷却系统，这个应急堆芯冷却系统依靠重力驱动。

续表

国家	公司	堆型	主要技术特点
			更重要的是，安全壳冷却系统也是靠非能动系统进行冷却，取消了再循环回路，节省了大量的管道与阀门的布置，且节省了 AC 应急电源。这些简化措施大大节省了反应堆的花费，且非能动系统的高可靠性提高了反应堆应付 LOCA 事故和设计基准事故的能力。 (3)MSBWR 直接在堆芯中产生饱和蒸汽，用蒸汽直接去驱动汽轮机发电，它无需使用蒸汽发生器
韩国	韩国原子能研究院	小型压水堆(SMART)，电功率 100 MW	(1)SMART 采用了非能动安全技术，所有的一回路部件，包括堆芯、蒸汽发生器、主泵、稳压器，都放置在了压力容器中，这些部件之间不存在管道连接，节省大量的与一回路设备连接管道。由于采用了简化的非能动安全系统，可以节省安全系统的数量，也可以节省大量的阀门、泵、配线、配电箱、管道等。 (2)消除硼酸系统，是 SMART 设计的又一大特色，这样设计可使得硼酸和化容控制系统得以简化，同时，也可以减少放射性废物产生量，简化相关的废物处理系统
日本	原子能研究所	一体化船用堆 MRX，热功率 100 MW	(1)反应堆冷却剂系统：MRX 设计的主要特征是一体化式反应堆、内置式控制棒驱动机构、水淹式安全壳、非能动余热排出系统和反应堆整体移出的维修方法。 (2)压力保护系统：反应堆压力容器设置在充满水的安全壳内，即使发生失水事故时，也会阻止一回路冷却剂的流失，使堆芯非能动地保持淹没，防止堆芯受到损害。另外，安全壳内的水还起到放射性屏蔽的作用，可取消安全壳外的生物屏蔽，在反应堆动力装置的轻重量、小型化方面有了很大提高。为了避免安全壳内的压力上升过高，隔热层采用反射隔热。安装隔热层的外壳和压力

续表

国家	公司	堆型	主要技术特点
			容器的间隙内设有多个安全阀，还设有兼作泄漏检测的惰性气体循环系统。这样可以确保反应堆压力容器的完整性，早期检测出外壳结构等出现的异常现象。 (3)安全系统设计：为了有效发挥水淹式安全壳的优点，并能使安全壳内的水得到冷却，采用热管(蒸汽-冷凝热传导装置)。正常运行时，安全壳内水温保持在60 ℃以下。即考虑到破冰船的外界气温可达－50 ℃，准备将氨或氟利昂装入真空金属管中。蒸发器一旦被加热，介质开始蒸发，成为蒸汽流，热量被带到冷凝器，在冷凝器中又变成原来的液体状态。该过程连续进行，使热量转移。其结构简单，没有可动部件，可保证长寿命，可靠性也高。需要投入应急堆芯冷却系统时，只需要操作隔离阀即可。即关闭主给水管道和主蒸汽管道的隔离阀，打开应急堆芯冷却系统的隔离阀，就能将衰变热排放到安全壳水中，由热管式安全壳水冷却器进行非能动冷却
法国	海军造船公司	Flexblue， 电功率50～250 MW	Flexblue是一种圆柱形的、造型类似“核潜艇”的水下反应堆，电站安装在水下60～100 m深的海底。Flexblue体积很小，长约100 m，直径12～15 m，重约12000 t。每个Flexblue包括一个小型核反应堆，蒸汽透平发电机组，以及将电力输送至岸上的输电装置。Flexblue安全性能优势明显，因为在水深60～100 m下安装该设施，可避免受到飞机坠毁、雷电或海啸的影响，恐怖份子也较难潜到这样的深度发动攻击。设施周围的金属网罩则可预防鱼雷爆炸的破坏，万一发生核泄漏也不会造成周围人员伤亡

3.2.2 中国低温供热堆 NHR200－Ⅱ

3.2.2.1 概述

NHR200－Ⅱ型低温供热堆是清华大学历时 20 余年开发成功的、具有自主知识产权的先进小型堆，其技术在国际上处于领先地位，其目标是为国内区域集中供热提供热源。1981 年，清华大学核能研究院启动低温供热堆研究，先后完成 5 MW 低温供热堆示范项目和 200 MW NHR200－Ⅰ型低温供热堆研发。2006 年，清华大学、中核能源在 NHR200－Ⅰ型原有设计基础上，提高部分设计参数，开发具备热电联供能力的 NHR200－Ⅱ。2014 年，中广核、中核能源、清华大学三方协同开发基于 NHR200－Ⅱ型低温供热堆的热电联供项目。

在综合考虑技术成熟性、安全性和经济性等各种因素的基础上，确定了低温供热堆的运行参数。NHR200－Ⅰ可满足居民供热、海水淡化等市场需求；NHR200－Ⅱ可满足居民供热、热电联供、海水淡化、工业蒸汽等市场需求，其主要技术参数见表 3－6。

NHR200－Ⅱ的反应堆采用一体化布置、全功率自然循环冷却、自稳压的技术方案，堆体结构如图 3－2 所示，主换热器布置在压力容器内，系统压力由壳内上部气-汽空间维持。

表 3－6 NHR200－Ⅱ低温供热堆主要技术参数

参数名称	单位	数值
热功率	MW	200
反应堆设计寿期	a	60
反应堆冷却剂工作压力(额定工况)	MPa	8.0
堆芯入口/出口温度(额定工况)	℃	230/278
中间回路工作压力(额定工况)	MPa	8.8
蒸汽压力(额定工况)	MPa	1.6
蒸汽产量(额定工况)	t/h	323
燃料组件总数	盒	208
燃料初始装载量(金属铀)	t	12.7

图 3-2 堆本体结构示意图

NHR200-Ⅱ的输热系统由三重回路组成，即一回路、中间回路和二回路。一回路为自然循环，冷却剂流过堆芯吸收热量后，经水力提升段进入主换热器，将所载的热量传给中间回路水介质，然后再通过蒸汽发生器产生蒸汽。此外，还设有为数不多的安全相关系统和辅助工艺系统，如余热排出系统、注硼系统、控制棒水力驱动系统、反应堆冷却剂净化和容积控制系统、安全泄放系统、设备冷却水系统等。主要系统流程如图 3-3 所示。

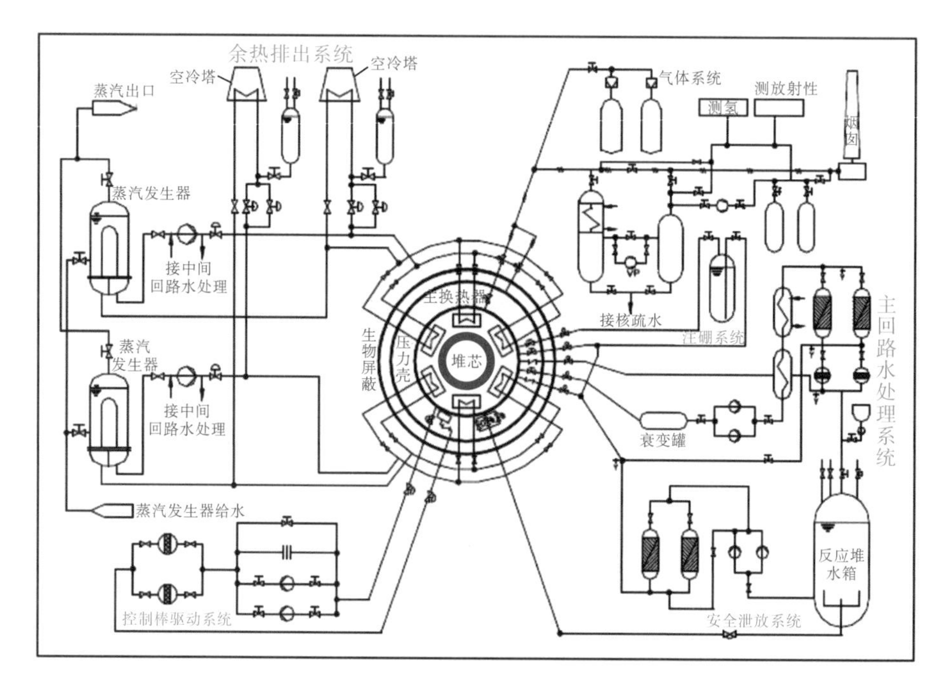

图 3－3　主要系统流程图

3.2.2.2　一体化反应堆

NHR200－Ⅱ的堆本体结构如图 3－4 和图 3－5 所示。在反应堆压力容器内布置有反应堆堆芯、主换热器、堆内构件以及各种压力、温度、水位和堆芯中子注量率测量传感器等。堆芯由燃料组件、控制棒组件和中子源组件组成，由堆内构件下部支承结构和上部导向结构构成一个完整的一体化的自然循环主回路系统。在压力容器内壁与烟囱之间的环形空间内布置有主换热器。

主冷却剂自下而上流经堆芯，被堆芯燃料组件加热后的热水向上流经烟囱后到达上腔室。在上腔室中，水侧向流入布置在外侧环形空间中的主换热器内。主换热器中，主回路热水将热量传递给中间回路水，变“冷”了的主冷却剂向下流过压力容器与堆芯围筒之间的环形空隙——下降管，到达堆芯下部的入口联箱，完成主回路自然循环。主回路自然循环的驱动力是堆芯、烟囱中的热水与主换热器、下降管中的冷水之间的密度差。

压力容器上部液面以上有一定容积的气空间，由水蒸气分压及氮气分压维持主回路系统的运行压力。在压力容器上部气室顶部安装有安全阀，用于防止压力容器的超压。

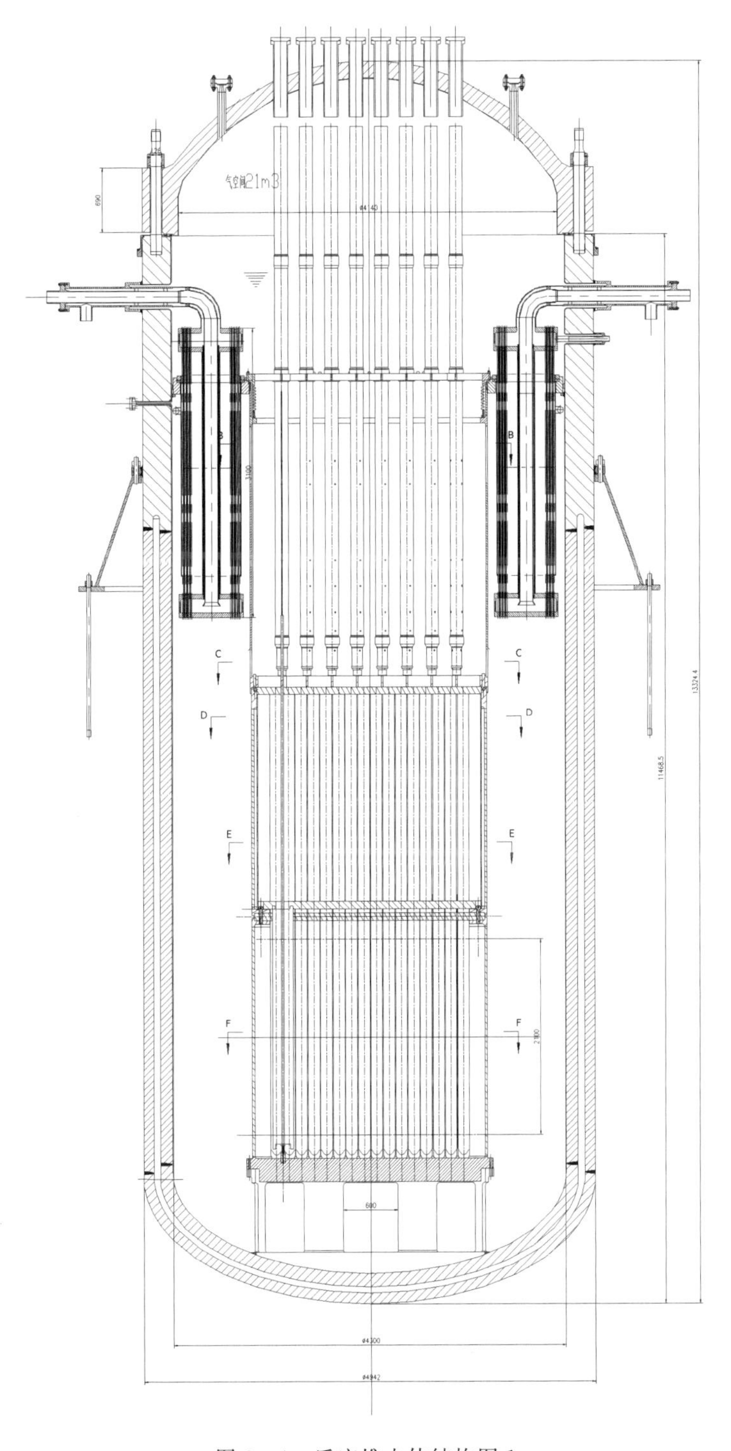

图 3-4　反应堆本体结构图 1

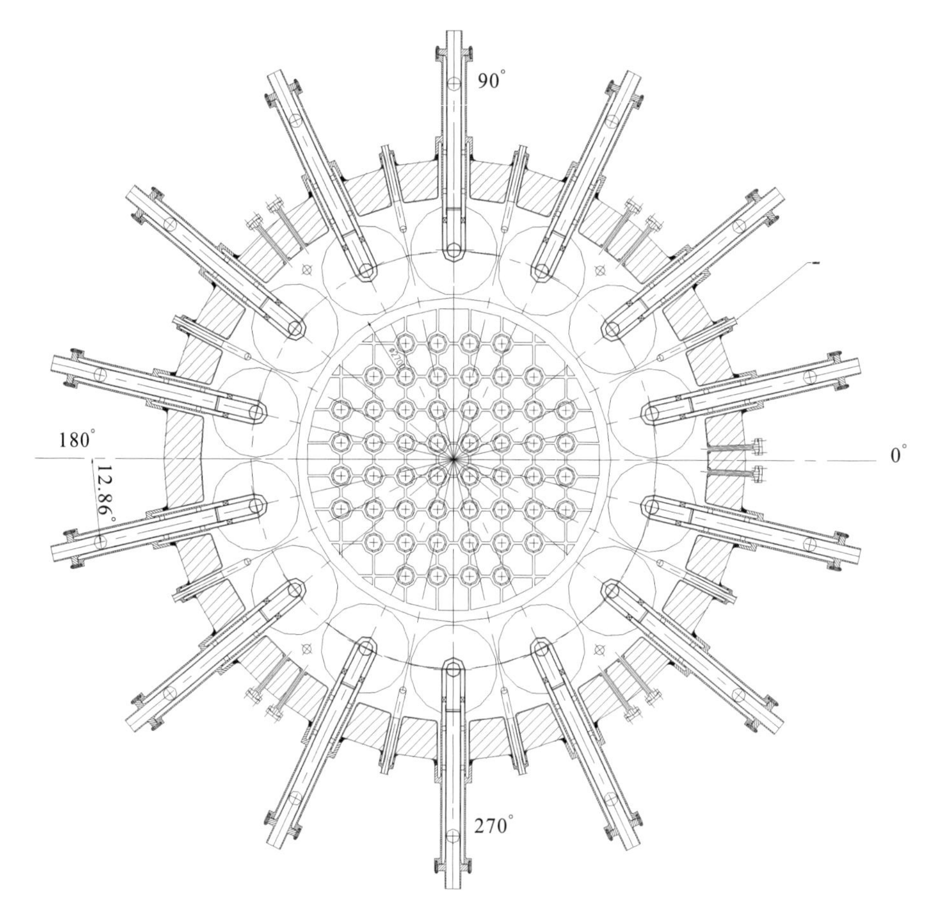

图 3-5　反应堆本体结构图 2

3.2.2.3　专设安全系统

1. 安全特性

低温供热堆核电厂安全性高，采用一体化布置，自稳压设计。一回路系统包容在反应堆压力容器内，降低了压力边界冷却剂泄漏的概率，减轻了泄漏的后果，消除了大破口失水事故（loss of coolant accident，LOCA）。NHR200-Ⅱ反应堆不设置主泵，简化主回路系统，消除了主泵相关事故。

NHR200-Ⅱ反应堆采用全功率自然循环，从物理上保证内在安全性，采用非能动余热排出系统，无需依赖外电源，每套系统均可将反应堆停堆后的剩余发热通过自然循环由空气冷却器排向大气，从而确保反应堆安全。

依靠自然力的双重停堆系统，实现高可靠的停堆保护功能。注硼系统采用重力注入方式，因此不需要外接电源。供热堆采用的控制棒水力驱动是一种安全、经济和先进的新型驱动方式，排除了弹棒事故，不需要外部动力。

NHR200－Ⅱ反应堆采用双层承压壳，其中一次安全壳紧贴压力容器，能有效防止失水事故发生，也能确保放射性物质不外泄，提高了屏蔽放射性物质的能力。

在含放射性的一回路和热网之间设置中间隔离回路，且中间隔离回路的工作压力高于冷却剂回路，保证在主换热器泄漏的情况下放射性物质不会进入热网。

2. 安全壳系统

安全壳系统由安全壳及安全壳隔离系统组成。

安全壳是放射性物质的第三道安全屏障。当反应堆一回路介质发生破口事故时，带有放射性的一回路介质泄入安全壳并被包容在安全壳内。低温供热堆采用混凝土圆柱形壳体结构，属于安全2级、抗震Ⅰ类。安全壳内布置有反应堆本体、部分反应堆辅助系统以及安全壳相关的各系统。

安全壳隔离系统是为了保证安全壳承压边界完整性，针对贯穿安全壳壁的系统管道而设置的。安全壳隔离系统由设在贯穿安全壳壁各穿管上的隔离阀及其驱动系统组成。

3. 余热排出系统

余热排出系统的安全功能是在不超过规定的燃料设计限值和反应堆冷却剂压力边界设计基准限值条件下，以一定的速率从堆芯排出裂变产物的衰变热和其他余热。该系统设计成两套相互独立的回路，满足单一故障准则，并适当满足多重性、多样性和独立性等。

每套余热排出系统回路由两部分组成，前一部分是布置在压力容器内的一组主换热器及其进、出口阀门和连接管道；后一部分是空冷塔、一台容积补偿器、隔离阀及其连接管道。空冷塔为厂房建筑物的一部分。空气冷却器管束布置在空冷塔内的下部，管束下方是空冷塔的进气口。

余热是通过三个自然循环回路的相互传递排出的。反应堆的余热靠一回路水自然循环输送到压力容器内的主换热器，然后通过主换热器传热管传送到二次侧水。受热的二次侧水靠自然循环上升到空气冷却器管内，被管外的空气冷却以后再回流到壳内主换热器二次侧。空气由冷却塔下部的进口进入空冷塔，通过空气冷却器管束被加热而上升，靠空冷塔的导流与室外冷空气形成自然对流，热空气通过空冷塔上方窗口散到最终热阱——大气中。

4. 注硼系统

注硼系统为第二停堆系统，当不能使用控制棒停堆时，启动该系统向反应堆堆芯注入硼溶液，终止链式反应，关闭反应堆。

本系统采用重力注硼方案，系统由注硼罐、阀门和相应的管道组成。注硼罐内装有含硼溶液。一般情况下(包括反应堆处于停堆、正常功率运行和一般瞬态过程)，注硼系统借助隔离阀与反应堆隔离。当需要注硼时，注硼罐内液位在重力的作用下沿注硼管注入反应堆，执行停堆功能，关闭反应堆。

3.2.3 中核 ACP100

3.2.3.1 概述

ACP100 是中核集团核动力研究设计院设计开发的一体化革新型压水堆技术。ACP100 能够用来发电、供热、供应蒸汽或海水淡化，适用于工业基础落后、能源供给有限的偏远地区，其电功率为 125 MW。ACP100 基于现有压水堆技术，采用非能动安全系统，在操作瞬态和假定设计基准事故(DBA)中使用自然循环来冷却堆芯。ACP100 的主冷却系统的主要部件都位于反应堆压力容器内。ACP100 核电厂能够设计安装 1～8 个模块，以满足核电厂功率的增长需求。

2015 年 4 月，中核集团与国际原子能机构签署了 ACP100 通用反应堆安全审查协议。2016 年，由国际原子能机构组织相关专家，针对反应堆安全和环境分析报告以及设计方案等方面的内容完成了审查，为 ACP100 的国际市场开拓及工程应用打下基础。

2021 年 7 月 13 日，ACP100 海南昌江多用途模块式小型堆科技示范工程进行了第一罐混凝土(FCD)浇筑，预计 2026 年投入商运。

3.2.3.2 反应堆系统与设备

ACP100 概念方案是模块化、一体化设计，竖直放置反应堆冷却剂主泵，蒸汽发生器内置于压力容器内，主泵通过短管与压力容器中下部位置相连，稳压器位于压力容器外部，控制棒驱动系统为电磁控制。ACP100 反应堆系统结构如图 3-6 所示。ACP100 的反应堆厂房和乏燃料水池设计建于地面以下，以针对外部事件提供更高的保护水平，并降低放射性物质释放。

ACP100 核岛设计主要有以下特点：

(1)一体化布置取代环路型布置；

(2)取消主回路管道；

(3)主泵通过短管与反应堆压力容器相连；

(4)蒸汽发生器内置于反应堆压力容器内；

(5)核蒸汽供应系统一体化集成为反应堆模块；

(6)控制棒驱动机构、压力容器、堆内构件、直流蒸汽发生器、屏蔽泵均采用成熟设备。

图 3-6 ACP100 反应堆系统结构图

1)反应堆冷却剂系统

反应堆冷却剂系统包括 4 台主泵、16 台直流蒸汽发生器、1 台稳压器。系统运行压力 15 MPa，堆芯出口温度 320 ℃。主蒸汽系统包含旁路系统和汽水分离再热系统。

2)专设安全系统

ACP100 的专设安全系统有非能动余热排出系统、非能动堆芯冷却系统、非能动安全壳热量导出系统等。

非能动余热排出系统能够在全厂断电的情况下，保持堆芯长期(72 小时)余热排出。非能动堆芯冷却系统能够保证安注系统投入运行，保持堆芯淹没。而非能动安全壳热量导出系统通过与安全壳内气体的对流和辐射作用带走安全壳内的热量，并通过自然循环将热量带至最终热阱，保证事故工况下安全壳的完整性。

3.2.3.3 堆芯和燃料

ACP100 堆芯的 57 组燃料组件活性段高度为 2.15 m，17×17 排列，燃料富集度小于 5%，换料周期 24 个月。2012 年 8 月，中核集团的建中核燃料制造厂已经制造出了 ACP100 研发项目的燃料组件和控制棒模型。

3.2.3.4 全特性

ACP100 是第三代核电技术，拥有固有安全特性，它去除了主管道的大钻孔，因此消除了大破口事故。ACP100 非能动余热排出系统能够在操作员不干涉的情况下提供三天冷却，或者冷却水池有水供应的情况下提供 14 天冷却，通过重力将水排出。

ACP100 通过将反应堆厂房和乏燃料水池安置在地下来提高安全性和物理防护。压力容器和设备的布置能够保证堆芯和蒸汽发生器之间的自然循环。ACP100 有安全相关直流电源来支持 72 h 的事故缓解，辅助电力单元能够给电池系统提供 7 天电力。乏燃料水池装满 10 年的乏燃料后，冷却剂系统能够进行 7 天冷却。

针对福岛核事故，ACP100 采取了相应应对措施。

1)失去厂外电源叠加失去柴油机电源

ACP100 具有闭式的一回路系统，依靠一回路自然循环和浸没在大容量水池中的应急余热排出交换器向池水排热，失去电源后不会使反应堆失去冷却，足以保证 3 天内的余热排出。

2)失水事故叠加失去全部电源

若 ACP100 失水事故后，可依靠非能动的设施完成堆芯的冷却和安全壳的排热，不会因失去电源而使事故扩大和状态恶化。

3)乏燃料储存池的安全和事故风险

ACP100 乏燃料池布置在地面标高以下。厂房外还设有备用补充水池。在因地震造成乏燃料池结构的破坏或者因丧失电源而失去冷却的极端情况下也不会出现乏燃料的裸露。

4)堆芯熔化

ACP100 属于第三代压水堆，除了具有单堆功率小、放射性源项少、不存在大 LOCA 等固有安全特点和采用完全非能动的安全设施，显著降低了事故发生概率和减轻事故的后果外，还全面考虑了严重事故的预防和缓解措施，如熔融物堆内滞留、氢复合器以及相应的严重事故管理导则。

3.2.3.5 电厂布置

按照假想厂址布置 2 台 125 MW 一体化压水堆核电机组，反应堆厂房位于地下，如图 3-7 所示。

ACP100 电厂总体布置图 3-8 所示，规划原则如下：

(1)主厂房布置在埋深适宜、均匀完整、承载力值满足要求的地基上；

(2)取排水线路在满足生产工艺流程的前提下，力求简短、顺畅；

(3)电力出线力求简洁、顺畅；
(4)满足分期建设的要求；
(5)合理布置施工场地，减少征地面积。

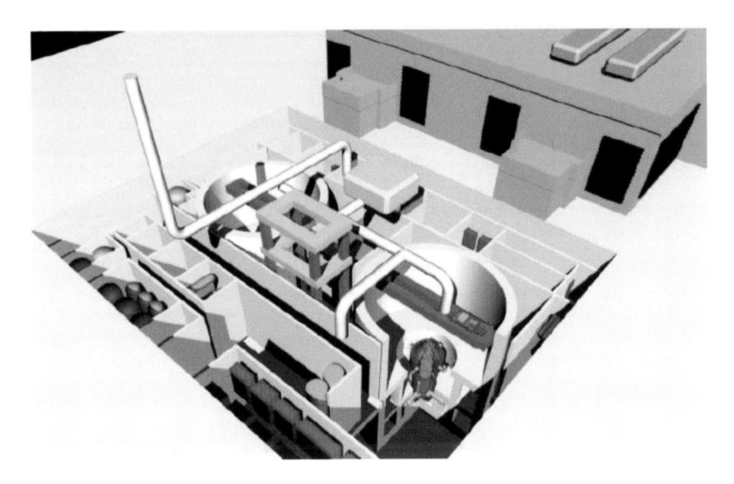

图 3-7　ACP100 反应堆厂房地下位置

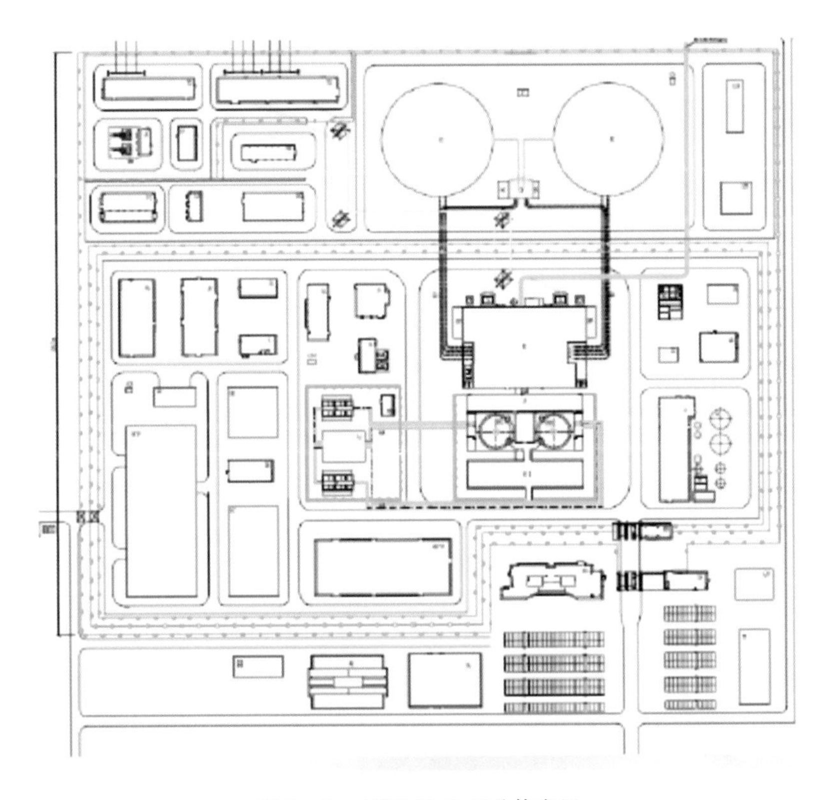

图 3-8　ACP100 电厂总体布置

3.2.3.6 设计参数总结

ACP100 堆型的设计参数见表 3－7。

表 3－7 ACP100 小型堆参数

参数	数值/内容
反应堆热功率/MW	385
单模块电功率/MW	125
预期容量因子	95%
反应堆设计寿命/a	60
一回路	强迫循环
主要反应性控制系统	控制棒驱动系统，固体可燃毒物，可溶硼
RPV 高度/m	10
RPV 内径/m	3.35
反应堆冷却剂入口温度/℃	286.5
反应堆冷却剂出口温度/℃	319.5
反应堆冷却剂平均温度/℃	303
冷却剂系统最佳估算流量/($m^3 \cdot h^{-1}$)	10000
反应堆冷却剂系统运行压力/MPa	15
燃料组件类型	CF3 截短型组件
燃料组件活性段高度/mm	2150
燃料组件数量/组	57
燃料富集度(平衡循环)	小于 5%
燃耗/($GW \cdot d \cdot (tU)^{-1}$)	小于 52000
反应堆换料周期/月	24
控制棒组件数量/束	20
应急安全系统	非能动
余热排出系统	非能动
主泵类型	屏蔽泵
主泵数量/台	6
核电厂模块个数	1～8
预估建设周期/月	36
抗震系数	0.3g
堆芯熔化频率/(堆·年)$^{-1}$	小于 10^{-6}
设计阶段	施工设计

3.2.4 中广核 ACPR50

3.2.4.1 概述

ACPR50 模块化紧凑型小型堆是中国广核集团自主研发的两环路 50 MW 级的非能动安全先进小型堆核电站，预计净输出功率约为 50 MW，目前已完成方案设计，正在开展初步设计。遵循“模块化、从大变小、由发电到多用途”的总体技术思路开展，依托成熟商用压水堆技术，取消主设备之间的长管道，采用紧凑布置。ACPR50 开展小型化设计，利用现有系统、设备、堆内构件技术基础，工程可实现性高；采用全非能动安全系统，安全性超过现有三代核电标准；模块化设计，单模块电功率 50 MW，能够满足多样化的用户需求；模块工厂制造、整体运输、现场安装、建设周期短、工程风险可控。ACPR50 小型堆具备模块化、多用途、长周期换料、后勤保障简单等特点，具有完全自主知识产权和高度安全性，是满足我国分布式能源需求的自主创新小型核电技术。ACPR50 主要技术指标如下：

(1)电厂类型：压水堆；

(2)热功率约 200 MW；

(3)净电功率约 50 MW；

(4)电厂多模块布置；

(5)电厂运行方式为保持一回路平均温度、二回路压力不变，以二回路给水流量控制机组功率变化；

(6)采用紧凑型布置，短套管连接，大幅降低破口概率；

(7)电厂设计寿命 60 年；

(8)电厂设计可利用率可达 95%以上；

(9)安全停堆地震 0.3 g；

(10)建造周期首堆 30 个月，批量化 24 个月；

(11)概率安全目标：堆芯损坏频率(core damage frequency，CDF)$<1.0\times10^{-7}$/(堆·年)，大量放射性释放频率(large radioactive release frequency LRF)$<1.0\times10^{-8}$/(堆·年)；

(12)全非能动安全系统，不依赖应急电源；

(13)放射性源项尽可能低；

(14)考虑了强迫停堆和计划停堆以后，非计划停堆目标数小于 1 次/年；

(15)职业辐照剂量小于 0.5 人·Sv/(堆·年)；

(16)规划限制区小于 500 m，无场外应急。

3.2.4.2 技术特点

ACPR50是中国广核集团基于已有成熟压水堆和三代核电技术研究成果，借鉴国内外小型堆先进设计理念，自主开发的小型智能堆。ACPR50的反应堆深埋地下布置，采用水淹式钢制安全壳，大幅提高反应堆安全性，实现三区合一，设计上无需场外应急，能够更好地满足市场化应用的安全、经济目标和条件，具有先进性、成熟性、安全性和经济性等设计优势。

1. 先进性

(1)以成熟的大型三代核电技术为基础，结合小型堆技术特点，开展小型化改进并集成先进的核电技术及理念；

(2)采用数字化仪控系统，具有良好的人机界面；

(3)采用紧凑型布置，主设备之间通过短套管连接，设计上消除主管道剪切断裂引起的大破口失水事故；

(4)模块化设计，最小模块定义为核蒸汽供应模块，每个核蒸汽供应模块为独立单元，可单独进行建设安装、运行控制及换料检修，模块之间互不影响，可根据用户需求范围扩展。

2. 成熟性

(1)以成熟的大型陆上商用压水堆核电站为参考，“由大到小，由发电到多用途”；

(2)技术和设备成熟可靠，易满足核电方面法规和标准要求，可充分利用成熟核电设备制造链。

3. 安全性

(1)按照最新的核安全要求设计，安全指标高于三代核电；

(2)采用先进安全设计理念：设计安全、非能动安全、固有安全；

(3)全非能动安全系统，反应堆地下布置；

(4)采用水淹式钢制安全壳，安全壳内抽真空；

(5)采用经过高燃耗考验验证的燃料。

4. 经济性

(1)系统功能合并，设计简化，系统、厂房、设备等物项减少；

(2)燃料高卸料燃耗，提高燃料经济性；

(3)长换料周期，保证较高的运行负荷因子；

(4)应用灵活，可实现能源梯级利用，全厂热效率高；

(5)从设计上保证反应堆长期满功率稳定运行；

(6)从设计上考虑提高热工参数，提高发电热效率，以提高发电的经济性。

3.2.4.3 构筑物和系统设计原则

1. 构筑物简化和设计原则

小型堆核电站 ACPR50 可以通过功能划分、离堆处理、多系统共用等方式，将构筑物结构简化，从而达到缩短工期、提高经济性的目的。小型堆核电站 ACPR50 构筑物的简化和设计原则如下：

(1)功能相近的构筑物原则上能合并的尽量合并设计，优化布置；

(2)在满足系统功能前提下，尽可能选择小型化设备，减少对构筑物空间需求。

2. 系统简化和设计原则

为了达到缩短工期、提高经济性的目的，将小型堆核电站 ACPR50 的功能进行划分和归并，并且将各个系统进行简化设计，系统代码参考 AP1000 核电厂。小型堆核电站 ACPR50 系统的简化和设计原则如下：

(1)专设安全设施采用非能动理念设计，减少能动设备，从而实现系统简化。

(2)功能相近的机械系统在保证功能要求的前期下尽量合并设计，如电厂用水、用气、通风等功能尽量合并设计。

(3)系统设计尽量采用新型技术(如废液膜处理技术等)，降低工艺复杂性和空间要求。

3.2.4.4 堆芯和燃料

小型堆燃料组件采用大型商用压水堆成熟 17×17 缩短形式，由 264 根燃料棒及一个 17×17 方阵排列的正方形栅格结构(或骨架)组成，如图 3-9 所示。骨架包含 24 根导向管、1 根仪表管、上管座、下管座和 5 个定位格架(2 个端部格架、和 3 个结构搅混格架)。ACPR50 小型压水堆拟采用中广核自主研发的截短型 STEP-S 燃料组件(STEP-S 为 STEP-12 截短型燃料，试验组件正在考验中)。

ACPR50 堆芯由 37 个燃料组件组成，如图 3-10 所示。堆芯活性段高度(冷态)为 220 cm，平均线功率密度为 90.65 W/cm。ACPR50 堆芯首循环分两区装载，富集度较低的 21 组 4.2%燃料组件放置在堆芯内部，富集度较高的 16 组 4.95%燃料组件放置在堆芯外围。换料堆芯依次交替更换 17 组、16 组富集度为 4.95%的燃料组件，经过两个过渡循环达到平衡循环。平衡循环为长、短交替模式，使用的新组件数量分别为 17 组和 16 组。

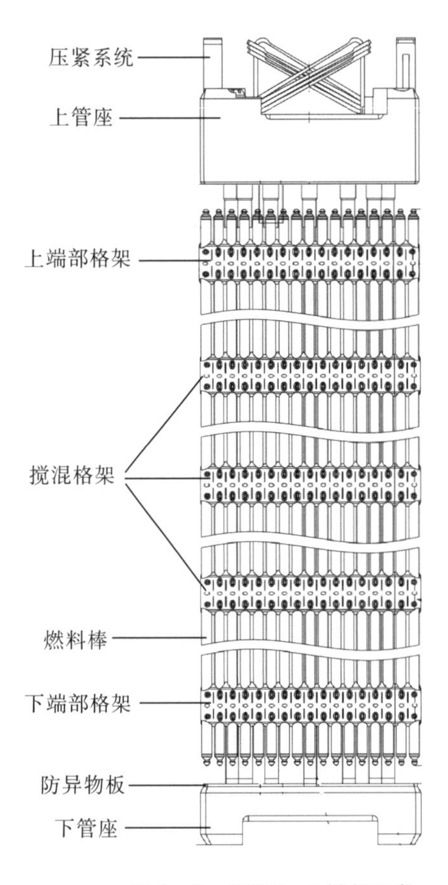

图 3-9　STEP-S燃料组件

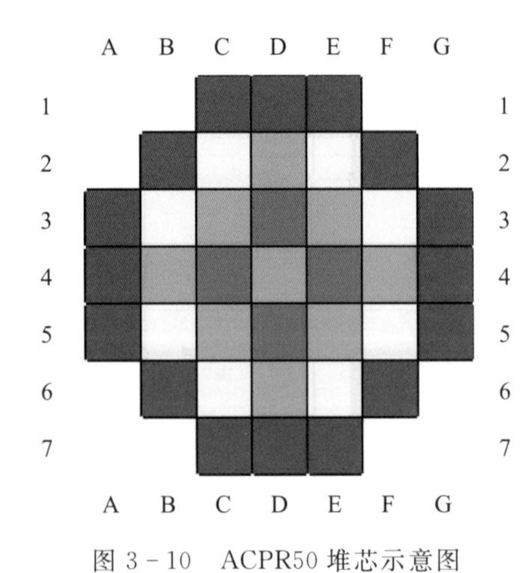

图 3-10　ACPR50 堆芯示意图

3.2.4.5　反应堆及关键设备

ACPR50采用成熟反应堆设备技术，主设备管嘴直接焊接或通过短套管连接，紧凑型布置，整体固定安装。冷却剂系统有两环路，安全系统采用全非能动安全系统，2+X系列，保证高安全性。

ACPR50采用紧凑型布置反应堆模块，技术和设备成熟可靠，易满足核电法规和标准要求，可采用成熟核电设备制造链。压力容器、堆内构件、稳压器等都采用成熟设备小型化改进技术。

主泵的主要技术路线是采用立式、单级、无轴封、高温高压湿定子主泵，其点击和所有转动部件都包容在同个压力腔内。

短套管的主要技术是双层套管式主管道，目前已完成方案可行性分析和方案设计说明，将要开展短套管密封性能研究。

3.2.4.6　系统设计

1. 冷却剂系统

ACPR50小型堆RCS系统采用强迫循环，反应堆堆芯置于压力容器下部，压力容器外部对称布置两台蒸汽发生器，每台蒸汽发生器连接一台主泵，提供冷却剂循环动力，蒸汽稳压器和控制棒驱动机构均位于压力容器外部。ACPR50反应堆冷却剂系统是安全级系统，其流程示意图如图3-11所示。

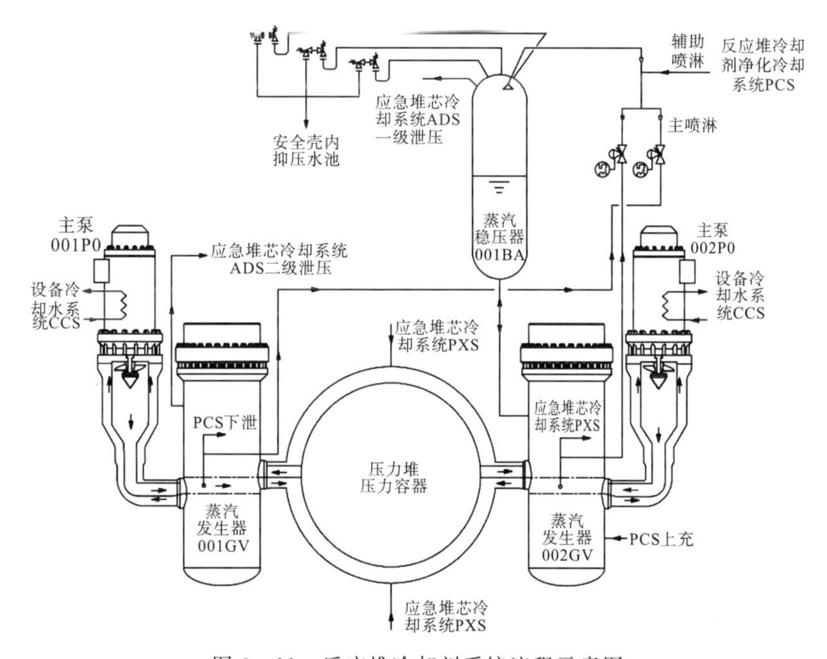

图3-11　反应堆冷却剂系统流程示意图

2. 专设安全系统

ACPR50 涉及的专设安全系统包括：非能动安全注入系统、自动卸压子系统、二次侧非能动余热排出系统、安全壳抑压系统、安全壳及安全壳隔离系统，安全壳真空控制系统。

专设安全系统是对于核电厂安全至关重要的安全系统和屏障，此安全系统应具有高度的运行可靠性，并满足如下设计原则：

(1)单一故障准则；

(2)多重性；

(3)多样性；

(4)独立性；

(5)设备的合格鉴定；

(6)定期检查和定期试验。

专设安全设施的基本功能将按照我国核安全法规《HAF102》规定，为保证核电厂安全，在各种运行工况下，在发生设计基准事故期间及以后，核电厂必须执行的三项功能，即反应性控制、排出堆芯余热以及放射性物质包容。ACPR50 安全系统主要配置如图 3-12 所示。

3.2.4.7 安全特性

小型堆靠近用户的特点对安全性提出了更高的要求，ACPR50 满足三代核电安全要求，满足最新核安全规划要求：堆芯损坏概率小于 10^{-7}/(堆·年)；放射性释放概率小于 10^{-8}/(堆·年)。安全设计特点如下：

(1)设计安全。ACPR50 采用短套管，大幅降低破口失水事故概率；采用二次侧全压设计，消除 SGTR 事故放射性释放风险。

(2)非能动安全。ACPR50 采用非能动安全系统，反应堆深埋地下布置；采用水淹式钢制安全壳，提高事故应对能力，避免类似福岛核事故发生。

(3)固有安全性高。ACPR50 的功率负反馈，反应堆自身事故缓解能力强(线功率密度约为大型压水堆的 2/3，一回路相对水装量大，事故时冷却剂自然循环)。

(4)多重放射性屏蔽。ACPR50 有 6 重放射性屏蔽：燃料、包壳、压力容器、安全壳、安全壳外水池、安全厂房。

(5)放射性释放概率非常低。ACPR50 反应堆深埋地下，采用钢制安全壳。

(6)无需场外应急。计算分析表明，ACPR50 在设计上实现三区(非居住区、规划限制区、应急计划区)合一，均在场区范围内，无需场外应急。

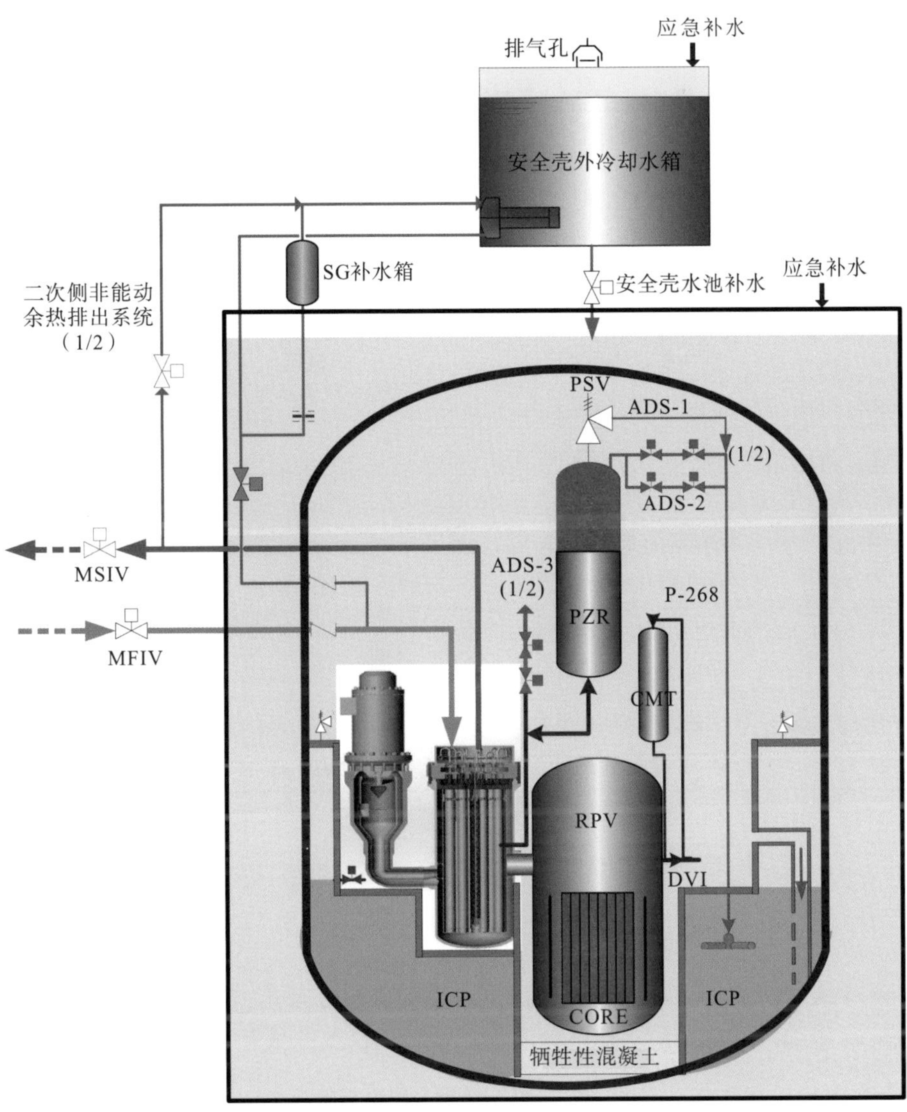

ADS—自动卸压系统(automatic depressurization system);CMT—堆芯补水箱(core makeup tank);CORE—反应堆堆芯(reactor core);PCCS—非能动安全壳冷却系统(passive containment cooling system);DVI—直接安注管线(direct vessel injection);ICP—安全壳内水池(inner containment pool);MFIV—主给水隔离阀;MSIV—主蒸汽隔离阀;PSV—稳压器安全阀;PZR—稳压器(pressurizer);RPV—压力容器。

图 3-12 ACPR50 专设安全系统示意图

3.2.4.8 参数总结

ACPR50 的主要参数见表 3－8。

表 3－8 ACPR50 主要参数

序号	参数	单位	数值或描述
1	电厂类型	—	紧凑式短套管连接压水堆
2	设计寿命	a	60
3	换料周期	月	30
4	堆芯热功率	MW	200
5	净电功率	MW	50
6	电厂设计可利用率	—	95％
7	电厂发电效率	—	约 30％
8	极限安全地震动 SL－2	—	0.3g
9	堆芯损坏频率(CDF)	/(堆·年)	小于 1.0×10^{-7}
10	大量放射性物质释放频率(LRF)	/(堆·年)	小于 1.0×10^{-8}
11	非计划自动停堆次数	次	小于 1
12	建造周期(首堆)	月	30
13	职业辐照剂量	(人·Sv)/(堆·年)	小于 0.5

3.2.5 中广核 ACPR100

3.2.5.1 总体参数

ACPR100 是中国广核集团提出的新型一体化、模块化、多用途陆上小型堆，能够提供安全、高效的清洁能源，其总体技术参数见表 3－9。

表 3－9 ACPR100 总体技术参数

技术参数	数值或描述
堆芯额定热功率/MW	450
组件数/个	69
组件类型	17×17 成熟短型燃料组件
U－235 富集度	内：3.65％；外：4.95％
燃料芯块直径/cm	0.8192

续表

技术参数	数值
包壳外径/cm	0.950
包壳厚度/cm	0.057
控制棒组数目	24
额定流量/($m^3 \cdot h^{-1}$)	16000
一回路压力/MPa	15.51
反应堆冷却剂入口温度/℃	298
反应堆冷却剂出口温度/℃	322
反应堆冷却剂平均温度/℃	310
安全壳高度/m	14
二回路流量/($t \cdot h^{-1}$)	759
二回路压力/MPa	4.7
二回路给水温度/℃	185

3.2.5.2 技术特点

ACPR100陆上小型堆具有高安全性、一体化、模块化、多用途、经济性良好等特点。

1)高安全性：充分具备市场化推广的必要安全条件

(1)一体化布置，消除大破口事故，大幅度降低小破口概率；

(2)全非能动安全系统，不依赖应急电源，15天内不需操作员干预；

(3)负的功率反应性，压力容器内水装量大，固有安全性高；

(4)反应堆深埋地下，利于放射性屏蔽、利于事故下非能动冷却、利于有效应对外部事件；

(5)氢气燃烧可能性低，放射性源项小，严重事故易缓解；

(6)大幅简化应急流程，缩小或取消应急区域；

(7)设备小，地下布置，抗震等级高。

2)一体化：体积小、占地少、厂址条件要求简化

(1)一体化布置，可靠性高；

(2)设备尺寸小，便于运输；

(3)占地面积小、重量轻、地基承载能力要求低；

(4)选址便利，适应内陆厂址；

(5)可靠近城市建设。

3)模块化：模块化设计、建造，用户友好

(1)按照用户需求，安装1～6个模块，实现电厂总功率的范围扩展；

(2)各模块独立运行，单模块机组离线换料/检修时，其他机组正常在线运行；

(3)模块化建设更加灵活，土建、安装同时进行，提高了电厂建设速度；

(4)设备模块工厂制造，公路、铁路或水路运输，现场模块化安装。

4)多用途：市场应用前景广阔

(1)中小型电网供电、工业园区分布式供电；

(2)城市供暖；

(3)海水淡化或内陆苦咸水治理；

(4)工业供热、供气；

(5)分布式综合能源供给站；

(6)与大堆共建。

5)经济性良好：具有竞争力的经济性

(1)系统简化，设备小且数量少，设备成本低；

(2)设备工厂预制、整体运输、现场安装、建造工期短、土建成本低；

(3)单模块投资规模小、融资难度低、多模块滚动发展、以生产利润带动建造规模；

(4)全数字化仪控、自动化水平高、运行人员少、运维成本低；

(5)长周期换料，负荷因子高。

3.2.5.3 主要系统及设备

1. 堆芯

ACPR100借鉴成熟压水堆堆芯方案，采用低富集度的二氧化铀燃料，堆芯热功率为450 MW。堆芯由69个成熟短型先进燃料组件组成。每个组件含有呈17×17方形排列的264根燃料棒，24根可放置控制棒、中子源或阻流塞组件的锆合金导向管和1根锆合金测量管。采用多种富集度燃料组件，用轻水冷却和慢化堆芯，反应堆冷却剂系统的压力为15.5 MPa。冷却剂中含有吸收中子的有毒物质——硼，为了控制包括燃料燃耗效应在内的慢反应性变化。堆芯布置如图3-13所示。

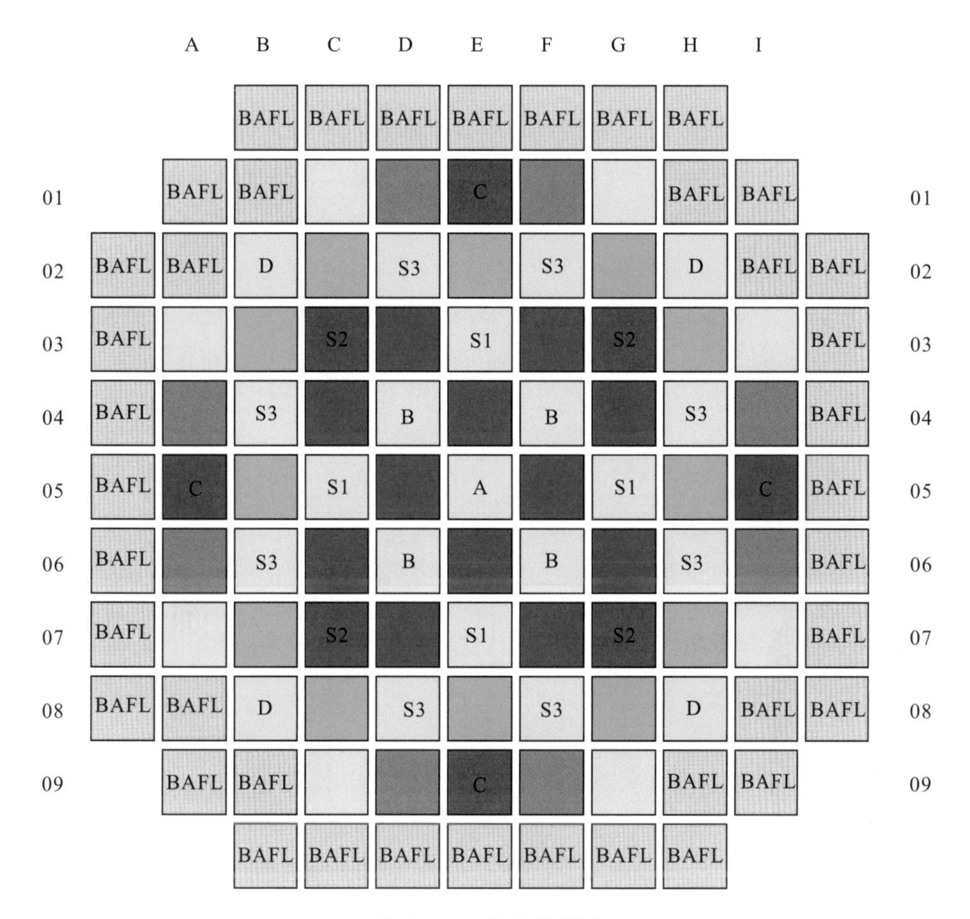

图 3-13 堆芯布置图

2. 一体化冷却剂系统

ACPR100 小型堆采用一体化布置，蒸汽发生器、稳压器和冷却剂泵等核岛主设备均位于反应堆压力容器内，这种小型堆取消了冷却剂系统内的大尺寸管道连接和大量压力贯穿件，在根本上消除了发生大破口失水事故的可能性；相关管道的减少，也降低了反应堆发生小破口使冷却剂丧失事故的可能性，使压力边界更为紧凑牢固。

ACPR100 小型堆采用强迫循环，整个冷却剂系统包括 16 台直流蒸汽发生器，4 台主泵和 1 台内置蒸汽稳压器。冷却剂主泵采用屏蔽泵，环形布置于压力容器外侧；控制棒驱动机构采用外置电磁步进式驱动机构，位于压力容器上方；蒸汽发生器选用小盘管式直流蒸汽发生器，出口蒸汽为过热蒸汽；内置蒸汽稳压器采用标准电加热和喷淋系统。

冷却剂流动方式为：在堆芯吸收裂变热后，经过上升通道进入冷却剂泵，经主泵加压后向下流经蒸汽发生器，将热量传给蒸汽发生器内流动的二回路系统给水，使之变为蒸汽，换热后的冷却剂继续向下流经堆芯外部环形下降通道，经混流器混合后进入下腔室，最后返回堆芯，形成循环流动。

3. 非能动安全系统

ACPR100 陆上小型堆采用全非能动安全系统，对环境的放射性释放量满足国家相关法规要求，安全系统配置如图 3-14 所示，主要包括：非能动二次侧应急补水箱 SMT、非能动余热排出系统 DHRS、安全壳余热排出系统 CHRS。

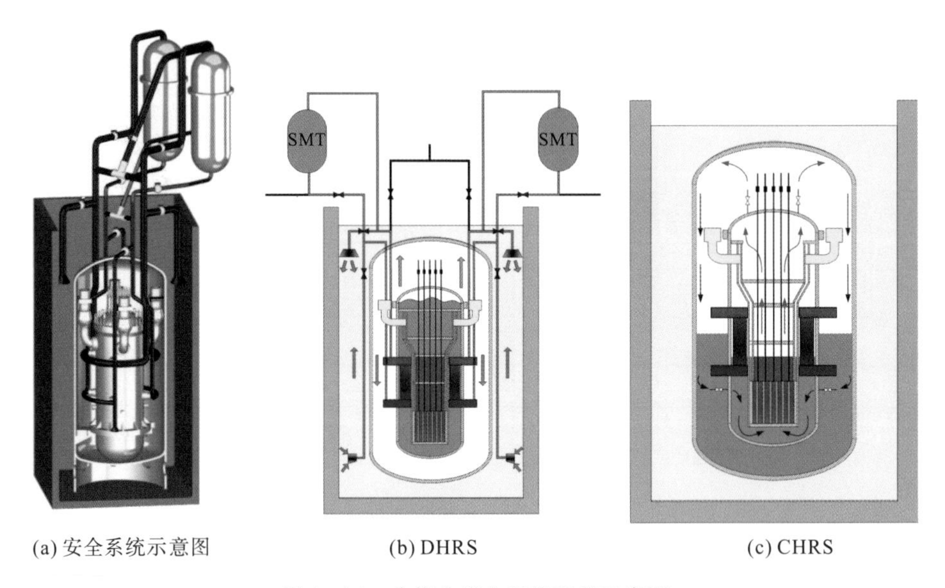

(a) 安全系统示意图　(b) DHRS　(c) CHRS

图 3-14　非能动安全系统配置示意图

1)非能动二次侧应急补水箱(secondary loop makeup tank，SMT)

ACPR100 设有两台非能动二次侧应急补水箱 SMT，置于安全壳上方，主要功能是在事故发生时起到有效的短期缓解作用。事故工况下，为保证压力容器不超压，稳压器开始自动卸压，高位 SMT 在重力作用下将水紧急注入蒸汽发生器，产生的蒸汽通过管道返回 SMT，形成闭式循环，保证半小时内堆芯的持续冷却。通过系统运行，SMT 还可以为二次侧提供一定量的补给水。

2)非能动余热排出系统(decay heat removal system，DHRS)

事故发生时，蒸汽不再通过主蒸汽管道而是通过安全壳外的喷嘴进入冷水迅速冷凝，下部冷水通过冷水管线直接进入蒸发器进行换热。喷嘴处蒸汽强烈的凝结作用带来很大的自然驱动力，可实现长期自然循环。

3)安全壳余热排出系统(containment heat removal system，CHRS)

事故工况下，蒸汽通过稳压器顶部的阀门进入安全壳，依靠钢制安全壳内表面的凝结以及与下部水面的对流换热进行冷却，冷凝的液体通过地坑循环阀返回堆芯，完全自然循环；地下蓄水池水装量充足，能够实现15天无人工干预，持续冷却堆芯。

4. 钢制安全壳系统

ACPR100小型堆设备简化、体积小，整个压力容器放置在直径较小的钢制安全壳内。钢制安全壳与压力容器之间抽真空，既可以减弱压力容器对流换热的热量损失，又能将空气排出，避免发生事故氢爆。另外，安全壳内的腐蚀问题也大大减弱。事故工况下，冷却水连通至安全壳，利用稳压器顶部的泄压阀和压力容器底部的循环阀，安全壳余热排出系统投入运行，实现自然循环，达到冷却堆芯的目的。

3.2.5.4　用途

ACPR100小型堆作为清洁高效的综合能源系统，能够为用户提供可靠的热电水汽供应，满足小型电网、工业园区、城市供暖、海水淡化等多样化的能源需求。此外，ACPR100小型堆还可与分布式、间歇式的太阳能、风能等形成组合式清洁能源系统，市场前景广阔。市场应用方案如图3-15所示。

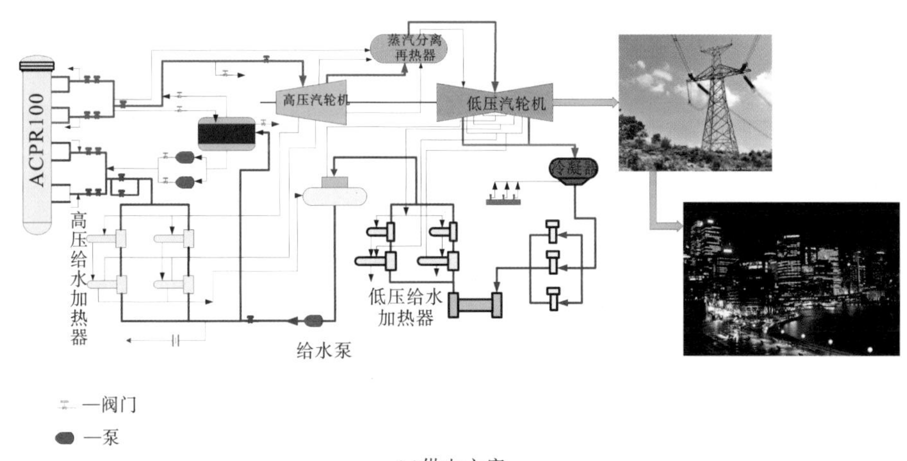

(a)供电方案

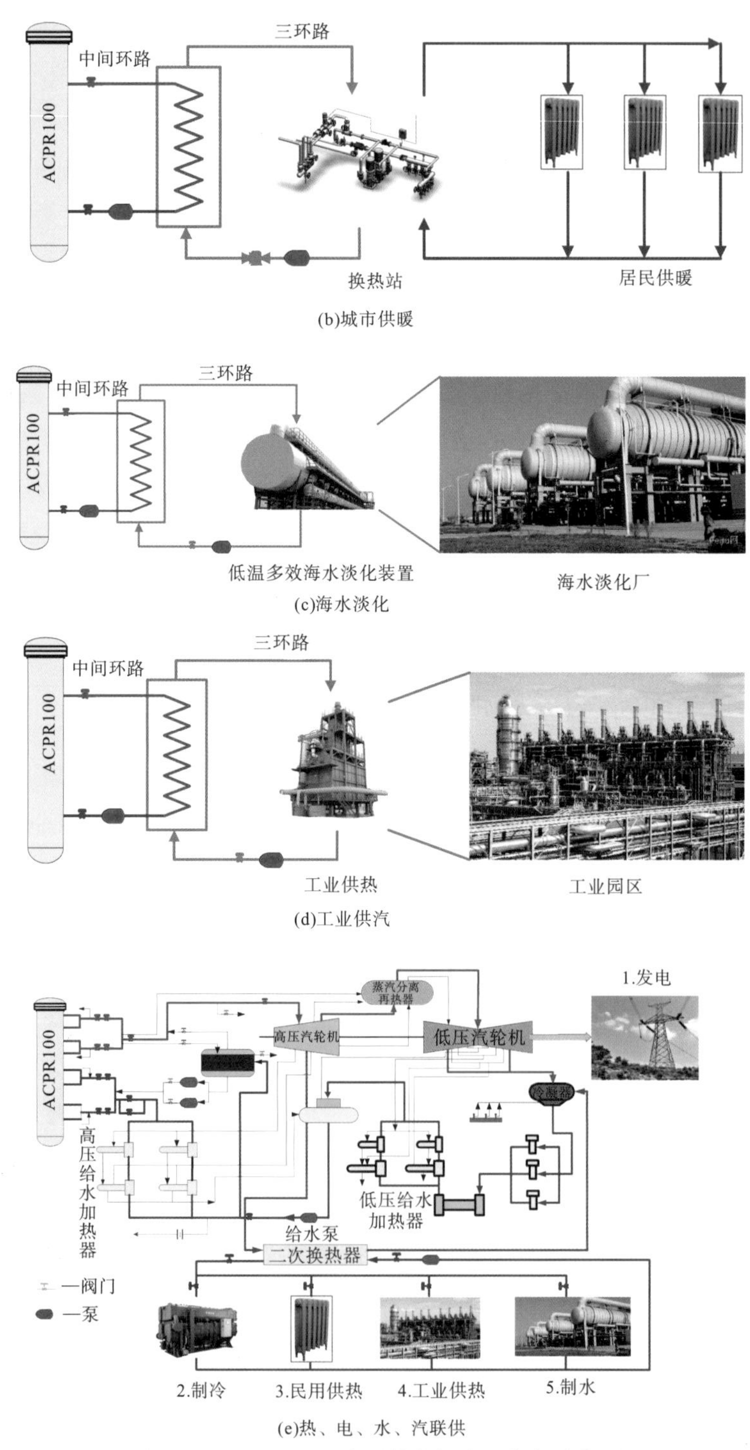

图 3-15　ACPR100 小型堆市场应用方案示意图

3.2.6 国电投 CAP200

3.2.6.1 总体设计思想

CAP200 采用非能动安全理念和两环路紧凑式技术路线，使用成熟设计工具和设计技术通过自主创新和平衡电厂设计，兼顾成熟性、安全性、先进性和经济性，是具有完全自主知识产权的有代表性的紧凑式先进小型压水堆核电型号。

CAP200 技术方案遵循如下总体设计思想：

(1)适用靠近用户的多功能用途。多用途小堆要实现靠近用户布置(主要为面向供热市场时)，需要解决两个问题：一是技术上实现取消场外应急，受供热管网长度限制，反应堆供热区域半径有限，取消场外应急可增加有效供热区域；二是放射性废液近零排放，降低对居民周边受纳水体的排放，达到对公众影响最小化，具备极高的环境相容性。

(2)采用技术成熟、可靠的设备和部件。主要设备采用成熟的技术和设计，确保在低维护要求的前提下获取高度可靠性；部件标准化减少了备品备件的数量，尽可能简化维修工作和培训要求，而且维修工期更短；智能监测技术的应用使关键部件具备自诊断能力。

(3)主冷却剂系统采用紧凑式连接。反应堆压力容器与蒸汽发生器采用管嘴直连方式，消除了大破口事故发生的可能性。简化了主冷却剂系统接管设计，减小了接管尺寸，降低了小破口事故的发生概率并减轻了事故发生的后果。

(4)采用地下安全壳布置。安全壳全部置于地平面以下，以提高抵抗外部事件能力。同时，对于靠近用户布置，从外部形象上可以提高公众可接受度。

(5)采用非能动安全系统。非能动安全系统采用加压气体、重力、自然循环以及对流等自然驱动力，而不使用泵、风机或柴油发电机等能动部件。非能动安全系统可以在没有安全级交流电源、设备冷却水、厂用水以及供热、通风与空调等支持系统的条件下实施安全功能。CAP200 安全系统要求的操纵员动作的数量和复杂程度都达到了最小。

(6)具备完整的、系统性的严重事故预防和缓解措施。压力容器内熔融物滞留是其缓解严重事故的一个重要策略，其与事故情况下严重事故预防措施是相协调的。通过降低反应堆冷却剂系统压力和利用压力容器外壁冷却使堆芯熔融物滞留在压力容器内，避免了熔融物在压力容器外更为复杂和危险的严重事故行为。同时，CAP200 堆芯活性区顶部以下没有反应堆压力容器贯穿件，从而排除了活性区顶部以下贯穿件破损造成的冷却剂丧失事故导致的堆芯裸露的可能性，并有助于压力容器内熔融物滞留。而且，CAP200 采取了有效的严重事故氢气控制措施。

(7)小堆的部署场景和运维上的经济性考虑要求尽可能减少驻厂人数，但同时小堆需要完成的负荷跟踪和多用途功能又会增加运行的复杂性。同时，因占地小、布局紧凑，用传统的方式进行检查、试验、维修比较困难，工作量大，因此充分利用数字技术、传感器技术和数据分析、智能诊断技术，一方面在安全、监管、技术允许范围内提高自动化水平，赋予智能特征，并设置运行/操纵员支持系统，降低对运行人员数量、能力的要求和操作压力；另一方面，设置安全和性能在线监测系统，实时在线监督电厂的安全性和经济性，保障安全性，并为优化运行提供支持；再一方面，设置设备和部件状态监测系统，监督物项健康状况和降级趋势，不仅支持安全运行，也为由预防性维修转换为预测性维修提供必要信息。在深入应用信息技术的同时，对信息安全进行专门考虑。

3.2.6.2 主要技术特点

CAP200 从总体参数、堆芯及燃料设计、主要系统、主设备、电厂布置、装换料工艺、安全性能、多功能用途等方面进行系统地研究和设计，进一步提升了安全性和环境相容性，厂址灵活性高且技术上实现消除场外应急和放射性废液安全排放，具备城市周边建设的技术条件。同时，电厂容量相对较大，充分贯彻电厂简化、占地最小化等设计原则，具备热电联供等多种功能用途以匹配市场需求，具有一定的经济性优势。CAP200 的主要特点如下：

1. 自主化

CAP200 是完全自主化研发设计的反应堆型号，继承了非能动先进设计理念，主要技术路线及设计方法基本沿用 CAP 系列的设计体系，并采用了自主化的设计软件和工具。CAP200 关键设备均为自主化设计，可实现完全国产化制造，CAP200 的大部分关键性能已经经过验证。此外，通过压水堆专项的实施，国内建成了一批具有世界领先水平的试验台架，具备了国际先进的试验能力和技术，能够很好支撑 CAP200 后续需要进一步开展的少量试验工作。

2. 成熟性

CAP200 已经经历了概念设计、总体设计，目前已进入到全面初步设计阶段。CAP200 燃料组件基于 CAP1400 自主化燃料组件设计方案，各部件均已有成熟的参考应用，各部件的机械性能、热工水力性能等特性均获得充分的试验数据，无需额外的试验工作。主要设备包括反应堆压力容器、堆内构件、控制棒驱动机构、蒸汽发生器、主泵、核燃料装卸料机、安全壳等的设计成熟性和制造可行性得到了论证，控制棒驱动线试验无需开展。CAP200采用了非能动堆芯冷却系统，系统配置基于CAP1400基础上进行简化，绝大部分设备和系统均已得到试验验证，仅需补充非能动堆芯冷却系统整体性能试验。数字化仪控系统基于成熟的CAP1400仪控平台，型号关键系统、设备和技术具有高度的成熟性。

3. 安全性

CAP200具有更高的堆芯安全裕度，包括较低的堆芯平均线功率密度、较大的主冷却剂装量和较大的堆芯热工安全裕度等。主设备采用紧凑式直连结构，取消传统的主管道，消除大破口事故，减少始发事件。CAP200优化了反应堆主冷却剂系统接管设计，进一步降低中小破口面积和发生概率。其安全系统配置简化，取消了传统的安注箱并简化自动卸压系统；非能动安全壳冷却采用水池浸没并利用热管冷却的方式，具备长期非能动冷却能力。核岛厂房采取地下布置方式，可有效降低龙卷风、飞射物等外部事件的影响，同时强化厂房的放射性包容能力。基于以上特点，CAP200堆芯损伤频率等概率风险评价指标相比三代大堆更具有先进性。CAP200适应多种岩土地质，采用沉箱技术满足软土地基建设要求；安全停堆地震水平考虑0.3g，可满足大部分厂址要求。在采用已经开发并验证的整体隔震技术的前提下，可使安全停堆地震水平提高至0.6g，进一步扩大厂址范围或降低核岛厂房结构设计要求以提升经济性。CAP200固有安全性提升，有完整的事故预防和缓解措施，从技术上可实现取消场外应急。通过有效源头控制(包括不调硼负荷跟踪)及先进工艺的应用实现放射性废液近零排放并最小化固体废物。核岛厂房地下布置方式进一步提高了与外部环境的整体相容性。以上各方面从技术上确保了CAP200可在城市周边布置。

4. 先进性

CAP200采用先进的法规标准，满足最高安全标准以及小堆安全审评原则的相关要求；采用先进的设计理念，利用概率安全分析(probabilistic safety analysis，PSA)指导和平衡电厂设计，继承并提升非能动设计理念，实现“完全”非能动和长期非能动冷却。确保核电厂安全、成熟、可靠；实现保护简单化、控制傻瓜化、诊断维护智能化和专家化；最大限度实现运行控制简单化和自动化；采用先进的在线监测和诊断技术，提高电站运行的可靠性。优化反应堆压力容器设计、反应堆堆内构件设计以及蒸汽发生器水室封头设计，实现紧凑式连接。采用自主设计的蒸汽发生器，优化二次侧蒸汽品质。采用自主研发的高性能汽水分离装置，具有较高的汽水分离性能；采用自主设计的限流器装置，具有较小的流阻；采用先进的装换料工艺，取消了大堆中反应堆厂房内的环吊，实现了将安全壳和乏燃料池储存置于地下的设计理念。

CAP200具有更高的负荷跟踪水平，具有比三代先进大型压水堆更高的负荷跟踪能力和电厂调频能力，能实现20%额定功率以上的负荷跟随运行；具有更高的全厂热效率，该堆型主要用于热电联产，全厂热效率可达到70%；具有更高的模块化水平，建安周期预计为36个月，反应堆模块数量可根据负荷需求灵活确定；采用先进的放射性废物处理工艺，产生的固体废物体积具备控制在10 m^3/a 水平的能力(不包括维修过程中产生的大件污染设备)，正常运行工况下，处理后的槽式排放出口处的放射性流出物中放射性核素浓度具备达到10 Bq/L水平的能力(除氚和碳14以外)。

5. 经济性

CAP200设计寿命为60年，在满足小堆安全性和环境友好性等要求的基础上，充分分析市场需求，以经济性为顶层要求选择660 MW热功率等级的小堆型号，面向热电联供主体市场，根据实际需求，换料周期可达18～33个月，电厂目标可利用率可达95%(24个月换料周期)。采用成熟的模块化建造技术和紧凑布置方案，考虑安全壳内环吊外置、系统简化等方案，以最小化安全壳尺寸和厂房占地，节约用地面积并减少工程量以进一步提升经济性。

CAP200纯凝工况发电量约220 MW，可靠近用电负荷，降低电压等级并可直接接入当地电网，减少线损并提高电网稳定性。同时，可通过不同的抽汽方式实现包括工业供热和居民供热的多种供热功能，电厂可靠近负荷中心，确保处于供热经济半径内，可以实现热电冷、海水淡化等联供功能，可大幅度提高能源的整体利用率。CAP200采用全转速抽汽凝汽式汽轮发电机组，从典型应用角度，通过在高压缸抽气可以向外部热用户提供1.3 MPa，190 ℃的蒸汽140 t/h，供热量热功率约100 MW。通过MSR后蒸汽管道上抽汽，可以提供0.5 MPa，250 ℃的蒸汽500 t/h，供热量热功率约329 MW。其中60 t/h用于海水淡化并实现淡水产量约420 t/h，440 t/h用于供暖，可供城市供热面积约 572×10^4 m^2。

6. 智能化

CAP200具有高自动化控制水平。在3%(核功率)到100%的功率范围内自动控制功率和轴向功率偏差；从反应堆启动直至满功率自动控制给水(蒸汽发生器水装量）；在0～100%功率范围内自动控制蒸汽排放、冷却剂压力和一回路水装量。

CAP200采用顺序控制、分组控制等方式，对选定的启、停阶段，监督试验，异常响应操作提供自动执行的选项。

CAP200设计了全方位的运行/运行决策支持，除了提供动态的计算机化规程，还包括一套完整的电厂计算程序集，对重要的参数、系统、设备状态进行自动计算和智能判断，为运行和运行决策提供高层次的信息。CAP200专门装置了核电厂开发、具有优化的界面的智能报警及显示系统，实现对核电厂报警信息的有效管理，对报警处理进行引导。所有人机接口及控制室采用领先的人因规程原则和设计。

CAP200能够提供安全、性能、设备在线监测和智能诊断。CAP200的在线监测系统通过采集DCS及其他系统中设备的实时状态数据及历史数据，并设置专门的传感器和数据采集系统，应用各种数据分析方法和智能诊断技术，提供科学准确的安全、经济指标和重要设备的状态，为运行、维修、资产管理、事件和事故分析等提供数据和支持，包括堆芯在线监测、核燃料数据管理、燃料棒破损水平分析、堆芯损伤评价、(概率安全)风险监测、疲劳监测、调节阀状态监测、泵组状态监测、仪表通道在线监测等。

3.2.6.3 主要技术参数(见表3-10)

表3-10 主要技术参数表

序号	参数	单位	数值或描述	备注
1	设计安全目标和性能指标			
	电厂电功率	MW	约220	—
	电厂设计寿命	a	60	—
	目标可利用率	—	不小于95%	—
	批量化建造周期	月	36	FCD到COD
	负荷跟踪能力	—	具备不调硼负荷跟踪能力	—
	带厂用电运行的能力	—	有	—
	堆芯损伤频率	1/(堆·年)	小于1×10^{-7}	—
	大量放射性物质释放频率	1/(堆·年)	小于1×10^{-8}	—
	堆芯最小DNBR裕量	—	大于15%	—
	职业辐照集体剂量	人·Sv/(堆·年)	小于0.5	—

续表

序号	参数	单位	数值或描述	备注
2	电厂总参数			
	NSSS 额定热功率	MW	663	—
	堆芯额定热功率	MW	660	—
	换料周期	月	24(可 18～33)	—
3	堆芯设计和燃料			
	燃料组件类型	—	CAP200 型	—
	堆芯活性区高度	cm	240	—
	堆芯等效直径	cm	228.91	—
	堆芯活性区最大对角线直径	cm	245.18	—
	燃料组件数	—	89	—
	燃料排列方式	—	17×17	—
	控制棒组件总数	束	37	—
	热流密度热管因子 F_Q	—	2.90	—
	焓升热管因子 $F_{\Delta H}$	—	1.90	—
	平均线功率密度	W/cm	114	—
	最大线功率密度	W/cm	339.3	—
	体积功率密度	kW/L	66.9	—
4	反应堆冷却剂系统			
	环路数	—	2	—
	设计压力(绝对压力)	MPa	17.3	—
	系统运行压力(绝对压力)	MPa	15.5	—
	设计温度 除稳压器、波动管、 安全阀、自动卸压阀、 喷雾阀及相关管道	℃	350	—
	RCS 平均温度	℃	301.0	—
	RCS 热态零功率温度	℃	295.0	—

续表

序号	参数	单位	数值或描述	备注
5	反应堆本体设计参数			
	设计压力(绝对压力)	MPa	17.3	—
	设计温度	℃	350	—
	堆芯活性区高度	mm	2400	—
	环路数	—	2	—
	控制棒驱动机构数量	台	37	—
	堆芯仪表套管组件数量	个	28	—

3.2.7　国电投 HAPPY200

HAPPY200 是微加压闭式回路、双环路布置、低热工参数的供热反应堆。该反应堆系统采用大水池作为常设安全设施，具备非能动安全特性，具有高安全性、高经济性、系统简化成熟等特点。主系统包括供热系统(含反应堆冷却剂系统和输热系统，输热系统由中间换热回路和换热设备构成)，一回路压力控制系统(稳压器、卸压箱及相关阀组)，基于大容积水池安全系统，池内非能动余热排出系统，大容积水池堆芯应急冷却系统，非能动池水冷却系统(空冷系统)。HAPPY200 还考虑了应对设计扩展工况的严重事故预防措施。

HAPPY200 主要参数见表 3－11，主要特点如下。

表 3－11　HAPPY200 主要参数

参数	单位	数值
反应堆热功率	MW	200
满功率运行天数	d	180
环路数	—	2
反应堆运行压力(堆芯出口、绝对压力)	MPa	0.6
满功率反应堆冷却剂入口温度	℃	80
满功率反应堆冷却剂出口温度	℃	120

1. 安全性高

(1)回路式微加压设计，参数适中，具有较高的热工裕量；

(2)堆芯装载量和热功率不到百万千瓦核电站的 1/10，放射性小；

(3)耦合了大水池和无时限余热排出等先进安全理念，是非能动安全技术的进一步发展；

(4)四重回路，五道安全屏障，有效隔离放射性。

2. 经济性好

(1)采用成熟技术和设备，减少验证；

(2)通过优化设计，显著减少系统设备数量及厂房占地面积；

(3)安全裕量高，运行参数低，可合理降低设备等级和造价；

(4)工程建设周期短。

3. 厂址适应性好

(1)反应堆全部热功率均用于供热，且事故下采用非能动空冷技术，故无大型冷却水源需求；

(2)堆芯功率低、源相小、放射性屏蔽好、安全性高，具备在城市周边建造的条件。

4. 运行维护要求低、可扩展性高

(1)具备大范围、快速的热网负荷跟踪能力；

(2)系统简化、设备减少、易于运行维护；

(3)易于进一步提高功率和热工参数，以满足工业供热、海水淡化、制冷等多种需求。

3.2.8 阿根廷 CAREM

由阿根廷国家原子能委员会开发的 CAREM（先进小型核电厂）是采用一体化蒸汽发生器的模块式压水堆，设计用于发电(27 MW 或达到 100 MW)、作为研究堆或用于海水淡化。CAREM 的整个一回路冷却剂系统均在其反应堆压力容器内，采用自身加压并完全依靠对流。燃料是标准的带有可燃毒物的压水堆燃料，每年换料 1 次。

3.2.8.1 概述

阿根廷 CAREM 小型堆的设计和研究已经持续了很长时间，CAREM 开始的契机是阿根廷意图将新建的潜艇改成核动力潜艇，需要小型化的反应堆来提供动力支持。

1984 年，IAEA 在秘鲁召开了一次中小型堆发展会议。会议上，阿根廷首次提出了 CAREM 概念，这是世界上首次提出的小型堆概念，后来因为政治原因，项目暂停了很长时间，直到 2006 年阿根廷决心重新发展核电。

阿根廷 CAREM 核电工程是由阿根廷国家原子能委员会和 INVAP 公司共同设计、建造的。INVAP 原是阿根廷原子能委员会的分支企业，在核电领域经验丰富，在阿根廷、澳大利亚、埃及、秘鲁、阿尔及利亚建造了多座核电厂。

CAREM 首先计划建造一座约 25 MW 的轻水示范堆，之后再将功率提高进行商用，目前已经计划在阿根廷 Formosa 省建造一座 200 MW 的商用堆。

CAREM 是一回路一体化设计的轻水堆，具有压力自持和非能动安全性等特点，使用 1.8%～3.1%富集度的压水堆燃料组件。

3.2.8.2 设计特点

CAREM - 25 与传统的压水堆相比，有以下特点：

(1)一体化和压力自持的一回路系统，通过自然循环冷却；

(2)非能动安全系统；

(3)不需要应急柴油发电机；

(4)反应堆控制采用分布式软件系统。

由此带来了诸多优势：

(1)一回路管线的最大破空尺寸不超过 3.81 cm，不会发生大 LOCA 事故；

(2)内置控制棒驱动机构，不会发生弹棒事故；

(3)冷却剂装量大，热稳定性好，事故时扰动相对较小；

(4)一回路管道和组件分散布置，伽马射线来源减少，屏蔽要求降低；

(5)堆芯和一回路压力边界间的水装量大，快中子对压力容器壁面的伤害降低，寿命提高；

(6)不使用冷却剂泵和稳压器，降低了运行和维修造价，提高了安全性。

3.2.8.3 反应堆系统

CAREM 压水反应堆有四大设计特征：一体化的主回路布置、一回路自然循环、压力自持、非能动安全系统。如图 3 - 16 所示为 CAREM - 25 的压力容器示意图，压力容器内有堆芯、蒸汽发生器、整个一回路和吸收棒驱动机构，直径约 3.4 m，总高 11 m。

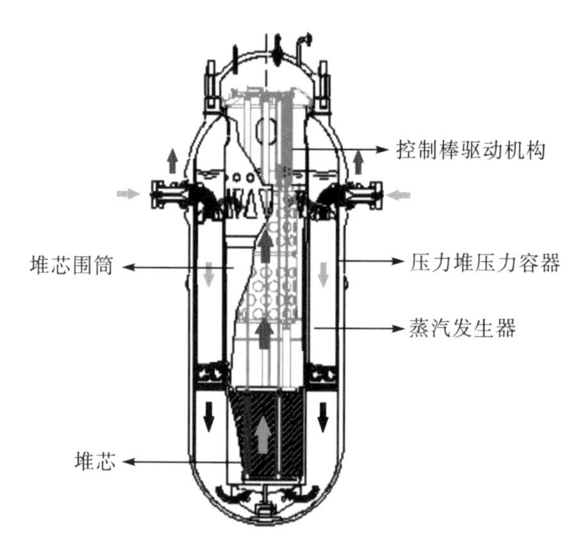

图 3-16　CAREM-25 压力容器示意图

如上图所示，水向上流经堆芯和热管段，并在上升段的顶部直接进入上部的环形高压腔，然后直接向下进入与其相连的蒸汽发生器，高温水在此受到冷却，与二回路进行热交换，继续向下流经堆芯外部下降通道，进入下部高压腔，最后返回堆芯，完成整个主冷却剂的循环流动。整个过程完全依靠自然循环动力实现循环，不使用主泵，这样就没有了失电造成的主泵失电事故，提高了设计安全性。

3.2.8.4　堆芯和燃料设计

CAREM-25 原型堆有 61 组正六边形燃料组件，活性段长度 1.4 m。每个组件有 108 根燃料棒、18 根导向管和 1 根测量管，如图 3-17 所示。燃料组件采用典型的压水堆型组件，使用富集 UO_2 燃料。

CAREM-25 反应性控制有三种方式。一种是可燃毒物，选用 Gd_2O_3 作为可燃毒物，放置在特定的燃料组件中。第二种是控制棒组件，这里称为调节和控制系统，每个控制棒组件由一系列棒束组成，由一台驱动机构控制升降，吸收材料一般选用银铟镉合金，其作用一方面是正常地反应性控制，另一方面是紧急停堆控制。正常工况下不会有第三种控制方式，在事故时则采用向冷却剂系统中加入硼酸盐的方式抑制反应性。

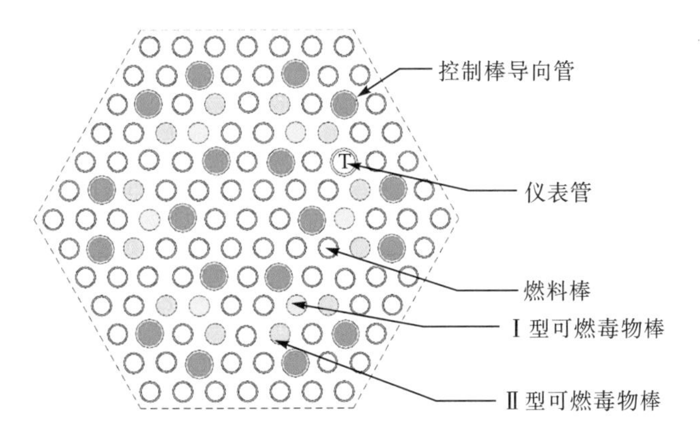

图 3-17 CAREM-25 燃料组件结构图

3.2.8.5 蒸汽发生器

CAREM 有 12 台小盘管竖直蒸汽发生器，并且是直流式的(见图 3-18)。蒸发器平均环状放置在压力容器内部，相互间距离相同。从一回路到二回路换热，得到 4.7 MPa，30 ℃过热的干蒸汽。

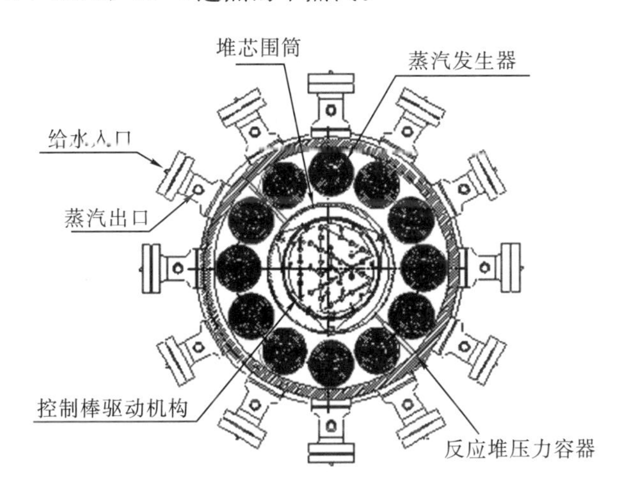

图 3-18 CAREM 蒸汽发生器

蒸发器位于堆芯上部，一回路冷却剂从中心上升管(热管)由堆芯向上流动，经过顶部管座之后，自由向下流过蒸发器的传热管，通过堆芯围筒外围到达堆芯底部，依靠密度和重力等自然作用实现冷却剂的循环流动。

每个蒸发器外部都有对应的外部围板，限制冷却剂外流，两端则有分流和密封系统，保证一回路冷却剂都在蒸发器盘管外部流动，而不会出现旁流影响换热效果。

为了保证蒸汽发生器二次侧得到标准的压力损失和过热度，蒸发器换热管的长度要通过改变每层盘管管子数量的方式进行调节，使每根管都一样长。这样，外层就会比内层的管子数量要多。基于安全原因，换热管包括进出口联箱，要能承受一回路的全部压力。冷却剂的自然循环力在不同的功率水平下各不相同，在不同的功率瞬变情况下，流量会有相应的自我调节能力。

3.2.8.6 稳压能力

CAREM-25 没有稳压器。CAREM 的一回路中，在蒸发器以上，存在着汽水自由界面，一回路压力保持在饱和压力附近，但出现功率瞬变甚至阶跃时，饱和状态附近的汽水就会自发进行相变，这种负反馈作用就会自发维持压力容器内的压力稳定。由于 CAREM 有很强的负反应性系数和很大的水装量，再加上这样的自稳压能力，使其应对操作瞬变的能力很强。这样，可以尽可能地少动用控制棒调节系统。

3.2.8.7 内置控制棒驱动机构

CAREM 采用内置的液压控制棒驱动机构(hydraulic control rods drive, CRD)，从根本上去除了上封头的贯穿件，从而不会发生从贯穿孔泄漏冷却剂的事故，也使压力边界更为紧凑坚固。25 组驱动机构中，6 组是专用于燃料安全系统(fuel safety system, FSS)的，正常工况下保持在顶部位置，这时活塞关闭了出口孔，使流体不会漏出，如图 3-19 所示。调控系统的控制棒是铰链结构，通过控制基流脉冲来保证每个脉冲只会使棒组下降一步。

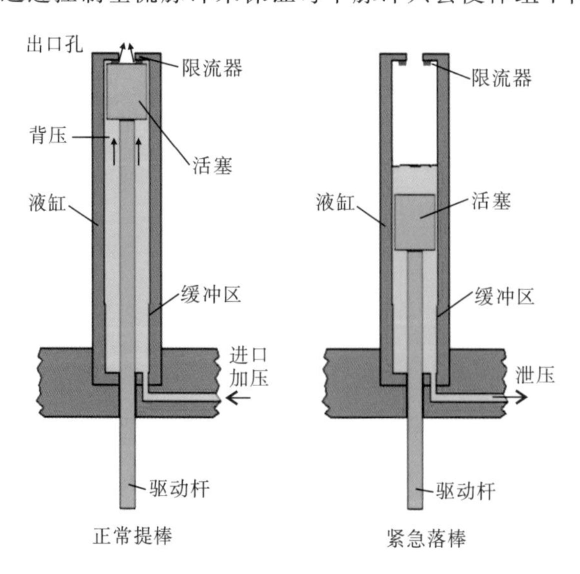

图 3-19 FSS 的液压控制棒驱动机构动作

当流动中断时，不论是FSS系统的控制棒组件还是调控系统的组件都会利用重力落入堆芯，整个液力回路的每个部分的故障都会造成紧急停堆。FSS系统的控制棒驱动机构设计的活塞-圆柱间隙更大，使控制棒能在最短的时间内下落。

3.2.8.8　CAREM安全系统

CAREM的安全系统基于非能动特征，保证在没有主动干预时，能在长时间内限制和缓解事故进程，如图3-20所示，安全系统设计完全满足条例要求。

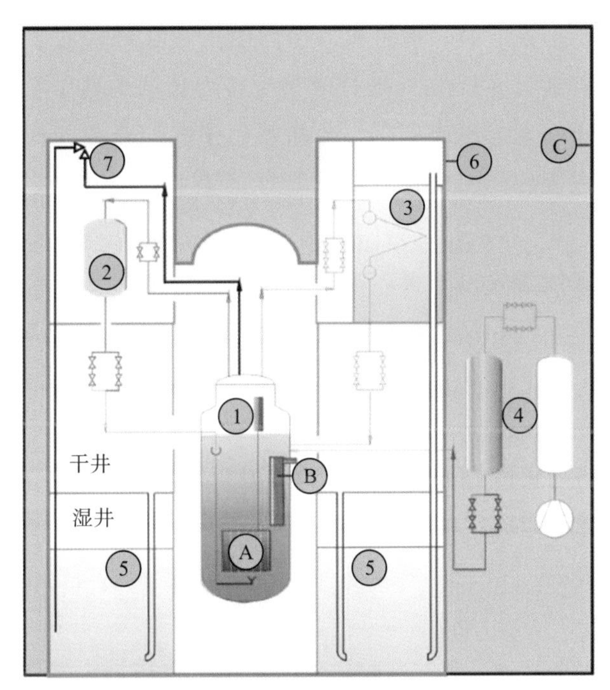

1—第一停堆系统；2—第二停堆系统；3—余热排出系统；4—安注系统；5—抑压水池；6—安全壳；7—压力释放系统；A—堆芯；B—蒸汽发生器；C—安全壳厂房。

图3-20　CAREM安全壳和安全系统

1. 第一停堆系统(the first shutdown system，FSS)

FSS系统的设计功能是在异常情况和偏离正常工况时停堆，使堆芯处于次临界状态。具体来说，是通过将25组中子吸收组件利用重力插入堆芯，每个组件由18根独立的吸收棒组成，每个组件都装在相应燃料元件的导向管内。

2. 第二停堆系统(the second shutdown system，SSS)

第二停堆系统是重力驱动的高压含硼水注射装置，在FSS失去作用或者发生LOCA事故时投入作用。系统由两个置于安全壳上部的水箱组成，通过两个管道连接到安全壳，一根从水箱上部连接到气空间，一根从水箱底部连接到堆芯水面以下。系统发生故障后，阀门自动打开，含硼水依靠重力自动注入冷却剂系统，一个水箱的设计容量足以使反应堆关闭。

3. 余热排出系统

余热排出系统负责降低一回路压力和在失去热阱时从堆芯排出余热。系统虽然简单，但是有效，通过将一回路的蒸汽在冷却器中冷却来带走热量。应急冷却器通过并行的U形管联接到压力容器的两个联箱，上联箱在气空间，下联箱在堆芯液面以下。冷却器位于安全壳内的抑压水箱中，周围是冷水。蒸汽管线的入口阀门常开，出口阀门常关，换热管充满冷却剂。在系统故障时，出口阀门自动打开，管中冷水自动流入堆芯，气空间的高温蒸汽从蒸汽管线进入冷却器，被冷却后凝结为液体又流入堆芯，从而完成冷却剂的自然循环。高温蒸汽通过传热管外表面液体的沸腾换热，传递给抑压水池。

4. 应急安注系统

此系统为了阻止由LOCA引起的堆芯融化而设，由两个充满含硼水的带压水箱和相关管线组成。在堆芯压力低于1.5 MPa时，系统自动向堆芯注入含硼水，淹没堆芯。

5. 泄压阀

CAREM安全系统一共有三组安全泄压阀，当压力容器严重超压时，每组泄压阀都能100%的将内部压力泄出，阀门的破坏性结构物位于液压水池上，不会对结构造成破坏。

6. 安全壳

一回路系统、冷却剂压力边界、安全系统和辅助系统的高压组件都位于安全壳内，安全壳是圆柱形混凝土结构，内有不锈钢衬里。安全壳是抑压式结构，内有两大组件，干井和水井。干井是供气体释放的容纳空间，水井则是冷凝器的冷却热阱。

3.2.8.9　设计参数总结束(见表 3-12)

表 3-12　CAREM 设计参数汇总

参数	数值或描述
电功率/MW	约 30
热功率/MW	100
预期容量因子	大于 90%
设计寿命/a	60
冷却剂，慢化剂	轻水
主循环	自然循环
系统压力/MPa	12.25
主要反应性控制手段	CRDM、可燃毒物
RPV 高度/m	11
RPV 直径/m	3.2
重量/t	267
一体化设计	是
能量转化	间接朗肯循环
燃料类型/组件排列	UO_2 芯块/六边形
活性段高度/m	1.4
燃料组件数量	61
燃料富集度	3.1%
燃耗/(GW·d·$(tU)^{-1}$)	24
换料周期/月	14
冷却剂出口温度/℃	326
冷却剂入口温度/℃	284
热电联产能力	是
安全系统	非能动
安全系统列数	2
换料大修天数	—
设计特征	自然导出堆芯热量；抑制压力的安全壳设计
电厂模块数量	1

续表

参数	数值或描述
建造周期/月	约 36
地震系数	0.25g
CDF/(堆·年)$^{-1}$	10^{-7}
设计阶段	建设阶段(原型堆)

3.2.9 韩国 SMART

3.2.9.1 概述

韩国在消化吸收国外核电技术的同时，开始针对中小型反应堆进行深入研发，其设计目的是建造一座兼做发电的海水淡化系统。韩国于 1996 年开展了 SMART 研究项目，该项目涉及了压水堆核电站诸多技术领域，随着研究逐步推进，韩国国内很多科研单位都参与了此项研究。1997 年 7 月到 1999 年 3 月，韩国完成了 SMRAT 核蒸汽供应系统和海水淡化的概念设计，进行了一些基础实验，并开始了实物模型的建造。2002 年 3 月，韩国完成了 SMART 的 330 MW 核岛基本设计，对设计方法和计算程序进行了分析，研究了一回路的安全性，同时完成了海水淡化系统设计。随后韩国开始详细设计，进行验证试验，并开始了名为 SMART－P 的 65 MW 原型堆设计审批和建造工作。该堆型是一体化蒸汽发生器设计，设计寿命为 60 年，原型堆正在建造中。SMART 适用于小型或独立电网的供电和供热，过程热还可以用于海水淡化，可满足十万人口数的城市需求。

2002 年，SMART 开始进行基本设计批准；2007 年，开始预工程服务；2012 年，韩国科技部确认 SMART 技术并制定标准设计申请；同年，SMART 开始辅导后的修正和商业化。

为了提高安全性和可靠性，SMART 将内在安全特性和非能动安全系统合为一体。旨在通过系统简化、设备模块化、缩短建造工期和提高电厂利用率来提高经济性。通过引入非能动余热排出系统和破口失水事故的先进缓解系统期望能够显著提高安全性。低功率密度可以提供 15%的热工裕量，以应对任何关于临界热通量的设计基准瞬变。这些特征保证正常操作和任何设计基准工况下的堆芯热可靠性。

3.2.9.2 反应堆系统和设备

SMART 是压水型反应堆，采用一体化的主回路布置，把一回路系统的主要设备包容在压力容器内。一体化布置消除了主冷却剂系统内的大尺寸管道连接，这样就从根本上消除了发生大破口失水事故的可能性。这种特点对增强 SMART 的安全性是一个有利因素。一回路设备有 8 台蒸汽发生器，1 台稳压器，4 台主冷却剂泵。SMART 压力容器内部布置如图 3-21 所示。

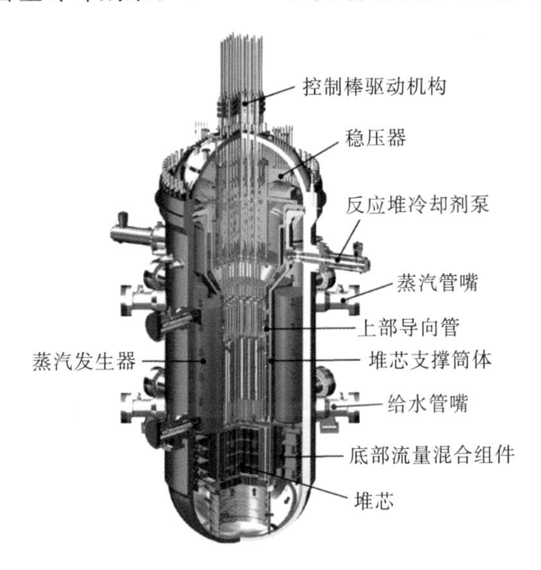

图 3-21 SMART 压力容器内部布置

反应堆冷却剂由 4 台横置的屏蔽主泵进行强迫循环，冷却剂向上流经堆芯，然后经过蒸汽发生器顶部联箱分流后进入蒸发器的壳侧，高温水在此受到冷却，与二回路进行热交换，继续向下流经堆芯外部下降通道，进入下部高压腔，最后返回堆芯，完成主冷却剂的循环流动。二次侧给水从蒸发器底部进入螺旋盘管向上流动，带出壳侧的热量，使蒸发器出口产生过热蒸汽。

8 台蒸汽发生器等间距地安装在压力容器内侧圆周上，在堆芯上方的相对高差为冷却剂自然循环提供了驱动力，这一设计特点和小流动阻力使得系统具有 25%额定功率的自然循环能力。堆芯底部和周围的内部屏蔽可以减少辐射到压力容器的中子注量，这也保证了设计寿命。堆芯低功率密度大大改善了对瞬态变化的非能动响应裕量，增加了燃料的运行和操作。

一次冷却剂的大容积增大了热惯性，延长了响应时间，这样提高了阻止系统瞬变和事故的能力。大容积的非能动稳压器可在反应堆功率运行期间提供较宽的压力瞬变范围。屏蔽电机泵取消了主冷却剂泵的轴封，这从根本上消除了与轴封失效相关的潜在的小破水失水事故。

1. 反应堆冷却剂泵

SMART 布置了 4 台水平放置的屏蔽式主泵。使用屏蔽泵从根本上杜绝了因为主泵密封失效造成的破口失水事故，如图 3－22 所示。

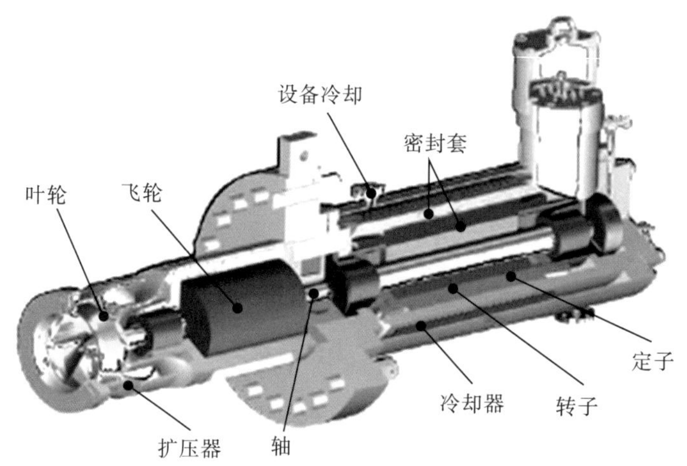

图 3－22　SMART 主泵布置

2. 蒸汽发生器

SMART 的蒸汽发生器是一种直流螺旋盘管式蒸汽发生器(如图 3－23 所示)，总共 8 台，相互对立，若有一台损坏，可以单独进行检修或替换。

一回路冷却剂从中心管道(热管)由堆芯向上流动，经过顶部管座之后，自由向下流过蒸发器的传热管，然后经过蒸发器底部的联箱，通过堆芯围筒外围到达堆芯底部，利用主泵提供的驱动力再向上流过堆芯，实现冷却剂的循环流动。出现事故时，在电厂失电而主泵惰转的情况下，可以利用自然循环带走堆芯热量。

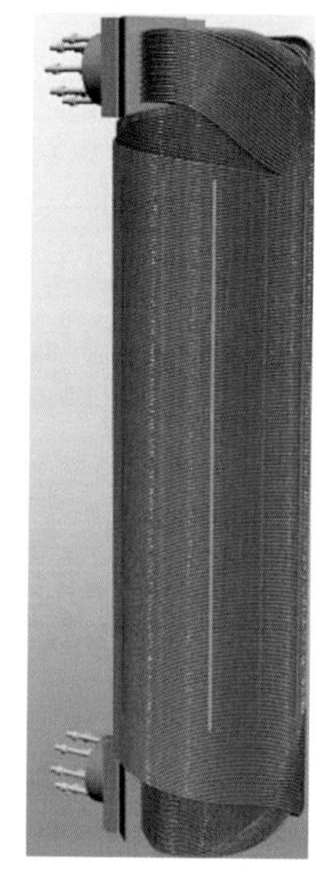

图 3－23　SMART 蒸汽发生器

3. 稳压器

稳压器与反应堆压力容器上封头是一体的，如图 3－24 所示。蒸汽稳压，采用标准的电加热棒，标准的喷淋系统，稳压器和蒸发器上压腔之间用不锈钢隔板分隔开。

4. 安全壳和压力容器

SMART 的反应堆安全壳是传统的混凝土安全壳，与一般压水堆安全壳

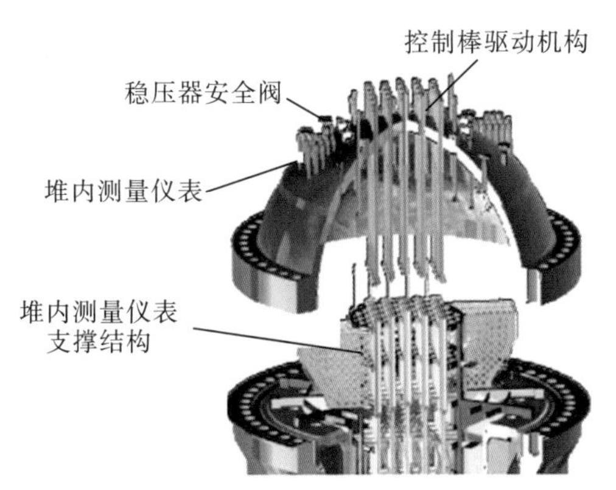

图 3-24 SMART 稳压器

差别不大。钢制压力容器外径 6.5 m、高度 18.5 m、设计压力 17 MPa、设计温度 360 ℃、设计寿命大于 60 年。

如图 3-25 所示，8 台蒸发器、4 个屏蔽泵、稳压器、控制棒组件、上部导向管、堆芯围栏等组件都在压力容器内部，由压力容器作为压力边界承受压力，保障放射性屏蔽。压力容器下部没有贯穿件，上部贯穿孔的尺寸也不超过 2 英寸，这保证了压力边界的安全性，即使发生的破口失水事故也不会很严重。

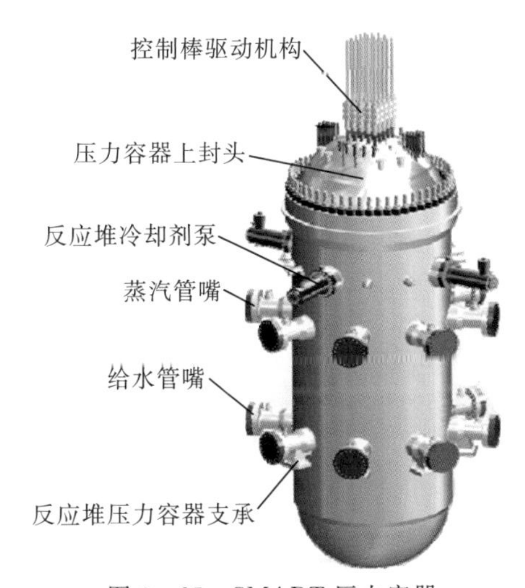

图 3-25 SMART 压力容器

3.2.9.3 堆芯和燃料

燃料组件是由标准 17×17 的 UO_2 陶瓷芯块组成，燃料富集度小于 5%，与标准压水堆燃料相似，在韩国压水堆内经多年商业运行证实性能良好。堆芯内有57组燃料组件，每个燃料组件有264根燃料棒，21根控制棒导向管和1个测量套管，固定的堆内测量仪可以安装在这个套管中。共有5个定位格架把燃料棒固定在专门的位置上，顶部和底部格架由铟科镍制造，中间的3个格架则用锆合金制造。1个专门设计的底部构件可阻止碎屑进入准芯。

SMART燃料管理为了实现最大换料周期，采用简单的二批次换料计划，无燃料回收，可以提供990天有效全功率运行周期，换料周期为36个月。这种再装料计划能够最小化换料过程，并提高燃料利用率。

SMART的燃料循环时间大于3年，容量因子可达95%，最大燃耗能达到60 GW·d/tU。设计允许60年寿期的乏燃料均可在场内暂存。

SMART燃料管理计划高度灵活，能满足不同用户需求。另外，装换料过程中需要特殊设备操作，因此，反应堆组件的一体化设计能够阻止对燃料的接触，满足不扩散要求。同时，反应堆厂房和换料厂房均配备了全监测系统，阻止非授权地接近燃料行为。

3.2.9.4 汽轮发电机系统

二回路系统从核蒸汽供应系统里接收过热蒸汽，大部分蒸汽用于发电机和预热器，剩余部分用于非电力应用。海水淡化系统可与二回路系统相连。

3.2.9.5 电厂布置

SMART电站的厂房布置如图3-26所示。电力系统占地300 m×300 m，海水淡化系统占地200 m×200 m，建设时间3年，目标经济指标建筑成本5800美元/kW。

图3-26 SMART厂区布置

3.2.9.6　安全特性

SMART 将工程安全系统设计为自动功能，包括反应堆停堆系统、安全注入系统、非能动余热排出系统、停堆冷却系统和安全壳喷淋系统。其他工程安全系统包括反应堆超压保护系统和严重事故缓解系统。压力容器一体化设计能够从根本上消除大破口事故的可能性，只有小破口工况可能发生。因此，反应堆的安全性显著提高，堆芯损坏频率也显著降低。

SMART 设有专设安全系统，结合了能动安全特征和非能动安全特征，以应对非正常操作工况和假定设计基准事故。即使在所有电源失效的情况下，非能动余热排出系统仍然能够阻止堆芯过热。安全壳厂房能够抵抗任何地质活动，并抵挡可能发生的飞机撞击事件。这些专设安全系统已经通过了全规模和扩展性能试验。

SMART 采用高度可靠的自动专设安全系统设计，有 2 列反应堆停堆系统、4 列能动安注系统、4 列非能动余热排出系统、2 列能动安全壳冷却系统、2 列停机冷却系统和安全壳喷淋系统等。除此之外，还有应急交流电源、柴油发电机和非能动除氢系统。SMART 自身系统安全性能够让操作空余时间不小于 30 min，电厂失电应对时间不少于 8 h，CDF$<10^{-6}$/(堆·年)，LRF$<10^{-7}$/(堆·年)。

SMART 目前采用的是混合(能动和非能动)安全系统，计划更新为全非能动安全系统。全非能动安全系统目前正在开发，以保证 SMART 电厂在设计基准事故(如破口事故、丧失直流电源或操作失误的非破口瞬变事故等)发生后能够维持安全停堆状态。非能动安全系统主要包括非能动安全注入系统、非能动余热排出系统、非能动安全壳冷却系统和自动卸压系统。基于目前的 SMART 设计，非能动余热排出系统的容量需要增加至能够维持 72 h 的操作。所有能动安全系统特征将会被非能动取代，取消应急柴油机的必要性或至少 72 h 操作。SMART 采用全非能动系统的研究项目开始于 2012 年 3 月，试验和验证于 2015 年末完成。

3.2.9.7　设计参数总结

SMART 的主要设计参数见表 3-13。

表 3-13　SMART 主要设计参数

参数	数值或描述
电功率/MW	100
热功率/MW	365
预期容量因子	107%

续表

参数	数值或描述
设计寿命/a	60
冷却剂，慢化剂	轻水
主循环	强制循环
系统压力/MPa	15
主要反应性控制手段	CRDM，可溶硼
RPV 高度/m	18.5
RPV 直径/m	6.5
冷却剂出口温度/℃	322
冷却剂入口温度/℃	296
一体化设计	是
非能动安全特征	是
能动安全特征	是
燃料类型/组件排列	UO_2 芯块/17×17
燃料组件数量	57
燃料富集度	小于 5%
燃耗/(GW·d·(tU)$^{-1}$)	60
换料周期/月	36
应急安全系统	能动与非能动
余热排出系统	非能动
换料时间/天	45
地震系数	大于 0.18*g*(自动停堆)
CDF/(堆·年)$^{-1}$	2×10e-6(内部事件)
设计阶段	执照申请(获标准设计许可)

3.2.10 美国 mPower

3.2.10.1 概述

mPower 是由美国巴威公司开发的小型模块化反应堆技术，主要应用是电力供应，也可以改装为供热或热电联供的设备。

2009 年 7 月，巴威公司开始与 NRC 进行关于 mPower 设计的模块化小型堆的预申请交互活动。2009 年 12 月 23 日，巴威公司正式提出 mPower 概念设计。2010 年 7 月，巴威和 Bechtel 正式合作，合资建立 Generation mPower LLC 公司，研发和推广 mPower，当月底，巴威在美国 Bedford 建立了设备试验基地。随后，在巴威公司的大力推动下，mPower 项目不断进展，设计和设备试验不断推进。2012 年 2 月，巴威公司向 DOE 提出小型堆研发资助申请，并于 2012 年底获得了 DOE 小型堆研发资金 2.26 亿美元。2014 年 4 月 28 日，巴威公司宣布对模块化小型堆项目进行重组，重点放在 mPower 技术研发上。2015 年，巴威公司分拆了发电业务，其余公司更名为 BWX Technologies，Inc.（简称 BWXT），保留了 Generation mPower LLC 和相关核蒸汽供应系统（NSSS）设计授权。2016 年，BWXT 和 Bechtel 达成一项框架协议，该协议规定向新的管理结构过渡，Bechtel 负责 mPower 项目的管理。

NRC 目前正在与巴威公司开展 mPower 预申请活动。mPower 堆型的设计审查标准（design specific review standard，DSRS）已经制定完毕，这份 DSRS 的主要内容是关于 mPower 设计相关的设计许可、联合许可或早期厂址许可申请。

mPower 小型堆的设计理念包括：

（1）安全壳采用地下设计，具有更好的抗震性能，且能减轻可能发生的飞机坠落等外部事件的影响。还可以减少正常运行和事故情况下周围环境的放射性剂量水平，降低对厂址周围环境的辐射影响，因此适用于更多厂址条件。

（2）反应堆采用模块化设计，能够有效缩短建造周期，降低成本，提高经济性。

（3）采用标准的核燃料（U-235 富集度小于 5%），共采用 69 组标准 17×17 燃料组件（其组件高度约为标准组件高度的一半）。

（4）换料周期为 4 年，约为现行换料周期的 2～3 倍。核电厂采用整体换料技术，可以减少换料造成的停堆时间，且核电厂寿期内的所有乏燃料可以存储于厂内。

（5）mPower 核电厂采用与其他运营核电厂相同的配套系统和组件，便于燃料、配套系统和组件的生产和制造。

（6）采用非能动安全设计理念，并针对类似“福岛核事故”改进了非能动安全系统，事故后无需操纵员干预，非能动安全系统将至少提供 72 h 堆芯冷却能力。

（7）采用反应堆模块化设计和内置控制棒驱动机构设计理念，可避免反应堆冷却剂泵密封失水事故、弹棒事故等。

3.2.10.2 反应堆冷却剂系统和设备

mPower 小型模块化反应堆是非能动、模块化的压水堆，热功率为 575 MW，电功率为 195 MW，采用一体化布置，反应堆堆芯、一次循环蒸汽发生器、稳压器、控制棒驱动机构和水平式主泵都内置在压力容器。其压力容器结构如图 3-27 所示。

反应堆使用 8 个内置冷却剂泵和 8 个外部电动机，能够为堆芯提供 3.8 m^3/s 的冷却剂，堆芯冷却剂平均流速为 2.5 m/s，冷却剂压力为 14.8 MPa。一体化稳压器位于反应堆顶部，通过电力加热。蒸汽发生器(steam generator，SG)组件位于压力容器内部反应堆压力容器壁、立管和堆芯上延部分。SG 组件与反应堆压力容器(reactor pressure vessel，RPV)底端通过密封法兰连接，SG 可以移除，从而使 SG 遮住的 RPV 顶端可以与堆芯承载的 RPV 底端分离，以便换料和检修。CRDM 设计完全浸没在 RPV 边界内的主冷却剂里，从而消除了控制棒弹棒事故。mPower 的反应性控制设计只通过电磁驱动控制棒控制，无可溶硼。

一回路冷却剂流经堆芯和热管段，在上升段的顶部直接进入上部的环形高压腔，然后直接向下进入与其相连的直管式 SG 模块，高温水在此冷却，与二回路进行热交换，继续向下流进堆芯外部下降通道，进入下部高压腔，最后返回堆芯，完成整个主回路冷却剂的循环流动。mPower 一回路循环如图 3-28 所示。

图 3-27　mPower 压力容器结构图

图 3-28　mPower 一回路循环

一体化的主回路布置消除了压力容器外的主管道和大量压力贯穿件，消除了大破口冷却剂丧失事故的可能性。相关管道减少，也相应降低了小破口冷却剂丧失事故的发生概率。一体化的反应堆冷却剂系统压力边界为防止堆内放射性的释放提供了一道屏障，并在电厂的整个运行过程中确保高水平的一回路完整性。

1. 蒸汽发生器

mPower 的蒸汽发生器是直流蒸汽发生器，如图 3－29 所示，一回路冷却剂从中心上升管由堆芯向上流动，经过顶部管座后，自由向下流过蒸发器的传热管，通过堆芯围筒外围到达堆芯底部，利用主泵提供的驱动力再向上流过堆芯，实现冷却剂的循环流动。在出现事故电厂失电、主泵失电的情况下，利用重力、自然循环、冷凝和对流等作用，可以实现自动运转，带走堆芯热量。外部的冷凝器可以选择气冷和水冷两种方式，不同方式的效率不同，可以达到的电功率也不一样。

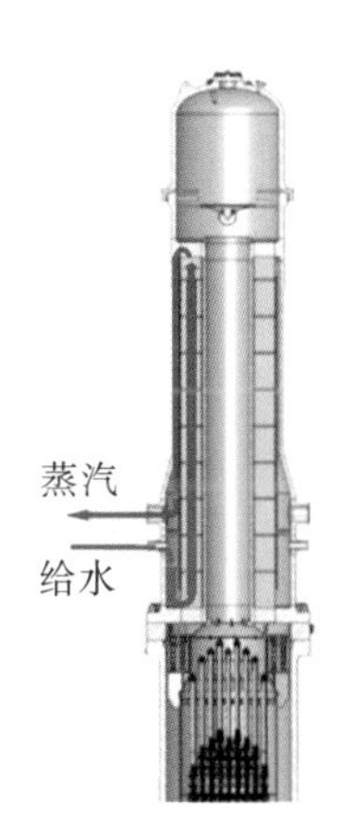

图 3－29　mPower 蒸汽发生器

2. 稳压器

mPower 稳压器与反应堆压力容器上封头是一体的，稳压器和蒸发器上压腔之间用不锈钢隔板隔开，采用一体化电加热器和标准喷淋系统。mPower 的稳压器如图 3－30 所示。

3. 主泵

mPower 布置了 8 台竖直放置的小型主泵，可以为堆芯提供 3.8 m^3/s 的冷却剂，堆芯冷却剂平均流速为 2.5 m/s。mPower 主泵如图 3－30 所示。

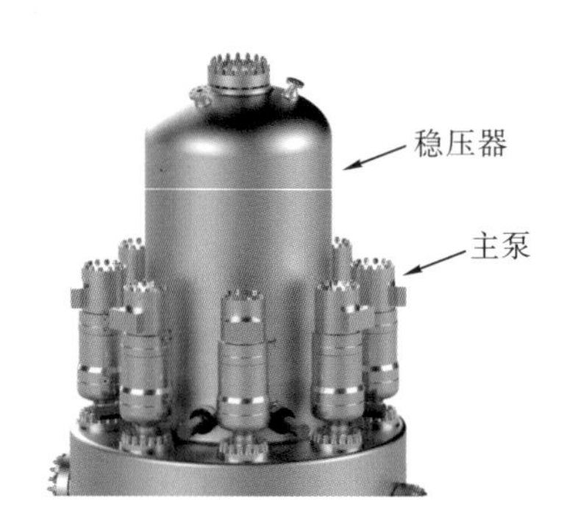

图 3-30 mPower 稳压器

4. 安全壳

mPower 的反应堆安全壳材质为全金属，安全壳将反应堆压力容器、可溶硼水箱、换料水箱、主泵电机、控制间等装置都包裹在内，如图 3-31 所示。安全壳内部的钢制压力容器外径约 3.96 m，高度约 25.3 m。安全壳和乏燃料水池都位于地面以下。

mPower 可以实现连续换料和主蒸汽供应系统设备不停堆检修，正常操作时人员可以在安全壳内部活动。安全壳体积很大，足够满足设计基准事故下的安全壳内压低于限值的要求。

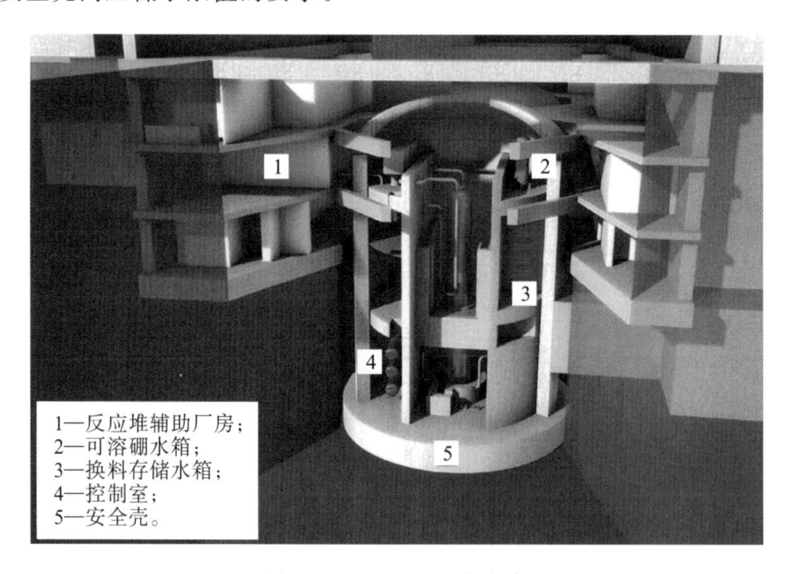

图 3-31 mPower 安全壳

3.2.10.3 堆芯和燃料设计

mPower 的堆芯由 69 组燃料组件构成，其中燃料活性段长度为 241.3 cm。铀燃料富集度小于 5%，并嵌入 Gd_2O_3 作为可燃毒物。堆芯布置采用 17×17

阵列，有固定的栅格结构，如图 3－32 所示是燃料组件的结构简图，由图可知，mPower 的燃料组件与现有的压水堆燃料组件基本一致，都是由燃料元件棒和组件“骨架”组成。与常规燃料组件最大的区别就是燃料棒束和控制棒棒束数量和布置不同。

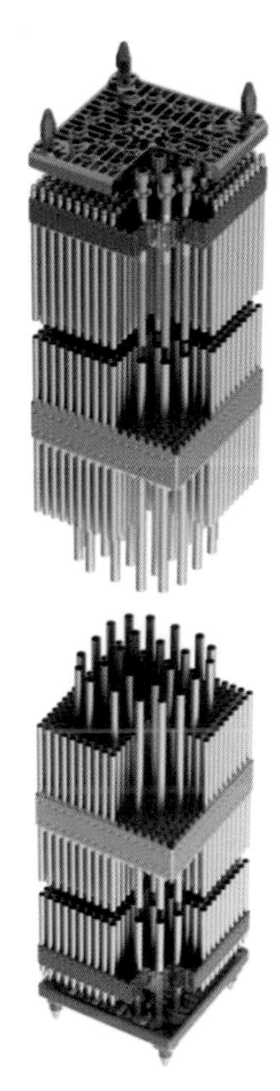

图 3－32　mPower 燃料组件结构简图

mPower 采用在线换料方式，乏燃料暂存 20 年，因此需要足够的燃料装量来满足燃耗需求。

mPower 堆芯的反应性通过 Ag－In－Cd 和 B_4C 为材料的控制棒来控制，不使用可溶硼，堆芯内有 69 组控制棒组件，确保 3％停堆裕量。为了保证堆芯安全，必须确保保守的峰值因子和线功率密度，即使是在最恶劣的情况下也要保证停堆裕量大于 1％Δkeff/keff，同时最小偏离泡核沸腾比要大于 1.3。

3.2.10.4 电气、仪表和控制系统

mPower 小型堆采用自动化仪表控制系统(I&C)。自动化 I&C 保证电厂高度自动化，包括启动、关闭和负荷跟踪的控制。自动化控制系统架构也已经研发。作为 mPower 小型堆 I&C 设计和自动化控制系统架构的成果，美国核管会 I&C 部门利用本次机会重组和审查了目前 mPower 小型堆标准审查计划第 7 章“仪表和控制”中的导则。

3.2.10.5 汽轮发电机系统

BOP 厂房包括使用蒸汽回路和水冷式冷凝器(或气冷式冷凝器)的常规电源序列。因为厂址和汽轮机/发电机、冷凝器的特征决定了电厂最终输出功率，水冷式冷凝器理论上提供 195 MW 的电功率，而气冷式冷凝器理论上提供 155 MW 的电功率。常规蒸汽回路设备小而简单，易于维修和替换。核电站配套设施操作在设计基准事故中不可信。mPower 的给水系统提供气冷或水冷式冷凝器。

3.2.10.6 mPower 电厂布置

mPower 是一体化压水型轻水堆，反应堆堆芯和蒸汽发生器都放在压力容器内，而压力容器置于地下安全壳内。mPower 安全壳和燃料水池如图 3-33 所示。

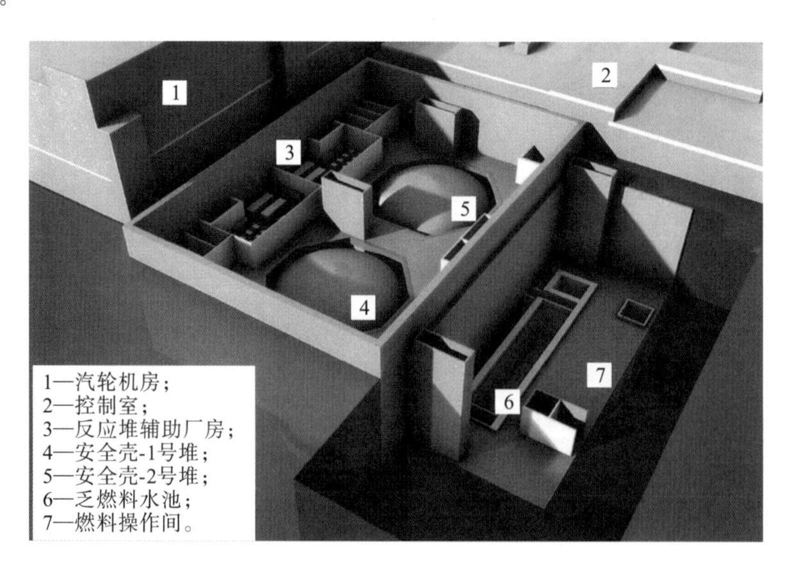

图 3-33 mPower 安全壳和乏燃料水池

mPower 标准电厂设计中，每一个电厂由双模块组成，电厂输出电功率总量为 390 MW。mPower 核岛厂房采用地下布置的方式，将安全壳、乏燃

料水池都布置在地下，从而大大加强了核电厂的安全性，并在地下贮存整个电厂寿期内的所有乏燃料。设施建造由反应堆模块组成，完全是工厂预制，再运输至厂址进行安装，而且可以根据需求增长而增加模块。mPower核电厂希望可以将应急计划区最小化。

mPower电站的辅助厂房布置在地面以上，反应堆厂房有一大半在地面以下，尤其是安全壳完全布置在地面以下，这一方面有助于减轻飞机撞击等可能发生的恐怖袭击的威胁，另一方面有助于利用重力使安全壳在水中浸没和冷却。mPower电站整体布置见图3-34。由于反应堆一体化布置，所以反应堆占地面积较小，两机组式mPower占地仅约80937 m^2。

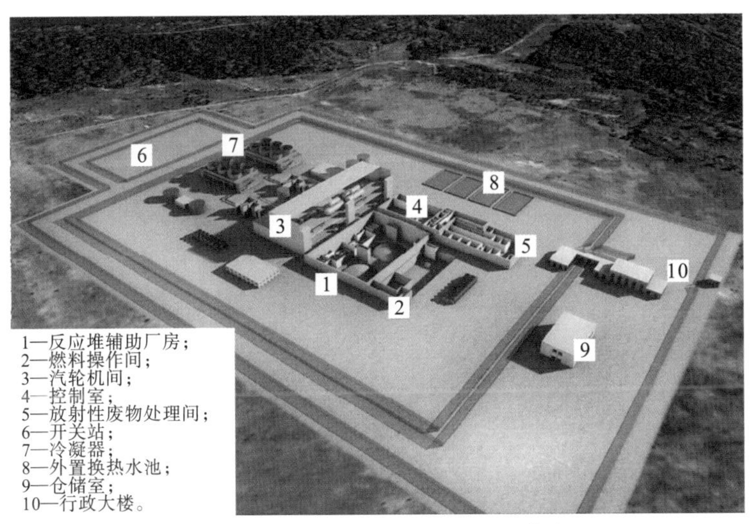

图3-34 两机组式mPower电站整体布置

3.2.10.7 安全特性

mPower反应堆设计的固有安全特性如下：

(1)较低的堆芯线功率密度，可以降低事故时燃料和包壳温度，使堆芯流速降低，有助于减弱流致振动。

(2)较大的反应堆冷却系统体积，事故时为安全系统提供更多响应时间，小破口事故时堆芯能够获得连续冷却。

除固有安全性外，mPower的应急堆芯冷却系统与反应堆冷却剂库存净化系统相连，并且在预期瞬变后能够通过非能动方式排出余热，同时非能动地降低安全壳压力和温度。

由于一体化特性，且连接管道最大直径小于7.6 cm，因此mPower反应堆不会发生大破口事故。mPower 小型堆有余热排出系统，主要包括与大气(最终热阱)相连的非能动换热器、二回路上的辅助蒸汽冷凝器、反应堆贮水水箱和非能动安全壳冷却设备。整个核蒸汽供应系统(nuclear steam supply system，NSSS)位于地下部分的设施和安全壳内的一体化压力容器提高了应对严重事故的能力。安全特征旨在不依靠场外电源的情况下获得长期事故缓解时间。

针对福岛核电站遇到的严重事故，mPower 也采取了相应的安全设计和措施，见表 3-14。

表 3-14　mPower 对于严重事故的应对

事件/威胁	mPower 设计特征
地震和洪水	地震衰减：深嵌地下的反应堆厂房消减地震能力，限制厂房移动
	防水：相互独立的防水反应堆组件设计旨在应对未预料事件
失去外部电源	非能动安全：设计基准安全功能不依靠交流电、厂外和厂内电源
	纵深防御：2 台备用 2.75 MW 柴油发电机提供独立电网的交流电
电厂停电	3 天电池：安全级的直流电源供应 72 小时的事故缓解使用
	长期的电厂状态保持：满足 7 天以上使用要求的电池，保证电厂监测和控制要求
	辅助电源：反应堆厂房内辅助电源单位可以为电池充电
应急堆芯冷却	重力、不需要泵：自然循环余热排出；安全壳内部水源
	充足裕量：堆芯线功率密度 (13.1 kW/m)和小堆芯(575 MW)限制了堆芯热量
	事故发展慢：最大的破口事故与反应堆装量相比(4.7×10^{-5} m^2/m^3)都是小事故
安全壳完整性和最终热阱	非能动氢气复合器：不需供电即可阻止氢爆
	内部冷源：最终热阱位于地下反应堆屏蔽厂房内
	扩展的干预时间：14 天内不需要外部干预
乏燃料水池完整性和冷却	受保护的结构：位于地下，辅助安全壳厂房内部
	大型热阱：装有 40 年乏燃料也能保证 30 天内不会发生沸腾和乏燃料裸露

3.2.10.8　设计参数总结

mPower 的设计参数见表 3-15。

表 3-15 mPower 主要技术参数

参数	数值或描述
堆芯热功率/MW	575
电功率/MW	195
预期容量因子	大于 95%
设计年限/a	60
冷却剂、慢化剂	轻水
主循环	强迫循环
一体化设计	是
非能动安全特征	是
能动安全特征	是
应急安全系统	非能动
余热排出系统	非能动
燃料组件	17×17 正方形栅格排列； 数量：69 组； 燃料富集度：小于 5%； 原料：UO_2 芯块； 燃料活性段高度：2.4 m； 燃耗：大于 40 GW·d/tU
反应性控制	69 组控制棒驱动机构(CRDM) 无需可溶硼参与正常的反应性控制
一回路冷却剂	运行压力：14.8 MPa； 堆芯入口温度：290.5 ℃； 堆芯出口温度：318.9 ℃
压力容器	直径：4.15 m； 高度：27.4 m； 净重(不含燃料)：628 t； 重量(运行状态)：716 t
蒸汽发生器	直流式蒸汽发生器(OTSG)
主泵	8 组主泵内置(其中电动机部分外置)
应急堆芯冷却系统	非能动设计； 自然循环
换料周期	24 月
换料天数	小于 25 d

续表

参数	数值或描述
安全壳	钢制安全壳 地下布置
电厂模块数量	2
核电厂占地面积	157000 m^2
建造周期	35 个月
CDF	目标值 10^{-8}
设计阶段	基本设计(正在发展)

3.2.11 美国 NuScale

3.2.11.1 概述

NuScale 堆型是由美国 NuScale 公司设计的模块化小型压水堆。NuScale 小型堆最初是俄勒冈大学基于在自然循环反应堆设计取得进展而提出的创新设计，并按照 1∶3 的比例建设了实验装置，对 NuScale 概念进行初步验证。2007 年，NuScale 公司成立，与俄勒冈大学签订了技术转让和实验装置使用协议，全力发展 NuScale 反应堆。

NuScale 反应堆的冷却剂系统运行完全依靠自然循环，没有主泵，具有很强的安全性。该堆型在减少复杂性、提高安全性和增强可操作性方面进行了一体化设计。NuScale 根据革新设计原则使得安全性实现了显著提高，降低了风险，在电厂规模和应用上更灵活。

NuScale 小型堆的每个反应堆模块的主体是一个浸没在地下水池的高压安全壳。每个模块都是相互独立的，都有各自的核岛和常规岛。一个典型的 NuScale 可扩展安装最多 12 个模块，最大电功率为 600 MW，并能够根据用户需求提高而增加新模块，还能够实现每个模块独立换料。NuScale 具有模块化堆的一般特点，主系统和安全壳在工厂预制后通过铁路、卡车或驳船运至厂址，将建造工期缩短至 36 个月。

2007 年，NuScale 公司开始与美国核管会进行设计认证的预申请工作。2013 年 12 月，NuScale 获得美国能源局的小型模块化反应堆许可技术支持计划的资金支持。2017 年，NuScale 公司向核管会提交设计许可申请。2018 年 NRC 完成了设计认证申请第一阶段审查。2020 年 8 月，NuScale 反应堆取得设计许可，预计 2027 年实现商运。

NuScale 的主要设计特征是压力容器放在高强度的真空不锈钢安全壳内，而安全壳整体淹没在多模块公用的大型水池内。这种设计不仅能够利用真空实现热损失最小化，还提供了事故后非能动安全壳冷却和长期余热排出，同时能够利用水的缓冲作用减缓地震影响，并为裂变产物提供多重屏障。

3.2.11.2 反应堆系统和设备

NuScale 是压水型反应堆，采用一体化的主回路布置，压力容器内不仅有核燃料组件和控制棒，还有反应堆冷却剂系统的所有设备和部件，包括内置盘管式蒸汽发生器模块以及位于压力容器上封头内的稳压器，如图 3-35 所示。

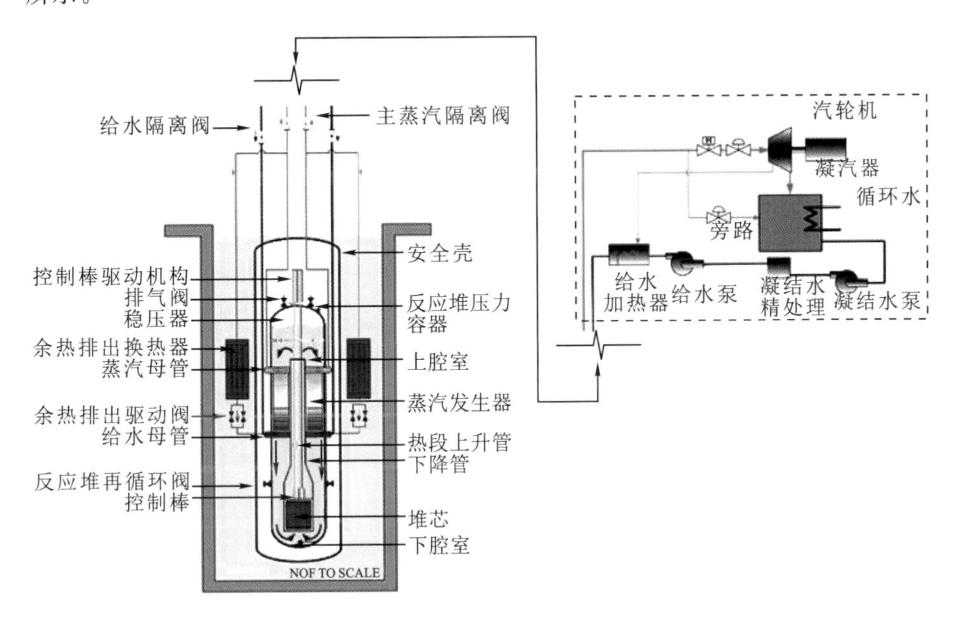

图 3-35 NuScale 系统布置

NuScale 完全依靠自然循环来实现一回路的冷却剂流动，无冷却剂泵，水向上流经堆芯和热管段，并在上升段的顶部直接进入上部的环形高压腔，然后直接向下进入与其相连的蒸汽发生器模块。高温水在此受到冷却，与二回路进行热交换，继续向下流经堆芯外部下降通道，进入下部高压腔，最后返回堆芯，完成整个主冷却剂的循环流动。这种设计消除了因电厂失电而主泵停转造成的事故影响，有更强的安全性。

一体化的主回路布置消除了压力容器外的主管道和大量的压力贯穿件，消除了大破口冷却剂丧失事故的可能性。相关管道的减少，也减少了发生小破口冷却剂丧失事故的可能性。一体化的反应堆冷却剂系统压力边界为防止堆内放射性的释放提供了一道屏障，在电厂的整个运行过程中，该设计可确保高水平的完整性。

1. 蒸汽发生器

NuScale 的蒸汽发生器是竖直放置的盘管直流蒸汽发生器，一回路冷却剂从中心管道(热管)由堆芯向上流动，经过顶部管座后，自由向下流过蒸发器的传热管，然后经过蒸发器底部的过渡圆锥，通过堆芯围筒外围到达堆芯底部，利用自然力再向上流过堆芯，实现冷却剂的循环流动。

2. 稳压器

稳压器与反应堆压力容器上封头是一体的。稳压器内的饱和水和蒸汽发生器上压腔之间用不锈钢隔板分隔开。稳压器顶部通过管道连接到泄压阀，事故工况时高温蒸汽通过泄压阀向安全壳泄压，稳压器本身没有喷淋功能，结构大大简化。

3. 安全壳

NuScale 的反应堆安全壳将反应堆压力容器包裹在内，其示意图如图 3-36 所示。该安全壳既能起到安全防护的作用，也可以承担绝热和换热功能。正常工况下，压力容器与安全壳之间是真空，这样既可以减弱安全壳向外的对流换热，维持压力容器温度，又能将空气中的氧气排出，避免发生氢爆事故。这种设计还能在破口事故下加快蒸汽冷凝速度，大大减弱安全壳内的腐蚀问题。在事故情况下，安全壳内外都充满水，利用稳压器上部的泄压阀和安全壳下部的地坑循环阀，可以实现自然循环，达到冷却堆芯的效果。

图 3-36　NuScale 高压安全壳示意图

3.2.11.3　堆芯和燃料设计

NuScale 堆芯和燃料设计与传统的压水堆类似，采用 17×17 标准燃料组件。堆芯结构由 37 组燃料组件构成，其中活性燃料段长度为 2 m。

NuScale 堆芯使用富集度小于 4.95%的 UO_2 燃料。反应性控制通过采用可溶硼、可燃毒物和控制棒相结合的传统方式来完成。堆芯内有16组控制棒组件，每4个控制棒组件由1台控制棒驱动机构控制。NuScale的换料周期为24个月。

3.2.11.4　电气、仪表和控制系统

目前NuScale设计中建议整个电厂使用同一个操作室进行自动控制。全面人因工程和人因-系统交互正在研究中，以确定反应堆操作所需的有效可靠、安全控制的最佳人数。

3.2.11.5　汽轮发电机系统

每一个反应堆模块有独立的汽轮机系统，并且汽轮机系统设计为可滑移，标准模型目前可用。

3.2.11.6　安全特性

NuScale电厂整体综合了专设安全设施，以提供稳定、长期的反应堆冷却。诸多安全设计包括：

1. 高压安全壳

高压安全壳既可以安全防护，也可以承担绝热和换热功能。在事故工况下，安全壳还具有余热排出功能，压力容器内蒸汽溢出来，在安全壳内部冷凝，冷凝液体再在安全壳底部区域聚集，反应堆再循环阀通过堆芯提供再循环。该功能可以提供30多天的冷却。安全壳浸没在反应堆水池中，能够保证长期冷却的最终热阱。NuScale高压安全壳示范工程在任何破口事故后都能够平衡反应堆和安全壳之间的压力，使其保持在安全壳设计压力之下。

2. 停堆安注系统

目前，停堆安注系统(shutdown accumulator system，SAS)的设计是为了在事故发生后向反应堆冷却剂系统注入硼酸来抑制反应性，以保证反应堆处于次临界。SAS系统由冗余的充满硼酸水的压力罐、安注箱组成，安注箱连接到反应堆冷却剂系统的进液管，当电厂正常运行时二者通过止回阀隔离。SAS非能动注入由气压驱动，当反应堆冷却剂压力降低到低于安注箱压力时，安注箱自动将硼酸水注入反应堆冷却剂系统。

3. 余热排出系统(decay heat removal，DHR)

当发生非冷却剂丧失事故，无法获得常规冷却时，DHR提供辅助的堆芯冷却功能，其原理如图3-37所示，此系统是一个闭环两相自然循环冷却系统。系统有两套余热去除装置，每套与一个蒸汽发生回路相连。每套都能去除百分之百余热负荷，以冷却反应堆冷却剂系统。每套都有一个非能动凝汽器，浸没在反应堆水池中，凝汽器中保持有足够的冷却水流，以保证稳定运行。

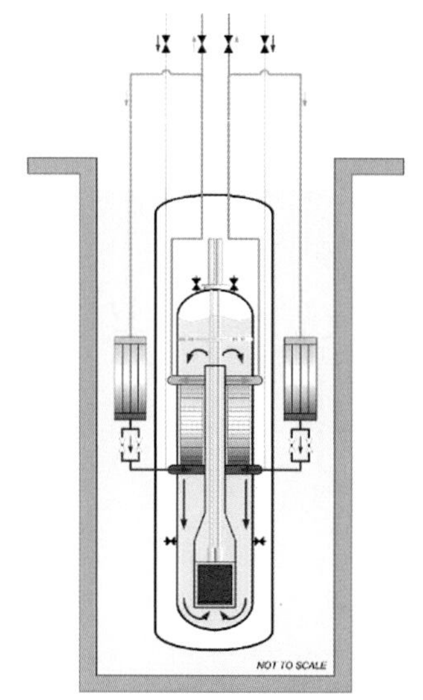

图 3-37 余热排出系统原理图

当收到系统启动信号时，DHR 阀门开启，余热排出，凝汽器中的水流到蒸汽发生器处，冷却反应堆冷却剂，换热后的水变成蒸汽，经过蒸汽发生器回到余热排出凝汽器中，与反应堆水池的水换热凝结，从而完成循环。

4. 应急堆芯冷却系统(emergency core cooling system，ECCS)

如图 3-38 所示，ECCS 由两个独立的反应堆排气阀和两个独立的反应堆再循环阀组成。若发生冷却剂失水事故或主给水丧失事故，当两个系列的 DHR 系统全部失灵后，ECCS 可提供全部余热排出功能。

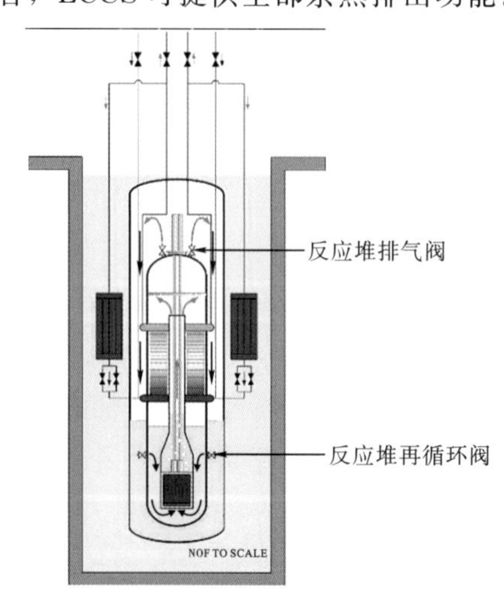

图 3-38 应急堆芯冷却和安全壳热量排出系统原理图

如果因为 LOCA 或其他状况导致 ECCS 启动，ECCS 通过安全壳内壁的蒸汽冷凝和对流传热去除热量并限制安全壳内部压力。长期冷却是通过 ECCS 再循环阀和排汽阀建立冷却剂再循环流动过程实现堆芯余热排出。

ECCS 启动是通过开启位于压力容器顶部(稳压器区域)的 2 个排汽阀和位于堆芯以上一定高度的 2 个再循环阀实现的。ECCS 启动时，冷却剂在堆芯被加热并产生蒸汽，蒸汽通过压力容器顶部的排汽阀排放到安全壳内部。蒸汽通过安全壳壳体与反应堆水池中的池水进行热交换，被反应堆水池池水冷却，同时反应堆水池池水温度升高蒸发。冷凝的冷却剂沿安全壳壁面回流到安全壳下部壳体，并通过再循环阀进入压力容器下部，淹没反应堆堆芯。

由于安全壳在正常运行时处于一个绝对压力较低的真空状态，壳内将只留有少量的不凝气体。

5. 反应堆水池

反应堆水池由一个大型的地下混凝土水池及不锈钢内胆组成，可在任何反应堆失水事故(loss-of-coolant accident，LOCA)发生后至少 72 h 内为安全壳提供稳定的冷却功能。在电厂正常运行时，热量通过一个封闭回路的冷却系统从反应堆水池中排出，并通过一个冷却塔或其他外部散热器最终排放到大气中。例如发生厂外电源失电时，反应堆和安全壳内的热量通过池水升温至沸腾而排出。反应堆水池容量可以在不额外加水的情况下使反应堆维持至少 72 h 的冷却，72 h 后，反应堆水池蒸干。最终，30 天后安全壳通过非能动的空气冷却，为长期衰变热提供足够地冷却。NuScale 余热排出过程如图 3－39 所示。

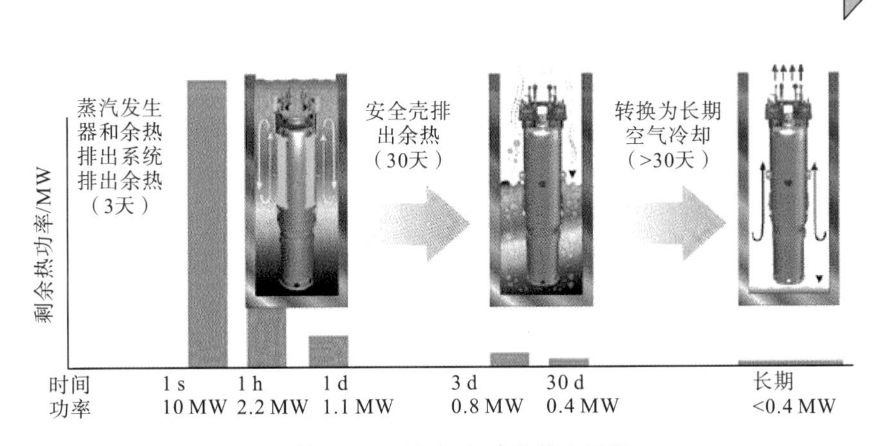

图 3－39　NuScale 余热排出过程

6. 多重放射性屏障

与传统的反应堆设计相比，NuScale 有更多的裂变产物以及放射性的屏障，更能保证放射性不扩散，提高了设计安全性，NuScale 多重屏障示意图如图 3－40 所示。

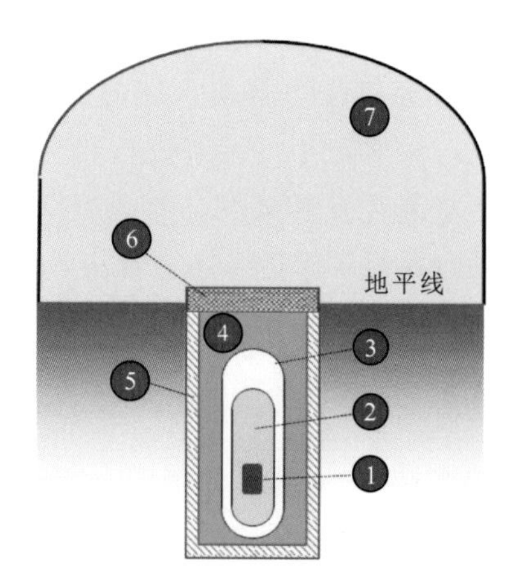

1—燃料元件和包壳；2—压力容器；3—安全壳；4—反应堆水池（约15141.65 m³）；
5—水池钢筋混凝土壁；6—生物屏蔽层；7—反应堆厂房。

图 3－40　NuScale 多重屏障示意图

传统设计只包括图 3－40 中 1～3 部分，而 NuScale 有额外的 4～7 部分，更好地实现了纵深防御。

7. 严重事故应对

针对类似福岛核事故，NuScale 有独特的事故应对和设计，见表 3－16。

表 3－16　NuScale 对严重事故的应对

事件/威胁	NuScale 设计特征
地震、洪水、飓风、飞机撞击	深嵌地下的反应堆厂房提供充足的地震和外部灾害保护
完全电厂失电/失去厂外电源	核燃料和安全壳非能动冷却系统不依赖厂内、厂外电源和柴油发电机安全运行
应急堆芯冷却	不需要外部水源保证安全
	安全壳淹没在水中，地下的钢筋混凝土水池装载了保证 30 天冷却功能的水
	30 天后，空冷即可满足后续冷却要求
安全壳完整性和最终热阱	安全壳内的可燃氢不会与氧混合
	不需外部干预
乏燃料水池完整性和冷却	结构置于地下
	每兆瓦热功率的水装量大约是常规乏燃料水池的 4 倍

3.2.11.7　电厂布置

NuScale 电厂设计的最大特点就是可扩展性，其每个模块电功率为 50 MW，单个模块如图 3－41 所示。电厂最多可以由 12 个模块组成，可以实现电厂总功率从 50～600 MW 范围扩展，满足不同电网用户的多样化需求。同时通过陆续布置模块，一方面提高了电厂建设速度，另一方面利用已经布置的模块发电资金来供给后续布置的模块的订货费用，极大地降低了小客户的资本负担。

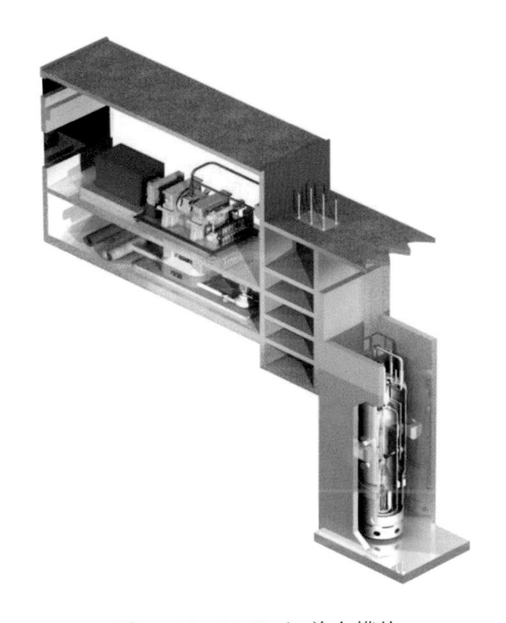

图 3－41　NuScale 单个模块

每个模块都放置在各自的反应堆坑中，反应堆坑尺寸为 6.096 m×6.096 m×21.336 m。整个水池内衬不锈钢以防漏水。每个反应堆坑都设一个混凝土盖作为一道防辐射的生物屏障，同时也防止外部物质沉积到模块内。反应堆水池设置在抗震一类建筑中，该建筑能承受假想的各种不利的厂址自然条件。

NuScale 通过一体化的设计将每个模块进行简化，并且将其设计成可拼装的结构，从而实现每个模块独立安装、换料、运行。每个模块能够自维持，有独立的汽轮机系统和停堆保护系统，某个模块断开后移动至分解/组装处进行换料和检修时，其他模块仍然保持运行。这种方法最大程度减少了换料期间的电网中断。简化设计显著降低堆芯熔化概率，小单元体积和额外放射性核素屏障减少事故源项，进而达到了可扩展的特点。

NuScale 将各个模块的操作室设计在一起，操作员可以利用简化的操作系统同时监控和操作多个模块系统，极大地降低了成本。不过这种操作系统设计还没有通过 NRC 的执照申请，需要进一步研发、确定。

如图 3-42 所示是厂区布置示意图。厂区大部分的建筑物都位于保护区内，由双层围墙和入侵检测设备包围。保护区和户外配电装置区在限制业主控制区内，由另一层围墙包围。只有行政大楼和仓库位于限制业主控制区外。

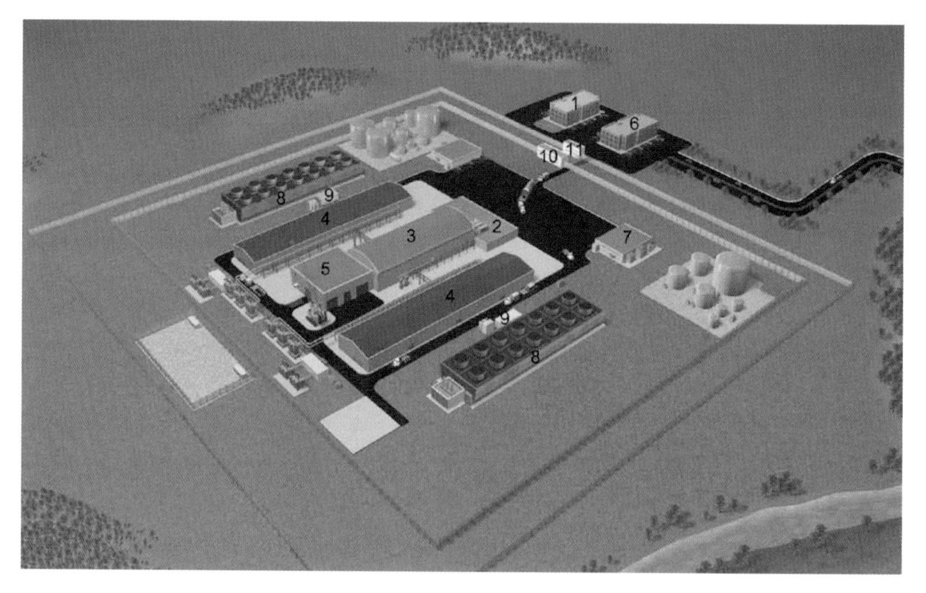

1—行政大楼；2—附属厂房；3—反应堆厂房；4—汽轮机厂房；5—放射性废物厂房；6—仓库；7—水处理站；8—冷却塔；9—泵房；10—安保房；11—控制区通道。

图 3-42 NuScale 厂区布置概念性设计

现场有多种对电厂运行和维护很重要的设施，电厂设计时包括了以下设施：

(1)行政大楼：管理服务部门与培训中心所在地；

(2)附属厂房：为生活服务、访问控制等设施提供空间；

(3)反应堆厂房：布置在地面以下，提供空间给所有与安全相关的设备和其他设施，如乏燃料水池、反应堆水池、燃料装卸区、主控制室、技术支持中心、远程停堆站、中央警报站、主系统、与安全相关的直流电源系统等。

3.2.11.8 设计参数总结

NuScale 主要技术参数见表 3-17。

表 3－17　NuScale 设计参数汇总

参数	数值或描述
发电功率/MW	50
热功率/MW	160
预期容量因子	大于 95%
设计寿命/a	60
电厂占地面积/m^2	130000
冷却剂，慢化剂	轻水
主回路循环	自然循环
系统压力/MPa	12.8
堆芯入口/出口温度/℃	258/314
主要反应性控制机制	CRDM，硼
RPV 高度/m	17.8
RPV 直径/m	3.0
一体化设计	是
联合循环	是
非能动安全特征	是
能动安全特征	否
安全系列	2
燃料类型/组件排列	UO_2 芯块/17×17
燃料活性高度/m	2
燃料组件个数/个	37
燃料富集度	小于 4.95%
燃料燃耗/(GW·d·$(tU)^{-1}$)	大于 30
换料周期/月	24
换料天数/d	10
应急安全系统	非能动

续表

参数	数值或描述
余热排出系统	非能动
电厂模块数	1～12
预计建设周期/月	36
抗震系数	0.5g 地震动峰值加速度
CDF	10^{-8}(内部事件)
设计阶段	完成 NRC 设计审查

3.2.12 美国 WSMR

3.2.12.1 概述

2011 年，西屋公司正式推介其电功率为 200 MW 的小型模块核反应堆(small modular reactor，SMR)，并表示准备在美国能源部的示范项目中发挥作用。该堆型为一体化的压水堆，所有主要部件都安装在反应堆的压力容器内，可完全在工厂内预制并能通过铁路运输。西屋 SMR(即 WSMR)充分利用了 AP1000 已有的非能动安全系统和部件设计，在技术成熟度上达到了很高的程度。AP1000 目前在中国三门和海阳已建成发电，也是美国沃格特勒(Vogtle)和萨默尔(VC Summer)两个新建项目的指定堆型。

西屋小型模块反应堆的堆芯和堆内构件是从 AP1000 的设计中演变而来的。模块底部的堆芯是由与 AP1000 类似的 17×17 的燃料组件构成，但降低了高度。堆内构件经过修改，用于小型堆芯，并为内部控制棒驱动机构提供支撑。水平安装的轴流屏蔽电机泵为反应堆冷却剂系统提供驱动头，一台紧凑型的蒸汽发生器和与反应堆压力容器顶盖一体化的稳压器构成了小型模块反应堆的完整设计。

3.2.12.2 设计特点

WSMR 的设计特点有：

(1)紧凑型简化系统配置，提高操作性和维护性；

(2)对技术成熟的轻水堆组件的创新式组合；

(3)更小的装配式反应堆，最大化的功率输出，极佳的经济性；

(4)模块化和标准化设计，加快工程建设和项目进展速度；

(5)标准化组件的工厂生产、铁路运输提高质量，确保进度；

(6)使用与 AP1000 相同的，美国核管会认可的安保体系。

3.2.12.3 反应堆冷却剂系统

WSMR 是压水反应堆，它采用一体化的主回路布置，而不是像传统的压水堆那样采用环路式布置。它的反应堆压力容器是一体化结构，容器内不仅有核燃料组件和控制棒组件，还有反应堆冷却剂系统的所有设备和部件，包括 8 台水平布置的小型轴流式屏蔽主泵、内置直管式蒸汽发生器模块以及位于压力容器上封头内的稳压器，如图 3-43 所示。这种简化的一体化布置，大量取消了压力容器与堆外设备之间的连接管道，是一种紧凑的、更加经济的结构。

冷却剂向上流经堆芯和热管段，并在上升段的顶部直接进入上部的环形高压腔，直接向下进入与其相连的直管式的蒸汽发生器模块。高温冷却剂在此受到冷却，与二回路进行热交换，继续向下流经堆芯外部下降通道，进入下部高压腔，最后返回堆芯，完成整个主冷却剂的循环流动。

一体化的主回路布置消除了压力容器外的主管道和大量的压力贯穿件，消除了大破口冷却剂丧失事故的可能性。相关管道的减少，也减少了发生小破口冷却剂丧失事故的可能性。一体化的反应堆冷却剂系统压力边界为防止堆内放射性的释放提供了一道屏障，并且在电厂的整个运行过程中，其设计可确保高水平的完整性。

图 3-43 WSMR 压力容器内部布置

1. 堆芯和燃料设计

WSMR 的堆芯和燃料的设计与西屋公司传统的压水堆类似，尤其充分利用了 AP1000 中已经证明有效的关键技术。WSMR 的燃料组件是西屋传统的 17×17 ROBUST 燃料组件，堆芯结构由 89 组燃料组件构成，其中活性燃料段长度为 2.4 m，能达到 800 MW 的热功率。WSMR 燃料组件结构图如图 3-44 所示。

WSMR 堆芯使用富集度小于 5%的铀燃料，反应性控制通过采用可溶硼、可燃毒物和控制棒相结合的传统方式来完成，堆芯内有 37 组控制棒组件。

WSMR 的换料周期为 24 个月，与目前压水堆的 18 个月换料周期相比，时间增长，相对成本有所下降，但是又没有达到长周期或全寿期堆芯的程度，对于燃料组件的材料要求有所提高，具有较高的可行性。

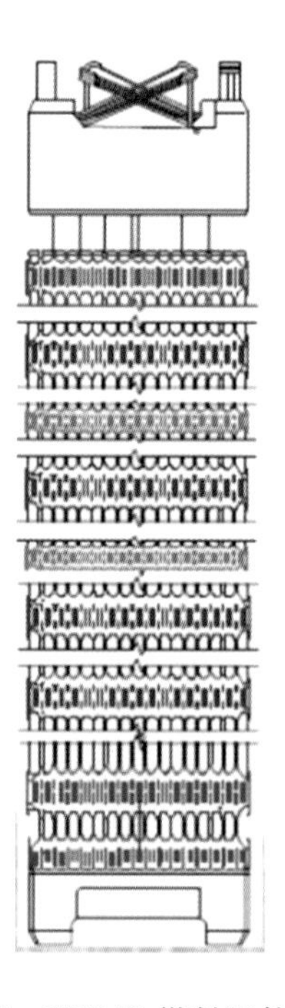

图 3-44　WSMR 燃料组件结构图

2. 反应堆冷却剂泵

WSMR 布置了 8 台水平放置的小型轴流式主泵。这 8 台冷却剂泵可以提供 30.48 m 的水头，47.32 m^3/min 的总流量。每台泵由大约 257.42 kJ，460 V 的三相电机驱动，由两台变频电源供电。WSMR 主泵布置如图 3-45 所示。

图 3-45 WSMR 主泵布置

主泵横置采用小型屏蔽泵，穿过压力边界，并且处于封头法兰之下。

3. 蒸汽发生器

WSMR 的蒸汽发生器是直管直流再循环式蒸汽发生器（如图 3-46 所示），一回路冷却剂从中心管道（热管）由堆芯向上流动，经过顶部管座之后，自由向下流过蒸发器的传热管，然后经过蒸发器底部的过渡圆锥，通过堆芯围筒外围到达堆芯底部，利用主泵提供的驱动力再向上流过堆芯，实现冷却剂的循环流动。在事故时，电厂失电、主泵堕转的情况下，利用重力、自然循环、冷凝和对流等作用，可以实现 7 天自动运转，带走堆芯热量。

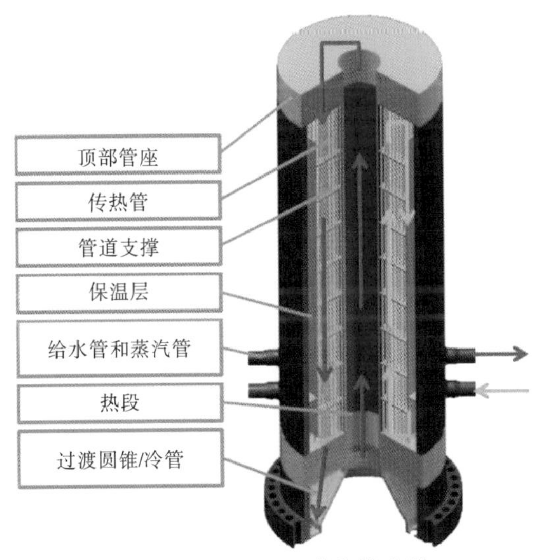

图 3-46 WSMR 蒸汽发生器

蒸汽发生器两侧各有一个给水管和一个蒸汽管，连接到压力容器外面的汽包。给水由泵打进蒸发器内，从冷却管道由下向上流经蒸发器部分，到达上部管座后流经围筒和蒸发器之间的空间，然后蒸汽、水和混合流体从蒸汽管道流出压力容器。

到达汽包之后，经过汽水分离，蒸汽进入汽轮机发电，凝结水重复利用，再作为冷却水进入蒸发器，如图 3-47 所示。

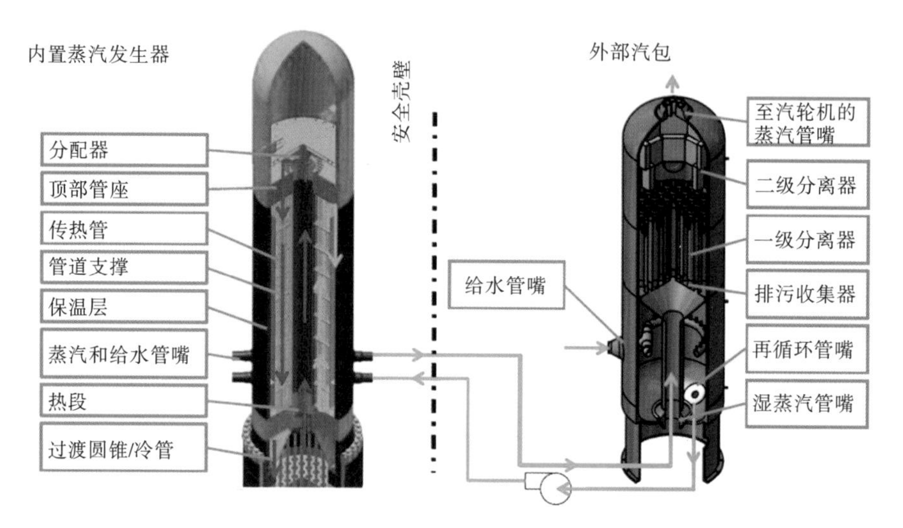

图 3-47　WSMR 蒸汽发生器和汽包系统

3.2.12.4　压力保护系统

1. 稳压器

稳压器与反应堆压力容器上封头是一体的(如图 3-48 所示)。稳压器内的饱和水通过压力容器内的不锈钢板与反应堆中的循环水分隔开来。稳压器采用了标准的电加热棒，标准的喷淋系统，这是在西屋公司之前的小型堆 IRIS 的稳压器基础上做了一定的简化和修改，使其技术难度有所降低。

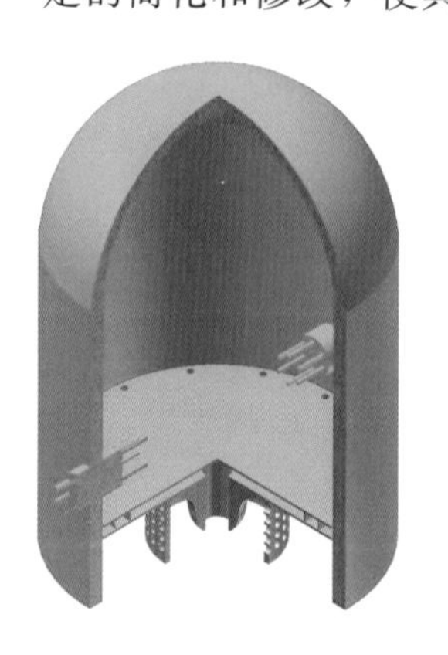

图 3-48　WSMR 稳压器

2. 安全壳

WSMR 的反应堆安全壳将反应堆压力容器、堆芯淹没水箱、主泵等装置都包在内，如图 3-49 所示。安全壳竖直方向高度大约 28 m，在事故情况下，安全壳下部空间会充满水，保证压力容器堆芯筒体外部一直有外部水冷却。同样，安全壳外围也会被水淹没，环形水空间利用自然循环可以提供持续降温，从而保证安全壳不会超压。利用淹没水的作用，提高了安全壳内部的换热效率，降低了设备隔离要求，保证了安全壳压力安全。

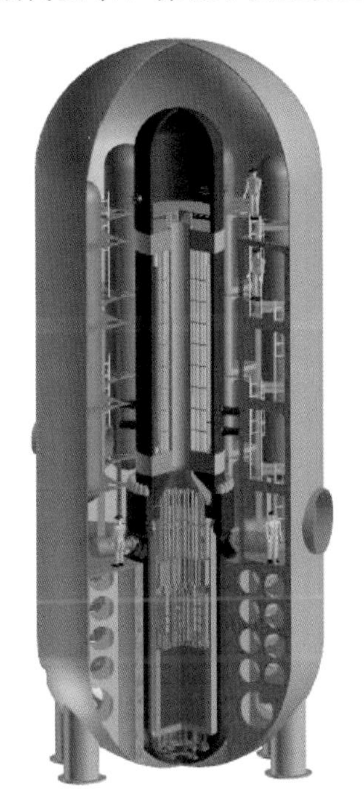

图 3-49 WSMR 钢制安全壳

3.2.12.5 WSMR 安全功能

WSMR 系统有以下安全特点：

1. 非能动安全性

WSMR 完全利用自然力的非能动安全性进行安全保护，包括重力作用，流体的蒸发和凝结等。

2. 系统简化

WSMR 与 AP1000 系统相似，系统大大简化，泵、阀、管道、电缆等极大减少，能动安全系统大大减少，降低了系统对于外部能源和人工操作的要求，在事故情况下可以达到 7 天无干预保证安全。

3. 对严重事故有安全对策

针对类似福岛核电站遇到的严重事故，采取了相应的安全措施，见表 3 - 18。

表 3 - 18　WSMR 对严重事故的应对措施

事件/威胁	WSMR 应对
地震和洪水	鲁棒性：设计承受一般自然灾害——地震、洪水、海啸、龙卷风、飓风； 相关设计特征：防水门、电厂地下布置等
	抗震设计：WSMR 设计承受万年一遇地震，选址需要考虑抗震能力，以减轻地震对安全壳和内部设备的影响
电厂停电（无交流电源）	在电厂失电时，WSMR 可以在 7 天内安全停堆，并保持相应状态。先进的非能动安全特征依赖自然力完成循环，如重力、自然循环、冷凝和对流
	电源：冗余的安全级直流电池能保证 3 天内安全停堆。无厂内和厂外交流电时依靠自然循环实现堆芯 7 天冷却。同样情况下，乏燃料水池也能保持淹没状态。两台小型辅助柴油机为关键电厂信号供电，没有操作员干预，辅助柴油机也能运行 4 天
	水源：两系列的安全级余热排出箱在 7 天内完成排出堆芯余热和乏燃料水池淹没工作。7 天之后，现场水源和循环泵保证长期堆芯余热排出和乏燃料水池淹没
安全壳完整性	安全壳设计：钢制安全壳高度一体化设计，外部环绕着一层屏蔽建筑，同时嵌入地下以保证受到飞机等抛射物撞击时的安全性
	氢管理：电池驱动的氢点火器和非能动氢复合器共同作用防止氢爆
乏燃料水池完整性和冷却	结构：乏燃料水池置于地平面以下，内有布满钢筋的加强混凝土结构
	淹没水：7 天内，来自应急余热排出系统的水依靠重力流下来淹没乏燃料水池
	建造物鲁棒性：可抵抗地震、自然灾害和飞机撞击
控制室居住性	通过特有的 72 小时空气加压系统重点屏蔽保护控制室。在不利情况下控制室剂量也保持在最低水平

图 3 - 50 显示了 WSMR 在事故工况下安全系统的作用过程。在发生某种严重事故时，大量放射性物质和热量从堆芯释放出来，压力容器内部超压，稳压器为了保证安全开始自动泄压。安全系统开始动作，首先是控制棒驱动机构在得到事故信号后自动下落，抑制堆芯反应性。同时安全壳开始冲水，

逐渐将压力容器淹没。依靠自然循环，系统继续利用汽包从蒸发器向外换热，从而排出堆芯余热。放置在高处的堆芯淹没水箱，利用重力向堆芯注入高浓度的硼酸溶液，进一步降低堆芯反应性，并利用自然循环将其排出到最终热阱。

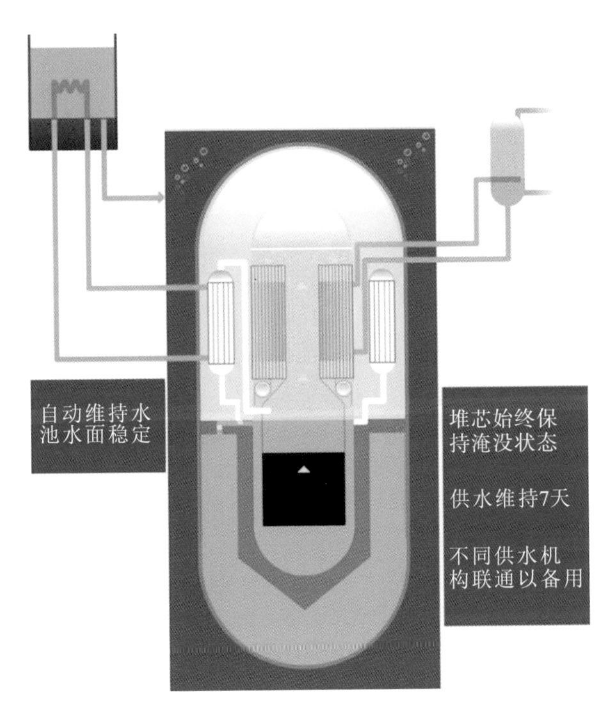

图 3-50 WSMR 安全系统的作用过程

如果水面继续下降，堆芯淹没水箱的水就注入压力容器内，保持堆芯淹没的状态。这时，整个安全壳都被外部水淹没，利用安全壳内外的蒸汽凝结和水分蒸发，以及蒸发器持续的自然循环不断带走堆芯热量。随着热量导出，外部水面可能会因为水分不断蒸发而下降，此后外部热阱就会向安全壳外供水，维持水面稳定。

堆芯在事故后始终保持淹没状态，保证不会熔融烧毁。持续的供水保证了堆芯余热的持续排出，供水可以维持 7 天，而且不同供水机构可以控制连通，便于操作人员介入。

3.2.12.6 WSMR 电厂布置

WSMR 电站的辅助厂房布置在地面以上，堆芯厂房有一大半在地面以下，尤其是安全壳完全布置在地面以下，这一方面有助于减少飞机撞击等恐怖袭击的威胁，另一方面有助于利用重力作用对安全壳进行水浸没和冷却。

WSMR 厂房整体布置如图 3-51 所示，WSMR 安全壳部分如图 3-52 所示，SMR 安全壳厂房的具体布置如图 3-53 所示。

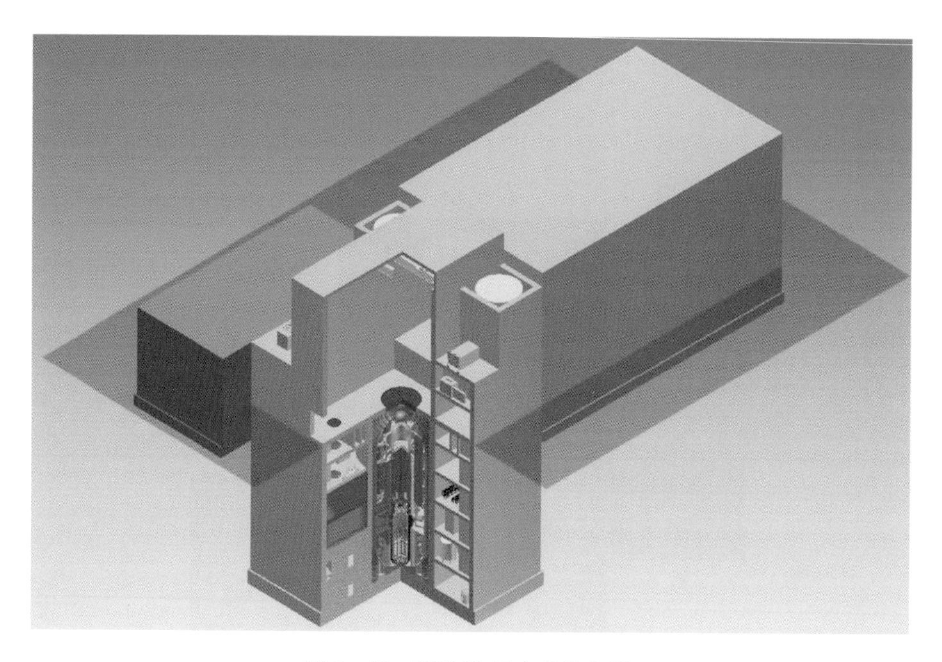

图 3-51　WSMR 厂房整体布置

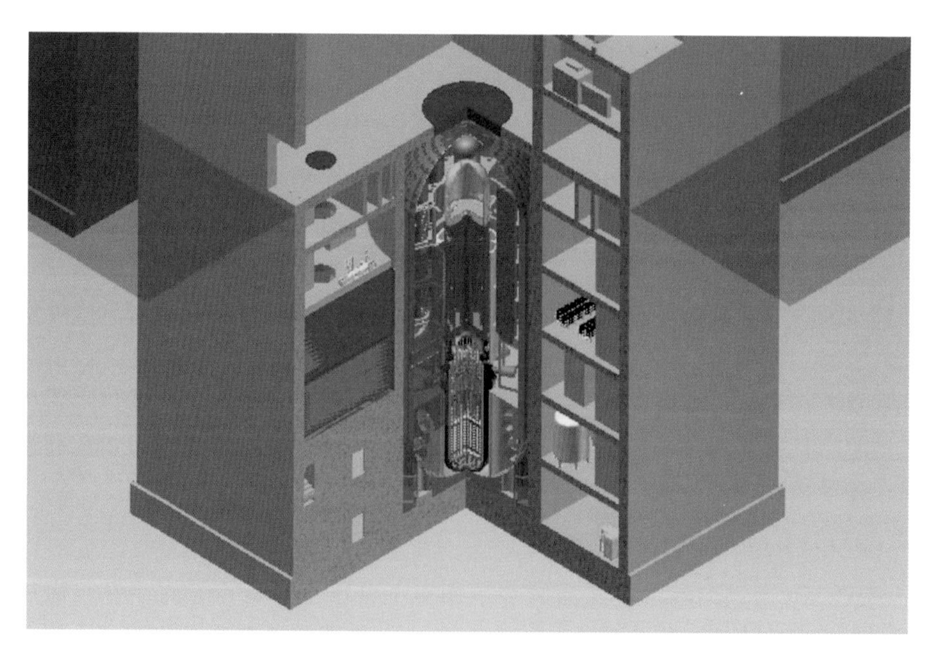

图 3-52　WSMR 安全壳部分

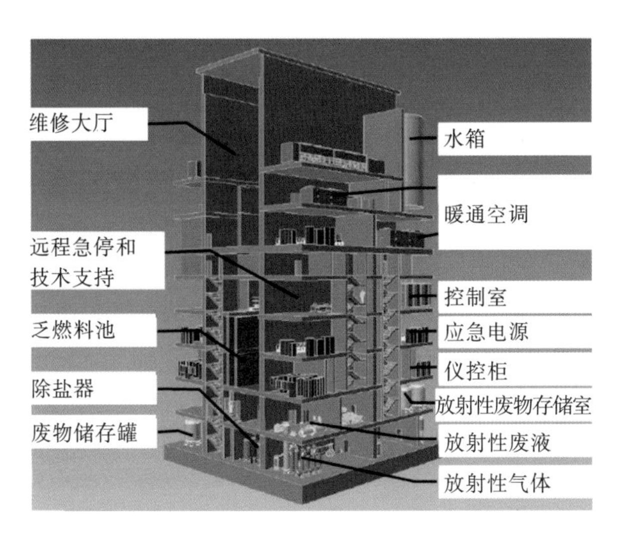

图 3-53 WSMR 安全壳厂房的具体布置

3.2.12.7 设计参数总结

WSMR 设计参数见表 3-19。

表 3-19 WSMR 设计参数汇总

参数	数值或描述
电功率/MW	＞225
热功率/MW	800
预期容量因子	95%
设计寿命/a	60
电厂占地面积/m^2	65000
冷却剂，慢化剂	轻水
主回路循环	自然循环
一回路系统压力/MPa	15.5
堆芯(入口/出口)温度/℃	294/324
主要反应性控制机制	CRDM，硼
RPV 高度/m	28
RPV 直径/m	3.7

续表

参数	数值或描述
反应堆形式	一体化
能量转化	间接朗肯循环
燃料类型/组件排列	UO_2 芯块/17×17
燃料活性高度/m	2.4
燃料组件个数/个	89
燃料富集度	<5%
燃料燃耗/(GW·d·(tU)$^{-1}$)	>62
换料周期/月	24
联合循环	是
安全系统特性	非能动
安全系列	3
换料周期/d	17
电厂模块数	1
预计建设周期/月	18～24
CDF/(堆·年)$^{-1}$	$<5\times10^{-8}$
设计阶段	完成概念设计

3.2.13 美国 IRIS

3.2.13.1 概述

国际革新与安全型反应堆(international reactor innovative and secure, IRIS)是在近几年核电复兴的氛围中脱颖而出的新设计方案之一，尽管目前仍处于初级设计阶段，其设计已迅速地从设想走进商业可行阶段，IRIS 可以说是从设想到商业可行阶段发展最快的堆型之一。

IRIS 项目始于 1999 年 10 月，是美国能源部首次提出的“核能研究倡议”计划中获得批准的提议之一。IRIS 是一种模块化压水堆，由以美国西屋公司牵头，20 多个单位参加的国际合作团队开发设计。IRIS 也是 Dominion、Entergy 和 Exelon 三家美国发电公司在确定厂址预许可申请时所考虑的反应堆设计之一。第一座 IRIS 模块预期用 3 年建成(以后的建造期为 2 年)。

虽然 IRIS 是一种革新性的设计，但是其设计指标可以满足用户要求，不需要进行新技术的研发，因为其设计基本上是以已经验证的成熟轻水堆技术为基础的，并充分利用了 AP600 和其他先进轻水堆电站设计研究的一些成果。

3.2.13.2 研究背景

西屋公司当初是应美国能源部的要求开始进行新型反应堆概念设计的，其主要目标是开发一种商业可行的概念设计。显然，只靠一家公司来开发及推广核电站的时代已经过去。更显而易见的是，许多电力公司和国家对仅以数亿美元投资核电站项目表现出浓厚兴趣，这样可驱使他们多投资一些较小容量的核电站项目。而较大型的核电站具有规模经济效应，较小型的核电站必须以新的规模出现，使其变得更经济，从而真正成为市场竞争的强者。

现在提出的较小型模块化气冷反应堆包括球床模块堆(pebble bed modular reactor，PBMR)和气轮机模块化氦冷堆(gas turbine - modular helium reactor，GT - MHR)。在 PBMR 方面，Exelon 公司已充分利用了小型核电站将有限的电力引入电网固有优势，从而合理调节电力供求关系，以控制电力公司的财政支出。IRIS 也是出自同样的考虑，除了简化建造工艺和运行程序以外，这些小型核电站必须系列建造，要想大量地制造并推广模块堆，就必须营造一个全球化的国际市场环境。

IRIS 一旦建成，只有在全球范围内得到推广，才能成为国际上广泛接受的堆型，因此必须在国际范围内发展这种堆型，必须符合国际要求、甚至文化需求。因而从一开始，IRIS 就是要通过国际合作完成它的设计、制造、推广及运行工作，并且所有合作伙伴都是该项目的股东。

3.2.13.3 参与机构

参与 IRIS 设计的机构如表 3 - 20 所示。

表 3 - 20 参与 IRIS 设计的机构

商业公司		
名称	所属国家	设计版块或负责范围
西屋公司	美国	全面协调；堆芯主设计，安全分析及认证
BNFL	英国	商业化及燃料循环

续表

商业公司		
名称	所属国家	设计版块或负责范围
Ansaldo Energia	意大利	蒸汽发生器
ENSA	西班牙	压力容器及堆内构件
NUCLEP	巴西	安全壳
Bechtel	美国	BOP，AE
OKBM	俄罗斯	测试，海水淡化及区域供热等热电联供技术
实验室		
名称	所属国家	设计版块或负责范围
ORNL	美国	I&C，PRA，海水淡化，屏蔽层，稳压器
CNEN	巴西	瞬态及安全分析，稳压器，海水淡化
ININ	墨西哥	PRA，中子物理学
LEI	立陶宛	安全分析，PRA，区域性热电联供技术
大学		
名称	所属国家	设计版块或负责范围
加州大学伯克利分校	美国	中子物理学，先进堆芯
田纳西大学	美国	模块化，I&C
俄亥俄州立大学	美国	堆内功率监测，先进诊断技术
爱荷华州立大学(及 Ames 实验室)	美国	在线监测
密歇根州立大学(及 Sandia 实验室)	美国	监测及控制
米兰工业大学	意大利	安全分析，屏蔽层，热工水力，蒸汽发生器设计，先进控制系统
东京科技学院	日本	先进堆芯，PRA
萨格勒布大学	克罗地亚	中子物理学，安全分析
比萨大学	意大利	安全壳分析，严重事故分析，中子物理学
都灵工业大学	意大利	源项
罗马大学	意大利	放射性废物系统，职业剂量
电力公司		
名称	所属国家	设计版块或负责范围
TVA	美国	维护及前景用途分析
Eletronuclear	巴西	发展中国家前景用途分析

3.2.13.4 设计特点和目标

IRIS 的设计特点和目标如下。

(1)净电功率约为 335 MW，热功率为 1000 MW。

(2)堆芯设计具有长燃料循环长度(4 年)，并至少有 15%的运行裕量。

(3)较短的交付周期(从业主订货到商业运行为 4 年)和建造周期(2 年)。

(4)由于采用的设备已有较好的技术基础，并且它们在 IRIS 中应用时将开展大量的试验验证工作，所以，不需要建造原型堆。

(5)主要的安全系统是非能动的，在事故后一个星期内不需要操作人员干预或厂外援助。同时，附加的堆芯和安全壳冷却方式在不需要交流电源的情况下可以留出一定的拖延时间。

(6)预期的堆芯损坏和放射性释放频率非常低，并明显低于 NRC 要求的 10^{-5}/(堆·年)和 10^{-6}/(堆·年)的指标要求。

(7)标准设计可以适用于美国所有预定的厂址。

(8)职业辐射照射剂量预计可远低于 0.7 人·希沃特/年。

(9)换料和维修频率低于现有电厂的频率。

(10)电厂设计寿命为 60 年，期间不需要更换反应堆压力容器。

(11)整个电厂的容量因子高于 95%，非计划停堆次数小于 1 次/年。

3.2.13.5 反应堆冷却剂系统

IRIS 采用一体化反应堆技术，不是传统的环路式布置压水堆。它的反应堆压力容器是一体化结构，容器内不仅有核燃料组件和控制棒，还有反应堆冷却剂系统的所有设备和部件，包括 8 台小型的联轴式反应堆冷却剂泵，8 个螺旋盘管式蒸汽发生器模块，为改善中子经济性和降低压力容器中子辐照影响而设置的位于压力容器下降通道内围绕堆芯的钢质反射层，以及位于压力容器上封头内的稳压器，如图 3-54 所示。这种简化的一体化布置，大量取消了压力容器与堆外设备之间的连接管道，是一种紧凑的、更加经济的结构。由于 IRIS 的整体容器包含了所有的反应堆冷却剂系统设备，容器比传统的压力容器要大，其内径为 6.2 m，总高度为 21.3 m。

主冷却剂的流动通道如图 3-54 所示。冷却剂向上流经堆芯和上升段(即堆芯围筒的延伸段)，并在上升段的顶部直接进入上部的环形高压腔，反应堆冷却剂泵从高压腔内抽水。容器内共设置了 8 台泵，每台泵抽取的冷却剂直接向下进入与其相连的螺旋盘管式蒸汽发生器模块。冷却剂继续向下流经堆芯外部的环形下降通道，进入下部高压腔；最后返回堆芯，完成整个主冷却剂的循环流动。

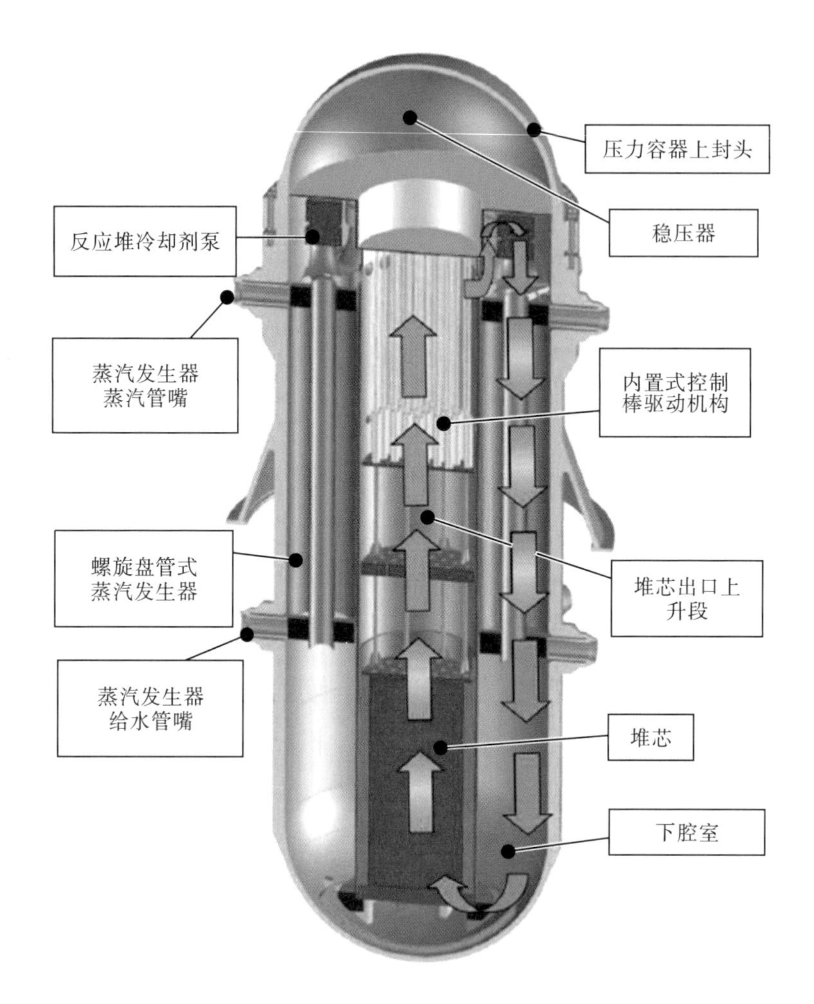

图 3-54 IRIS 压力容器内部布置

一体化的主回路布置消除了压力容器外的主管道和大量压力贯穿件，消除了大破口冷却剂丧失事故的可能性。相关管道的减少，也减少了发生小破口冷却剂丧失事故的可能性。一体化的反应堆冷却剂系统压力边界为防止堆内放射性的释放提供了一道屏障；并且，在电厂的整个运行过程中，其设计可确保高水平的完整性。

1. 堆芯和燃料设计

IRIS 堆芯和燃料的设计与西屋公司传统的压水堆类似。在保留现有技术的同时，为了提高性能，IRIS 有其特有的改进。IRIS 燃料组件由 264 根外径 0.881 cm 的燃料棒以 17×17 正方形排列组成。在保留 24 根导向管的同时，其中心位置是为堆内测量仪器预留的。其燃料组件的设计与西屋公司 17×17

XL ROBUST 燃料组件和 AP1000 的燃料组件相似。IRIS 堆芯结构由 89 组燃料组件构成，其中活性燃料段长度为 4.267 m，由此达到 1000 MW 的名义热功率。这样的堆芯结构使平均线功率密度相对较低，与 AP600 相比，大约要小 25%。热工裕量的提高，增强了运行的灵活性，同时也能够加长燃料循环长度，提高整个电厂的容量因子。

IRIS 的燃料采用开放式栅格设计(见图 3-55)，可以提高卸料燃耗和增强低富集度燃料的适应性。另外，堆芯设计采用了不锈钢中子反射层，有助于降低燃料循环成本和延长反应堆寿命。该反射层可以减少中子泄漏，提高堆内的中子利用率，同时提高了燃料的利用率，可进一步延长燃料循环长度和提高卸料燃耗。反射层的采用，还将为降低堆芯围筒和反应堆压力容器的快中子注量及容器外的放射性剂量带来额外的好处。

					GT			GT			GT					
			GT										GT			
		GT			GT			GT			GT			GT		
		GT			GT			IT			GT			GT		
		GT			GT			GT			GT			GT		
			GT										GT			
					GT			GT			GT					

图 3-55 IRIS 燃料组件开放式栅格设计

(GT 为导向管，guide tube)

IRIS 堆芯使用 UO_2 燃料，富集度为 4.95%，在堆芯的轴向再生区和堆芯外围燃料富集度较低。与现有的压水堆相比，裂变气体膨胀长度明显提高，大约能到两倍的长度。这样就减轻了潜在的内超压。

反应性控制通过采用可溶硼、可燃毒物和控制棒相结合的传统方式来完成。但是，与传统的压水堆相比，可溶硼浓度有所降低，以改善堆芯对瞬态

(更高的负反应性)的响应和减少废物处理量。堆芯设计还有与 AP600 和 AP1000 设计共同的特征，即采用灰棒来实现日负荷跟踪。除了采用中子吸收材料外，灰棒组件的设计与常规的控制棒组件的设计是一样的。

根据使用要求，IRIS 的堆芯设计有几种换料方式。当循环长度是主要目标时，采用富集度大约为 5%的堆芯设计，燃料循环周期为 4 年，燃耗大约为 40 GW·d/(tU)。采用含铒的整体可燃毒物吸收体，在保持负温度反应性系数时能够确保充分的反应性控制。采用比较常规的多批次换料方式，平均批次卸料燃耗可以达到 50 GW·d/(tU)(两批次换料方案)或高达 60 GW·d/(tU)(三批次换料方案)。两批次换料的燃耗符合美国核管会要求的最高许可燃耗，棒平均燃耗为 62 GW·d/(tU)，因此，IRIS 目前就采用这种堆芯设计方式。在今后允许提高卸料燃耗后，比如，批燃耗为 62 GW·d/(tU)，棒燃耗为 75 GW·d/(tU)，IRIS 就可以采用三批次换料的堆芯设计方式。此外，IRIS 的堆芯设计还可以采用富集度 8%～10%的 UO_2 燃料或含有 10%～12%Pu 的混合[铀、钚]氧化物燃料(mixed[uranium - plutonium]oxide fuel，MOX)燃料，以便将来的升级和向 8 年的燃料循环周期过渡。

西屋公司最近的反应堆设计中，新燃料都需要在高密度的搁架上储存。在搁架中有中子吸收材料，以便维持燃料组件在规定的次临界状态。新燃料储存搁架位于反应堆辅助厂房的燃料操作区，并按照铀的富集度最高为 4.95%的设计基准来进行设计。储存搁架放置在新燃料储存坑里面，它由一系列处于不同标高的相互连接的储存单元组成，在不同标高位置的顶部和底部均有储存搁架的支承栅格结构。新燃料储存搁架有 89 个燃料组件的存放位置，即便在厂房被掺硼水淹没或在任何设计基准事故过程中，燃料组件之间的最小间隔仍足以维持次临界。

乏燃料也同样需要在高密度的搁架上储存，该搁架也有中子吸收材料，以便维持次临界状态。搁架按所储存乏燃料的最高富集度进行设计。乏燃料水池中的搁架由一系列处于不同标高的相互连接的储存单元组成，在不同标高位置的顶部和底部均有搁架的支承栅格结构。乏燃料储存搁架有 356 个乏燃料组件的存放位置，最少可以储存电厂运行 18 年所卸出的乏燃料。另外，乏燃料储存搁架模块还包括 5 个用于有缺陷的乏燃料组件储存的容器。

2. 反应堆冷却剂泵

反应堆冷却剂泵采用了联轴屏蔽泵的设计方式。电机和泵由两个同轴的汽缸组成，外圈是定子，内圈是转子，驱动叶轮高速转动。泵完全放置在压力容器内，只需要少量的电缆贯穿件。

目前，正在研制高温电机线圈和轴承材料，采用这种材料可以不需要冷却水，从而取消了大量压力容器上的贯穿件。与过去典型的轴封泵相比，这种设计有明显的改进。以往轴封泵的压力边界将泵体、叶轮和电机都包容在一起，并且都在压力容器外，因此，电机罩也成了压力边界的一部分。同时，泵与压力容器相连的法兰和密封焊接边界都成了压力容器的压力边界。而 IRIS 的冷却剂泵把这些都取消了。除了由于一体化布置所带来的上述优点外，泵的几何外形还具有较高的转动惯量（惰转能力）和较高的流量（出力），这有助于减轻流量丧失事故的后果。由于联轴泵的驱动压头比较低，所以以前从未考虑过将这种泵在核工程中进行应用。但是，由于一体化压力容器结构和冷却剂的流动压降比较低，IRIS 可以充分利用联轴泵这种独有的特性。

由于泵处于压力容器的热流体区域，线圈绝缘系统和轴承必须能够在温度为 329.4 ℃、压力为 15.5 MPa 的水环境中正常运行。目前，西屋公司已在进行这方面的研究。尽管泵的规格和结构的初步设计还没有开始，但是，采用联轴式密封泵的可行性已经得到认可。

3. 蒸汽发生器

蒸汽发生器采用直流螺旋盘管式的管束设计，其结构如图 3－56 所示。一回路流体在管外流动；在堆芯围筒（外径 2.85 m）和压力容器（内径 6.21 m）之间的环形空间内布置了 8 个蒸汽发生器模块；每个模块包括中心内部的管子支承圆柱、下部给水联箱、上部蒸汽联箱和外部封壳；管束封壳的外径为 1.64 m；每台蒸汽发生器有 656 根传热管，传热管和联箱按反应堆冷却剂系统压力设计；管束在垂直方向上与下部给水联箱和上部蒸汽联箱相连；蒸汽发生器靠压力容器壁支承，联箱从给水进口接管和蒸汽出口接管内侧用螺栓固定在压力容器上；带有泄漏监测器的双层垫圈为主冷却剂与二次侧给水进口和蒸汽出口之间的压力边界。

IRIS 蒸汽发生器中，给水通过压力容器壁上的蒸汽管嘴进入蒸汽发生器和下部给水联箱，流入传热管被加热至饱和温度、沸腾并过热，向上流入上部蒸汽联箱；最后，蒸汽通过压力容器壁上的蒸汽管嘴离开蒸汽发生器。

螺旋式蒸汽发生器管束包容在外部封壳里面。该封壳（流动护罩）引导一回路水自上而下依次流经蒸汽发生器上部和传热管外侧，并在管束底部流出封壳，进入压力容器下降通道。每台冷却剂泵直接与其对应的蒸汽发生器护罩顶部相连，以保证其流体完全进入蒸汽发生器管束区。螺旋盘管式管束的设计能够适应没有过度机械应力的热膨胀，并有较高的抗流致振动性能。该蒸汽发生器的试验模型（20 MW、全直径、部分高度）已经过成功的测试确

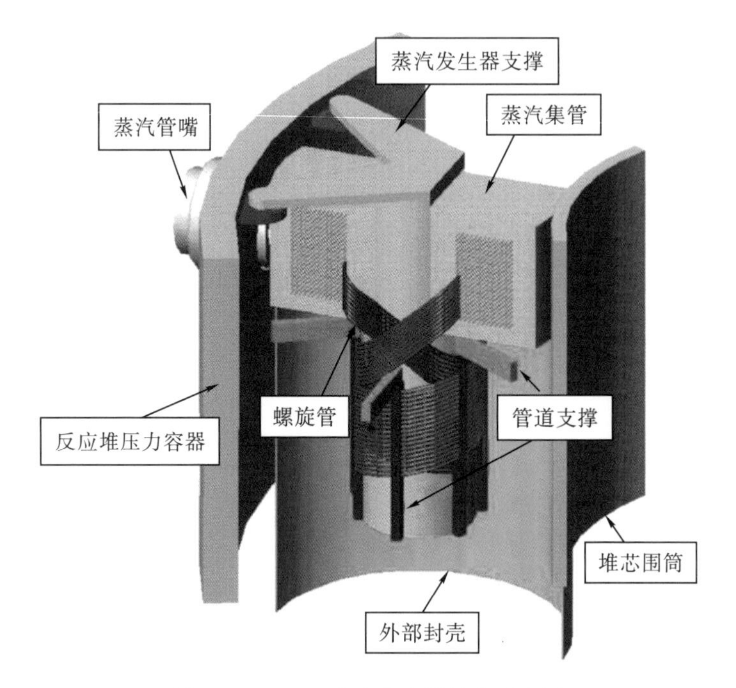

图 3-56 IRIS 蒸汽发生器结构示意图

定。随着反应堆运行参数的确定，还将对蒸汽发生器的热工、振动、压降等性能特征进行研究。

3.2.13.6 压力保护系统

1. 稳压器

IRIS 稳压器与反应堆压力容器上的封头是一体的(见图 3-57)。稳压器内的饱和水通过压力容器内部的一种“倒帽”形结构，与反应堆中的循环过冷水分隔开来，这种结构有以下 4 个功能。

(1)防止封头法兰及其密封结构处于反应堆冷却水和稳压器中的水的温差之中，从而降低结构的热应力，保持密封结构的完整性。

(2)结构上安装有绝热材料，将稳压器内饱和水与一回路过冷水之间的传热降至最小，保证稳压器中的水有足够的饱和度。

(3)可以为控制棒驱动线、堆内测量仪表管和加热器提供结构支承。

(4)在结构底部开有波动孔，为反应堆与稳压器之间的流量波动提供流动通道。在稳压器中，加热棒位于倒帽的底部，布置在控制棒驱动线的外侧，底部的波动孔允许水在加压范围内正负波动。这些波动孔刚好位于加热棒的下部。这样，在正波动时，流体可沿着加热元件向上流动。

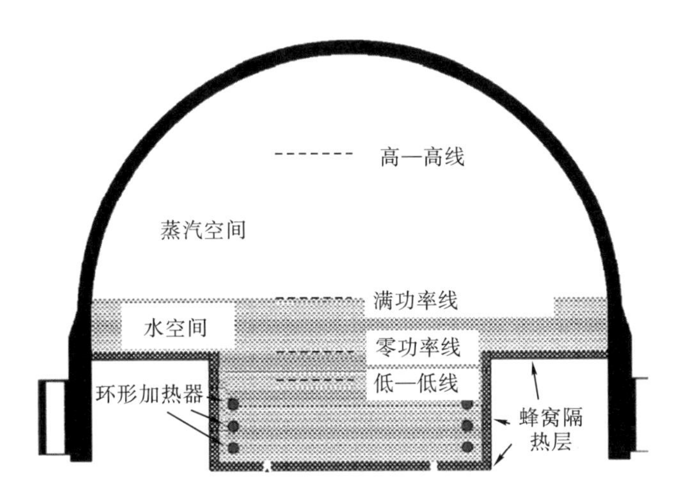

图 3-57 IRIS 稳压器

与传统的分隔式稳压器相比，IRIS 利用反应堆压力容器的上封头区域作为稳压器，获得了非常大的水容积和汽容积；稳压器的总容积为 71.41 m^3，其中汽容积大约为 49 m^3；IRIS 稳压器容积是 AP1000 稳压器容积的 1.6 倍，但是功率只有其 1/3。因此，IRIS 不需要使用稳压器的喷淋功能来阻止在任何设计基准加热瞬态下安全阀的启跳。

2. 安全壳

由于 IRIS 的反应堆压力容器去除了环路管道、安装在外面的蒸汽发生器和主泵。所以，压力容器就可以放置在一个直径比较小的安全壳结构中。IRIS 的安全壳设计采用球形钢质容器结构形式(见图 3-58)。与典型的圆柱形安全壳相比，在相同的壁厚和应力水平下，球形安全壳的尺寸减小后，其设计承压能力至少提高 3 倍以上。安全壳直径为 25 m，壁厚为 45 mm，设计压力为 1.4 MPa。安全壳顶部是一个用螺栓和法兰连接的封头，这种结构形式为装卸反应堆压力容器上封头的法兰和螺栓提供了进入的通道。反应堆的换料是通过打开安全壳容器密闭封头，在安全壳和压力容器法兰之间安装一个密封环(该环可以保证安全壳和换料腔之间的持久密封)，然后打开并移走压力容器封头来完成的。安全壳和反应堆压力容器上部的换料腔一直处于淹没状态，在换料过程中，堆内构件卸放在换料腔内。燃料组件通过位于安全壳上方的换料装置从压力容器内垂直向上提升，直接放入燃料操作和储存区域，因此，在安全壳内部没有换料设备，在燃料操作区只有一台换料装置，利用它就可以完成燃料的全部操作过程。另外，这种布置方式还取消了安全壳的环吊，所有的重型反应堆设备通过换料装置上方的桥式吊车从安全壳密闭封头吊入压力容器。

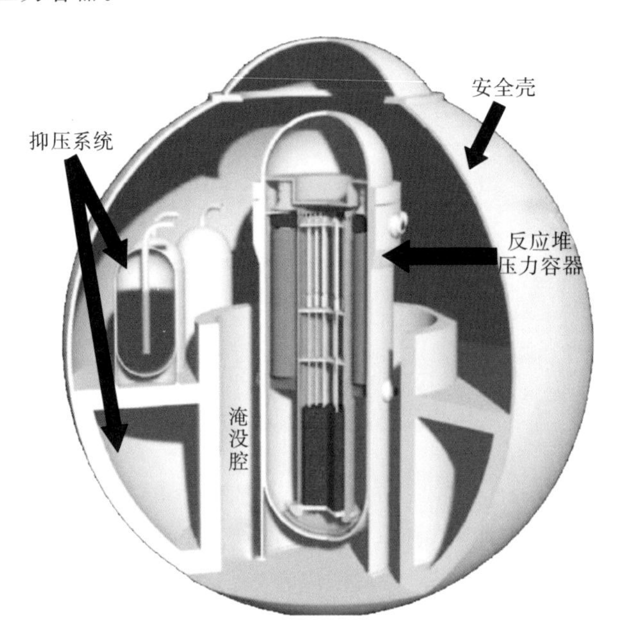

图 3-58　IRIS球形钢制安全壳

安全壳内的抑压水池可以将其峰值压力很好地限制在其设计压力之下。在假想的中小破口事故(甚至不可能发生的大破口事故)发生后，抑压池的水可以为压力容器提供具有足够重力驱动压头的补给水。同时，由安全壳内部结构形成的压力容器淹没腔可以保证堆芯在任何失水事故后完全被水淹没，其淹没高度足以为堆芯提供长期的重力驱动补水。

IRIS的安全壳大部分埋藏在地下，地上部分只有15 m高，这与一般的大型压水堆相比矮得多。这种设计可以极大地避免飞机撞击的恐怖袭击，另外安全壳外的反应堆建筑也使安全壳不再显眼，这样也是对安全壳的保护。把反应堆地下化的成本对传统的大型堆来说是不可承受的，但是由于IRIS的一体化、小型化的设计，地下埋藏的成本大大降低，使这种设计成为可能。

3.2.13.7　反应堆辅助系统

1. 化学和容积控制系统

化学和容积控制系统(chemical and volume control system，CVS)包括一条位于安全壳内的高压净化回路和位于安全壳外的补给和化学添加系统。CVS位于安全壳内的设计压力较高的设备和部件包括：再生和下泄热交换器、除盐器和过滤器、密封循环泵及相关的阀门、管道和测量仪表。反应堆冷却剂在不离开安全壳的情况下经过除盐和过滤后返回反应堆压力容器。安全壳外面的设备和部件包括：补给泵、各种水箱、化学和氢添加设备及相关的阀门、管道和测量仪表。CVS 的主要功能如下。

(1)净化：将冷却剂的纯度和放射性水平保持在可以接受的限值内。

(2)反应堆冷却剂系统的容积控制和补给：保持反应堆冷却剂系统所需要的冷却剂容积，正常运行工况下使稳压器水位按规定变化。

(3)化学补偿和控制：通过控制冷却剂中的硼浓度(启堆时降低硼浓度，正常稀释补偿燃耗，停堆时提高硼浓度)来保持反应堆冷却剂的化学指标，通过保持适当的 LiOH 浓度来控制反应堆冷却剂系统的 pH 值。

(4)氧控制：在功率运行期间，系统可以将反应堆冷却剂中溶解氧的浓度保持在适当的水平，在每次停堆后、启堆前，通过该系统可以使溶解氧达到适当的浓度。

(5)反应堆冷却剂系统的充水和压力试验：CVS 不承担反应堆冷却剂系统的水压试验功能，仅在初次启堆和非常规维修后，可以考虑优先采用该系统上的泵作为临时的水压试验泵。

(6)为辅助设备补给含硼水。

(7)稳压器辅助喷淋：为稳压器卸压提供辅助喷淋水。

2. 余热排出系统

余热排出系统(residual heat removal system，RHRS)由两个系列的机械设备组成，每个系列包括 1 台泵和 1 台热交换器。每个系列都有一条来自反应堆压力容器的吸入管线，系统释热后的冷水通过安注接管返回压力容器。系统还包括一些必要的管道、阀门和测量仪表。系统的主要功能如下。

(1)停堆余热排出：系统可以导出堆芯和反应堆压力容器内的余热和显热，可以在装置冷却的两个阶段中降低反应堆冷却剂系统的温度。第一阶段，堆芯余热由蒸汽发生器通过主蒸汽系统排出。在停堆后 96 个小时内，系统可以将反应堆冷却剂系统的温度由 177 ℃降到 49 ℃，在电厂停堆到重新启堆期间，系统可以将冷却剂温度保持在 49 ℃或以下。

(2)停堆净化：在换料过程中，系统可以将反应堆冷却剂导入化学和容积控制系统。

(3)低温超压保护：在换料、启堆和停堆期间，系统中的安全卸压阀为反应堆冷却剂系统提供低温超压保护功能。

(4)事故后安全壳水容积的长期补给：在设计假想的安全壳泄漏事故发生后，如果需要保持安全壳内的水容积，系统可以为反应堆或安全壳提供一条长期的事故后补水通道。

3.2.13.8 反应堆安全系统

图 3-59 给出了 IRIS 非能动安全系统的构成。

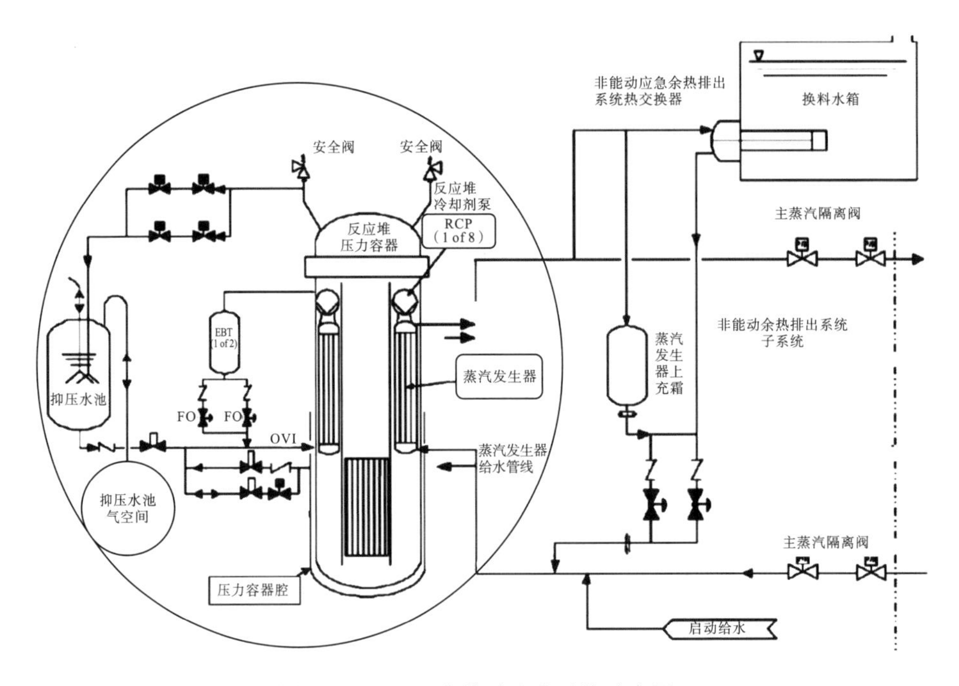

图 3-59 IRIS 非能动安全系统示意图

IRIS 非能动安全系统包括以下 5 个部分。

(1)非能动应急余热排出系统(emergency heat removal system，EHRS)。系统由 4 个单独的系列构成，每个系列包括 1 台水平放置的 U 形管式热交换器。该热交换器位于安全壳外的换料水贮存箱(refueling water storage tank，RWST)内，分别与蒸汽发生器的给水和蒸汽管道相连，RWST 是 EHRS 热交换器的热阱。EHRS 应达到的排热能力，根据假设在二回路余热排出系统的功能丧失的情况下，只需一个系列投入运行就可以排出余热来进行设计。EHRS 通过自然循环的方式运行，通过蒸汽发生器传热表面带走主系统的热量，在 EHRS 热交换器中将蒸汽冷凝，并将热量传给 RWST，之后冷凝水再返回蒸汽发生器。系统有卸压和冷却剂补给功能，当系统向环境释放余热时，系统可以直接冷凝堆芯产生的蒸汽，并尽量将反应堆压力容器的破口流量减到最少。因此，系统还有堆芯冷却和安全壳卸压的功能。

(2)两台小型的全压应急硼注射箱(emergency boric acid tank，EBT)。EBT 的容积为 13 m^3。在瞬态事故时，EBT 通过压力容器直接注入(direct vessel injection，DVI)将硼酸紧急注入压力容器。同时，通过系统的运行，

EBT 还可以为主系统提供一定量的补给水。

(3)与稳压器蒸汽空间相连的自动卸压系统(automatic depressurization system，ADS)。当反应堆压力容器内的冷却剂装量低于规定值时，ADS 可以协助非能动应急余热排出系统对压力容器卸压。ADS 只有一级卸压，系统由两条并联的管道(10 cm)组成，每条管道上有两个常关的阀门。系统管道的末端用一个喷头将蒸汽泄入抑压系统的抑压池。ADS 的功能是保证反应堆压力容器和安全壳的压力在冷却剂丧失时能够及时得到补偿，从而防止堆芯裸露。

(4)安全壳压力抑制系统(rressure suppression system，PSS)。系统由 6 个水箱和一个普通的不可凝结性气体储罐组成。每个抑压水箱均通过一条通气管道与安全壳大气连通，通气管道与一个淹没在水中的喷头相连。在冷却剂丧失或蒸汽和给水管道破裂后，喷头可以将冷凝蒸汽向安全壳释放。在管道突然爆裂后，系统可以抑制安全壳的峰值压力，使其低于设计压力。在失水事故(loss of coolant accident，LOCA)发生时，抑压水箱可以作为反应堆压力容器的安注水源。

(5)反应堆压力容器堆腔。该堆腔是一种特殊的结构，位于安全壳的下部，它可以收集来自安全壳内部的水流和凝结水。在失水事故期间，堆腔水位高于堆芯水位，并能产生足够的压头，通过压力容器直接注入，管道将冷却剂送回反应堆压力容器。

从以上的描述可知，IRIS 的非能动系统具有与现有电厂的能动系统和 AP600/AP1000 非能动系统一样的安全功能，其设计同样采用自然驱动力来代替泵、风机、喷淋及它们的支持系统等能动机械。其安全特征和控制棒组件如下所示。

1)安全特征

IRIS 的安全策略提供了多种不同的停堆方式，除了采用控制棒外，在事故情况下，通常利用能动系统进行处理。但是，IRIS 还可以通过应急硼注射箱补给硼水或通过 EHRS 进行堆芯冷却和向环境排热等非能动的方式来实现反应堆安全。在一次侧水装量大量丧失的情况下，一回路系统的防御通过压力容器内比较大的冷却剂装量和系统卸压过程中只有很少量的质量损失等措施来实现。因此，在所有假想的失水事故下，可以维持一回路系统足够的水装量，并保证堆芯处于淹没状态。EBT 能够为主系统提供高压安注，但是，IRIS 的安全策略是尽量保持冷却剂装量，而不是依赖安注补水来维持堆芯淹没。这种安全策略完全可以确保堆芯在长时间内(几天甚至可能是几周)处于淹没状态。因此，IRIS 不需要像环路式反应堆那样采用高容量、安全级的、高压应急堆芯冷却系统。当然，当反应堆压力容器内的压力降至接近于安全壳压力时，来自抑压系统和反应堆淹没腔的由重力驱动的水流也可以在一定的时间内保持堆内的冷却剂装量。但是，这种功能并不是必须的，因为堆芯余热直接由压力容器内的冷凝蒸汽带走了，这就防止了主回路的水被带出压力容器。

IRIS 的安全壳冷却还有另一种方式，即通过非能动应急余热排出系统来冷却。在事故情况下，直接对安全壳外表面进行冷却，使安全壳的压力低于其设计压力。在冷却过程中，还附带了多种对堆芯进行重力驱动补水的方式，可以防止堆芯损坏。同时，非能动应急余热排出系统以不同的运行方式向环境排热，可以保证安全壳的完整性。

在发生严重事故后，IRIS 可通过对反应堆压力容器卸压和对压力容器外表进行冷却，以将堆芯熔化碎片保持在压力容器内。由于反应堆压力容器可以确保完整性，并且熔化碎片可以保留在容器下封头内，必须防止由于堆芯碎片在堆腔内重新分布所导致的相关现象的发生。反应堆压力容器是绝热的，可以提高容器的容纳能力，还可经过特殊的表面处理，提高容器表面的浸润性。安全壳的设计特征可以确保容器腔和反应堆压力容器下封头在事故过程中处于淹没状态。失水事故过程中泄出的流体可以直接进入堆腔，同时，抑压系统水箱内的水也可以直接泄入堆腔。

2)控制棒组件

IRIS 的控制棒组件都在压力容器内部，属于一体化的设计。位于堆芯上部，四周环绕着蒸汽发生器。这种设计在安全性和操作性上都有优点。首先，安全性上，内部控制棒使弹棒事故不会再发生，从而获得了设计安全性；另外由于控制棒组件内置，从而使压力容器上封头不再贯穿，这样就减少了上封头上的密封工作，同样的贯穿件的腐蚀问题也不复存在了。这种控制棒组件目前有两种驱动方式，即液动驱动与磁力驱动。

3.2.13.9 电厂布置设计初步方案

IRIS 电厂有两种初步的布置设计方案，如图 3-60 所示。这两种方案介绍如下。

1. 三堆单机组布置方案

图 3-60(a)是三个单机组的布置方案，即三座反应堆三个机组，每个机组有各自独立的非安全级的相关供水系统和循环水冷却塔。这种布置方案是假设机组按“并行”方式建造来设计的。一个机组可以在依次完成建造、调试、装料和启动试验后开始投入运行。当位于左边的机组还在建造时，在运行机组与在建机组之间建立一个临时性的隔离带，右边已经完工的机组就可以投

入运行。这种布置和建造顺序可以尽可能缩短电厂的建造周期，并尽可能地利用电厂的发电能力。这种建造方式还有其他的优点，即充分利用前面机组的工作经验来缩短后续机组的建造周期。

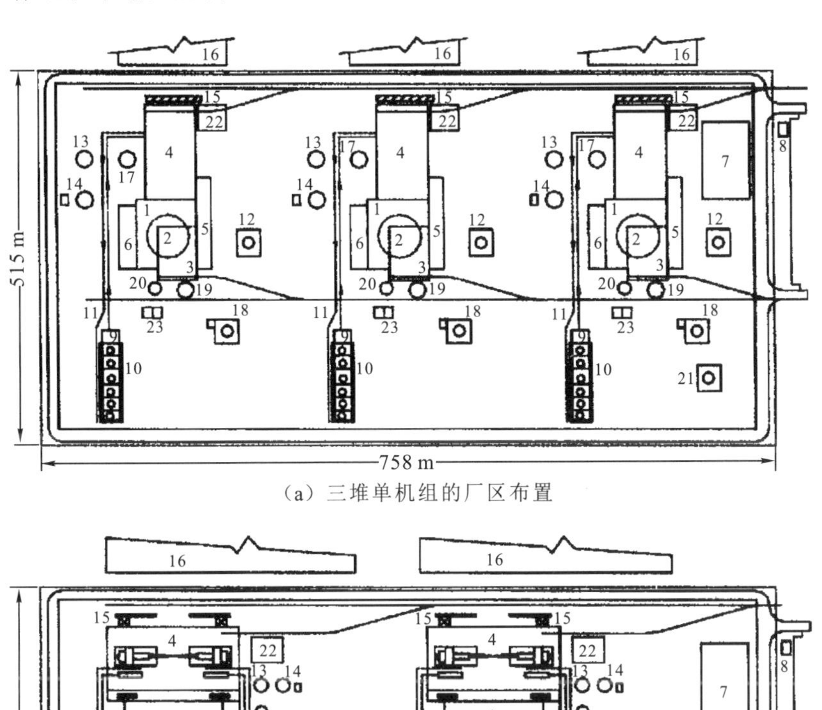

（a）三堆单机组的厂区布置

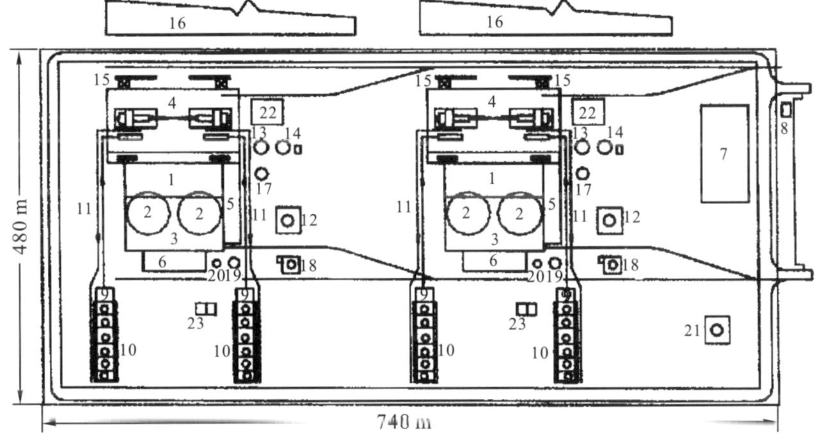

（b）四堆双机组布置

1—辅助厂房；2—安全壳；3—燃料操作区；4—汽轮机厂房和给水加热间；5—附加厂房；6—放射性废物厂房；7—行政楼；8—电厂入口；9—循环水泵间和入口；10—CWS冷却塔；11—循环水管道；12—柴油机房；13—消防水/洁净水贮存罐；14—消防水贮存罐和泵房；15—转运区；16—电力切换站；17—冷凝水贮存罐；18—柴油贮存罐；19—除盐水贮存罐；20—硼酸贮存罐；21—氢和氮贮存罐；22—汽轮机厂房装卸区；23—废水保存水池。

图 3-60　IRIS电厂布置方案

2. 四堆双机组布置方案

图3－60(b)是两个双机组的布置方案，即四座反应堆两个机组。与单堆单机组相比，这种布置可以使两个反应堆共用一些设备，减少设备的数量。机组之间是完全相互独立的，当后面的机组在建造时，可以不影响前面已完工机组的运行。在同一个机组中，每个反应堆都有自己的汽轮发电机、冷凝器、给水和蒸汽系统，以及各自非安全级的供水系统和循环水冷却塔，但汽轮机厂房是共用的。在同一机组中，有一些系统、功能和设备是共用的，例如，控制室、燃料操作区(包括换料装置、乏燃料储存坑等)、废物处理设施、相关支持系统等。同时，还需要为每个反应堆配备个别安全级的供电系统、电气保护柜和电气开关及电力系统。这种布置方案还要继续优化，主要是要减小厂房的容积和整个电厂的占地面积，同时，还要对增加机组间共用设备的数量进行评估。

3.2.13.10 设计参数总结

表3－21中为IRIS设计参数的汇总。

表3－21 IRIS设计参数汇总

参数	数值或描述
发电功率/MW	335
热功率/MW	1000
预期容量因子	>96%
设计寿命/a	60
电厂占地面积/m^2	14000(4模块)
冷却剂，慢化剂	轻水
主回路循环	自然循环
一回路系统压力/MPa	15.5
堆芯(入口/出口)温度/℃	292/330
主要反应性控制机制	内置CRDM
RPV高度/m	21.3
RPV直径/m	6.2
反应堆形式	一体化
能量转化	间接朗肯循环
燃料类型/组件排列	UO_2芯块/MOX/17×17
燃料活性高度/m	4.26
燃料组件个数/个	89

续表

参数	数值或描述
燃料富集度	4.95%
燃料燃耗/(GW·d·(tU)$^{-1}$)	65(最大)
换料周期/月	48(最大)
联合循环	是
安全系统特性	非能动
安全系列	4
换料周期/a	3
电厂模块数	1～4
预计建设周期/月	36
抗震系数	0.3g
CDF/(堆·年)$^{-1}$	10^{-8}
设计阶段	基本设计

注：RPV为反应堆压力容器(reactor pressure vessel)，CDF为堆芯损坏频率(core damage frequency)。

3.2.14 俄罗斯KLT-40S

3.2.14.1 概述

俄罗斯舰船核动力经验丰富，民用方面主要用于破冰船。2006年俄罗斯未来反应堆技术研讨会上，确立了着重发展两款小型堆KLT-40和VBER。俄罗斯目前拥有的破冰船里有3艘使用了KLT-40(第三代破冰船反应堆)。KLT-40S是在KLT-40基础上改进，专门为浮动式发电站设计的反应堆。俄罗斯的KLT-40S是一种可用于破冰船上的成熟反应堆，也可用于偏远地区的电力供应。其具有30～35 MW的发电容量及200 MW的供热能力，换料周期为3年；采用双机组的建造模式；机组运行12年后，所有的电厂装置将会运送到中央设施进行大修和乏燃料贮存；堆芯正常运行时，依靠强制循环进行冷却，发生紧急事故时，应急冷却则依赖于自然对流；燃料是由铀-铝合金制成，含有可燃毒物，包壳是锆合金材料，采用铀浓缩度为3.5%的^{225}U制成。

KLT-40S是浮动式压水堆核电厂，单模块的电功率为35 MW。该设计基于商业KLT-40方案，是改进版的反应堆，可为更严峻情况下的核破冰船提供长期支持，如固定式核电厂。KLT－40S 浮动式核电厂可以在船厂预制，再运输至用户端进行组装、测试和调试。无需建造运输连接、电力输送线或陆上核电站需要的地基结构。KLT－40S 对于选择浮动核电站的位置有很高的自由度，因为其可以固定在任何沿海区域。浮动核单元要求 12～15 m 深，以保证至少 30000 m^2 的海水对其进行保护。

1993 年俄罗斯原子能委员会的专家们向联邦政府提交了将核反应堆安装在船上运往远东和西伯利亚地区的解决方案。这一建议得到了联邦政府的支持，经过多次讨论之后，联邦政府决定建造两艘浮动核电站，用于远东和西伯利亚地区的能源供给及北极地区的石油勘探。

2007 年，“罗蒙诺索夫院士”号(采用 KLT－40S 反应堆)建造计划开始启动，4 月 15 日于北德文斯克的北方造船厂铺设龙骨。

2008 年，“罗蒙诺索夫院士”号转移至圣彼得堡波罗的海船厂继续作业。

2016 年 7 月，“罗蒙诺索夫院士”号进入下海测试阶段。

2018 年 4 月，“罗蒙诺索夫院士”号浮动核电站从圣彼得堡波罗的海造船厂前往摩尔曼斯克进行系泊试验、加载燃料和试机。

2019 年 5 月，“罗蒙诺索夫院士”1 号和 2 号反应堆均成功达到 100％功率，证实了浮动核电站的主要和辅助设备及自动控制系统的运行稳定性。

2019 年 7 月，俄罗斯生态、技术和原子能监督局发放“罗蒙诺索夫院士”号浮动核电站核能装置的运营执照。

2019 年 8 月 23 日，“罗蒙诺索夫院士”号从摩尔曼斯克前往楚科奇自治区的佩韦克港。

2019 年 9 月 9 日，“罗蒙诺索夫院士”号抵达楚科奇佩韦克港运营地点。

2019 年 12 月 19 日，“罗蒙诺索夫院士”号接入楚科奇佩韦克港电网。

2020 年 5 月 22 日，“罗蒙诺索夫院士”号于楚科奇佩韦克港正式投入商运。

浮动式船型构造小型堆可以实现热电联供能力，无需中央电力供应系统即可为偏远地区的独立客户提供稳定的热电。另外，这种浮动单元可以用于海水淡化，也可为采油平台提供独立供电系统。

3.2.14.2 反应堆系统和设备

1. 反应堆冷却剂系统

KLT－40S 是一种成熟的、商业化的小型紧凑型压水堆，现在已经在多艘破冰船上使用。KLT－40 有 4 个冷却环路，每个环路都有 1 台蒸发器、1 台循环泵。图 3－61 是布置有两个 KLT－40S 的核动力船简图。

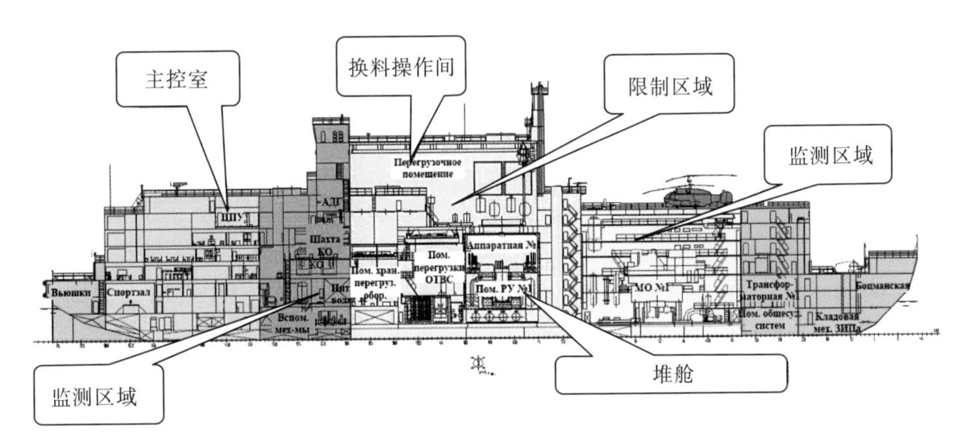

图 3-61　KLT-40S 和其核动力船示意图

反应堆是模块化设计，包括堆芯、蒸汽发生器、主回路泵，它们都用短套管连接。反应堆有四回路，有自然循环，也有强制循环，有一个稳压主回路(屏蔽泵和密封波纹管阀)及一次通过的螺旋蒸汽发生器和非能动安全系统。

冷却剂从反应堆顶部进入，从上向下流经反射层和热屏后到了下堆腔，然后向上流过堆芯，之后再向上流过蒸汽发生器，在密封泵的作用下再向下流回堆芯，实现冷却剂系统的循环。蒸汽发生器里的蒸汽线通过一系列进气阀穿过安全壳，最终进入汽轮机厂房进行电力转换，如果一个或多个分离热交换器位于一回路和二回路之间，热电联产设备原理可以改进为中低温热处理概念。

KLT 类型反应堆压力容器(RPV)构造与 VBER-300 的设计类似，不同点在于每个反应堆循环泵通过液压直接与 RPV 相连。通过接受这种结构，堆芯在压力下自下而上进行冷却。

反应堆控制棒驱动机构(control rod drive mechanism，CRDM)是电力驱动的，在全厂断电事故(station black-out accident，SBO)工况下释放控制棒和应急控制棒。紧急情况下电动机驱动的安全棒的速度是 2 mm/s。重力驱动的安全棒平均速度为 30～130 mm/s。安全壳泄压系统为非能动系统，位于反应堆系统之上。

2. 蒸汽发生器

KLT 的蒸汽发生器采用成熟的技术，即在现有压水堆中已经充分证明了的蒸汽系统。KLT-40S 有两个环路，每个环路都有 1 台蒸汽发生器和循环泵，蒸汽发生器是直流盘管式结构，材料为钛合金材料，表面有防锈覆层，如图 3-62 所示。

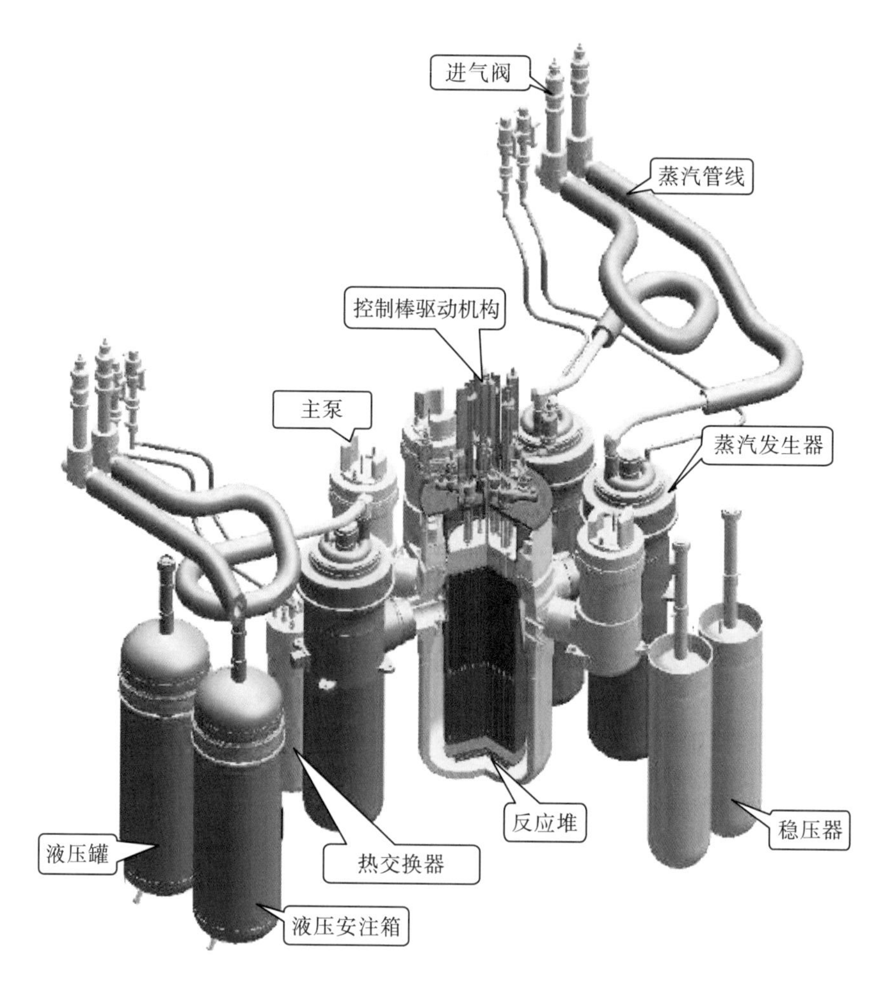

图 3 - 62　KLT - 40S 环路系统

3. 稳压器

稳压器也采用成熟的压水堆技术，KLT 气体稳压功能通过注入/排出气体来实现，低压时注入气体，高压时排出气体，从而实现压力稳定。

4. 安全壳

KLT - 40S 采用抑压式安全壳，允许压力容器超压时向安全壳泄压，当安全壳内压超过 50 kPa 时，空气-蒸汽混合气体将通过阀门排入水池，蒸汽冷凝，安全壳降压。安全壳直径 24 m、高 36 m、重 300 t、总容积 15600 m^3。

3.2.14.3　堆芯和燃料

浮动核电站的一个优点是可为偏远地区提供分散能源供应，换料周期为

3～4 年，换料时间为反应堆停堆后的第 13 天，使乏燃料的余热释放水平达到规定的水平。若浮动核电站与船厂距离过远，频繁往返船厂开展换料工作周期长，经济效益差。浮动核电站紧靠岸基固定，若海况条件稳定，则具备海上换料可行性。

单次装料可满足两次换料间的最大运行时间，换料时乏燃料全部更换。而且，使用低富集度^{235}U和富集度低于 20%可满足不扩散要求。

KLT－40S 堆芯高 1 m、直径 1.21 m，241 个燃料组件布置在三角形格架中，间隔 72 mm。燃料组件放置在可移动的框架中，然后再布置在堆芯水箱里，上下两侧都固定住。

每个燃料组件中有 53 根燃料棒，外径 5.8 mm，棒间隔 7 mm，燃料材料是铀-锆合金，其中铀富集度为 90%。燃料棒束外是直径 60 mm 的锆合金包裹层。堆芯里铀总装量 167 kg，其中^{235}U有 150.7 kg。燃料包壳是锆合金材料，燃料组件里插有可燃毒物棒，其中有天然钆。

核动力船 Sevmorput 的有效运行时间为 10000 h，也就是燃耗可以达到 56000 MWd/tU，对于 OK－900 和 KLT－40 反应堆来说，运行时间为 460～500 d，这样燃耗大概是 62000－68000 MWd。

功率调节方法是通过调节堆芯给水流量，利用堆芯负温度系数自动调节的。反应性控制主要靠控制棒实现，包括补偿棒和停堆棒，补偿棒由 4 组棒束组成的，同样的，停堆棒也是由 4 组棒束组成，通过将棒束紧急插入 16 盒燃料组件的套筒中来达到紧急停堆目的。为了棒束快速插入，还有加速弹簧来确保快速插入。

另外，在紧急情况下，可以将溶解在水中的镉硝酸盐注入冷却剂中实现加速停堆。

3.2.14.4 安全特性

KLT－40S 设计采用成熟的安全解决方法，如使用短套管连接主设备的蒸汽发生器单元紧凑结构，无较大直径主回路管道，并使用成熟的、采用不同操作原理的反应堆应急停堆执行器，连接主回路和二回路的应急热量排出系统，通过原型操作经验和实验数据的使用消除薄弱设计点，验证计算机代码和计算程序。

KLT－40S 用额外屏蔽来阻止严重事故引起的浮动反应堆单元(floating power unit，FPU)的放射性核素的释放。其中有能动和非能动的独立冷却系统、I&C系统、诊断系统、能动冷却序列1(通过一回路净化系统热交换器热耦合“第三个”独立回路，与周围海水或湖水进行热交换)、能动冷却序列2(通过蒸汽发生器热交换和通过冷凝器实现余热排出，冷凝器再通过周围海水或湖水进行冷却)、2列非能动冷却序列(蒸汽发生器将余热通过热交换器排至应急水箱，再通过蒸发排至大气)。

所有能动和非能动特征都会通过反应堆紧急停堆、紧急主回路余热排出、紧急堆芯冷却、放射性废物限制等方面体现出来。KLT-40S安全概念关于对屏蔽保护及维持其有效性考虑了事故预防和缓解系统、物理隔离系统、技术与组织手段系统，与对人类与环境保护的措施紧密联系。

KLT-40S安全系统安装在浮动反应堆单元上，与其他应用在陆地上的设备相比，在浮动反应堆单元周围水域安保上有所不同，其可抵御洪水、抵御腐蚀等；水箱的非能动冷却通道和内置热交换器可保证24 h可靠冷却；系统驱动也由非能动驱动原理——液压气动阀特殊设备完成。

KLT-40S的设计有诸多固有安全特征：

(1)燃料和冷却剂温度及冷却剂体积的负反应性系数，蒸汽密度和功率的负反应性系数；

(2)燃料组件热导率高，使其温度较低且不易储存热量；

(3)一回路充足的自然循环流动；

(4)由于一回路冷却剂和金属结构的热容较大，加上使用“软”稳压系统，还有反应堆超压时应急泄压系统提供的安全裕量，使反应堆整体上的热容很高；

(5)蒸汽产生系统的紧凑布置，在主设备之间使用短接管连接，没有大直径的主管道；

(6)连接一回路系统和反应堆的接管上用了节流装置，这可以限制破口事故时的出流速度。

KLT-40S诸多主动和非能动安全系统共同作用，能够实现紧急停堆、余热导出、应急堆芯冷却、放射性屏蔽等安全作用。

KLT-40S主动安全系统(见图3-63)有：

(1)电动模式的补偿控制棒插入停堆系统；

(2)使用蒸发器向冷凝器导出热量的应急堆芯冷却系统；

(3)使用净化和冷却系统导出热量的应急堆芯冷却系统；

(4)使用应急堆芯冷却系统(emergency core cooling system，ECCS)主泵

和再循环泵的应急补水系统；

(5)处理从保护区域中释放出的物质的过滤系统。

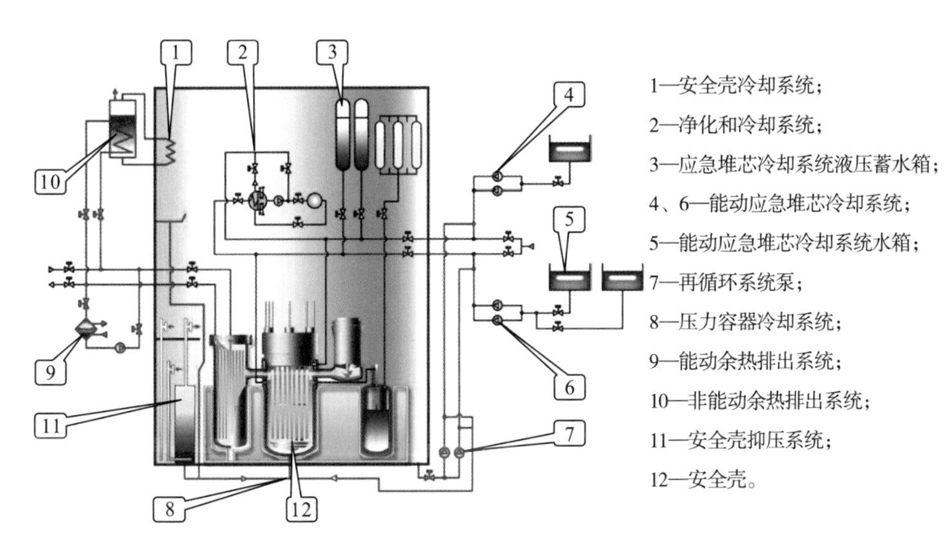

图 3-63 KLT-40S 主动安全系统

KLT-40S 非能动安全系统有：

(1)由于弹簧作用或重力作用使得控制棒紧急插入堆芯的紧急停堆系统；

(2)仅通过蒸发器散热的被动应急堆芯冷却系统；

(3)来自应急堆芯冷却系统液压蓄水箱的应急补水系统；

(4)安全壳和关闭阀门正常都在关闭状态，位于一回路辅助系统和邻居系统附近；

(5)被动的压力容器外部冷却系统；

(6)安全系统的自动启动装置；

(7)应急安全壳冷却系统；

(8)屏蔽室。

多重安全系统，包括主动和被动安全系统的使用，不但使 KLT-40S 的设计安全性提高了，也增强了其应对设计基准事故的能力，对于严重事故也有了更好的防护和缓解措施。

3.2.14.5 设计参数总结

KLT-40S 的参数见表 3-22。

表 3-22 KLT-40S 参数汇总

参数	数值或描述
电功率/MW	35
热功率/MW	150%
预期容量因子	60%~70%
设计寿命/a	40
冷却剂/慢化剂	轻水
主循环	强制循环
系统压力/MPa	12.7
堆芯(入口/出口)温度/℃	280/316
蒸汽产量/$(t \cdot h^{-1})$	240
过热蒸汽压力/MPa	3.82
过热蒸汽温度/℃	290
主要反应性控制机制	CRDM
RPV 高度/m	4.8
RPV 直径/m	2.0
蒸发发生器重量(不包括一二次侧水)/t	211
能量转化	间接朗肯循环
燃料类型/组件排列	UO2 芯块/六角形
燃料活性高度/m	1.2
燃料组件个数	121
燃料富集度	18.6%
燃耗/$(GW \cdot d \cdot (tU)^{-1})$	45.4
换料周期/月	30~36
联合循环	是
安全系统特性	能动+非能动
安全系列	2

续表

参数	数值或描述
预期建造时间/月	30～36
电厂模块数	2
发电功率/MW	2×38.5
最大供热能力/(Gcal·h^{-1})	2×73
海岸占地/km^2	0.015
占海面积/km^2	0.06
操作人员/人	<60
预计建设周期/月	48～60(包括部件加工制造)
预期 CDF/(堆·年)$^{-1}$	0.5×10^{-7}
船长/m	140
船宽/m	30
船高/m	10
满载排水量/t	21000
设计阶段	2020年已投入商运

3.2.15 法国 Flexblue

3.2.15.1 概述

法国国有船舶制造企业 DCNS 于 2011 年 1 月 20 日公布了 Flexblue 小型核电站概念，随后进行了两年的概念设计。DCNS 拥有 40 多年为法国海军开发潜艇用反应堆的经验。Flexblue 的电功率为 160 MW，并且可根据电力需求增加模块数量，可安装在距离电力需求中心数公里以外 100 m 深的海底，生产的电力可通过深海电缆输送。其换料周期为 3 年，大修周期约为 10 年，在换料和大修时反应堆可浮出水面返回造船厂。

Flexblue 是海底小型模块化核电厂(见图 3-64)，输出电功率为 160 MW。其每个模块长 146 m，直径 14 m，停泊在 40100 m 深的稳定海底，且可随着需求增加而增加模块数量。每个 Flexblue 核电厂配有一个陆上控制室，操纵员能够通过此控制室远程操作，包括启动和维修。该核电厂通过水下电缆传输电力到海岸和当地电网。Flexblue各结构全部在工厂和船厂进行预制，然后通过特殊拖船或重吊船运至海底，换料、检修和退役时还需要将其运至本地后勤船厂。Flexblue电厂运行在深海，为其提供了一个无限和持续可用的热阱，结合其非能动安全系统，可保证持久的自然堆芯和安全壳的冷却，也为其提供了应对外部灾害(飞机撞击、海啸、飓风等)和恶意损害的保护。

到了寿期末，Flexblue可直接运回拆解，生产厂家能将其迅速、方便地复原。Flexblue基于核电、海军、航海等成熟技术，提高了核安全水平。对多数外部事件，海水提供了自然保护，确保了无限和持续可用的热阱。

非能动安全系统使得无需外部干预的情况下可以将反应堆带入安全和稳定的状态。反应性控制不采用可溶硼，从而简化了一回路化学控制系统，并且减少了排放到环境中的放射性废物。Flexblue机组将船作为载体，输送并停泊在海底，沿海的控制室可对其进行远程操作。

图3-64　Flexblue示意图

3.2.15.2　设计特征

Flexblue电力循环可持续38个月。在循环末端，核电厂会被运回岸上的换料维修设施内进行换料和定期检修，计划每10年进行一次大修。在运输过程中反应堆停堆可通过余热排出、控制和监测系统在航海期间进行保障。在寿期末端，核电厂单元运回岸上进行拆解，可以快速、简单、完全地恢复厂址。反应性控制不采用可溶硼，应简化化学管理，并减少放射性废物的产生。Flexblue 模块由涡轮机和发电机部分、船尾和船头组成。后二者提供：应急电源、第二控制室、过程辅助、I&C 控制模块、生活区域和应急救援设备。若干个 Flexblue 单元可以在同一厂址运行，并共用同一套支持系统。

3.2.15.3 堆芯和燃料

堆芯推荐使用 77 组传统 17×17 排列的燃料组件，活性段高度为 2.15 m，富集度保持在 5%以下。反应性控制不采用可溶硼，可降低放射性废物的产生，并简化化学控制系统。

3.2.15.4 安全特性

DCNS 声明 Flexblue 满足国际核安全标准和要求，深海环境进一步提高了其安全水平，且其完全基于成熟的核电、海军和海洋工业。针对多数可能的外部灾害，海水提供了天然屏障，并保证了无限和持续可用的热阱。

在无外部干预情况下，非能动安全系统的使用可以将反应堆带入安全和稳定的状态。尤其是淹没单元的重量和浮力相匹配，使得核电厂能够不受海底地震的影响。而且，在核电厂单元固定的高度使其受海啸的影响也较小。即使在假定极端条件下，如水里的大规模早期放射性释放，大气释放也会非常小，以至于可以排除对人类的任何快速健康影响。此外需要对核电厂周围水质进行监测，但无需人员撤退。

反应堆安全壳以反应堆区域(船体两边，反应堆区域前面和后面)为边界。因此，安全壳大部分直接与海水接触，能够提供有效冷却，无需再对安全壳进行喷射冷却或使用换热器。在事故中，如果直流电源可用，则启用用于常规堆芯冷却/停堆或用于存留冷却剂控制的能动系统。如果直流电源不可用，非能动安全系统自动开启。在所有事故工况下，都应实现安全停堆状态，在无操作员操作下可保持一定时间。应急电池电源只能在开关阀门和监测时使用。自动监测天数(14 天)可通过给电池充电而延长。

虽然安全特征能够避免堆芯损坏，安全壳仍然设计为能够应对堆芯熔化的严重事故。在这种情况下，缓解目标在于非能动容器外堆芯冷却支持容器内堆芯熔化滞留物。

3.2.15.5 设计参数总结

Flexblue 的主要参数见表 3-23。

表 3-23　Flexblue 参数汇总

参数	数值或描述
电功率/MW	160
热功率/MW	530
预期容量因子	90%
设计寿命/a	60
冷却剂/慢化剂	轻水
主循环	强制循环
一回路系统压力/MPa	15.5
堆芯(入口/出口)温度/℃	288/318
主要反应性控制手段	控制棒，固体可燃毒物
RPV 高度/m	7.65
RPV 直径/m	3.84
模块重量/t	25000
能量转化	间接朗肯循环
燃料类型/组件排列	UO_2 和 Zr 包壳/17×17
燃料活性高度/m	2.15
燃料组件个数	77
燃料富集度	4.95%
燃料燃耗/($GW\cdot d\cdot (tU)^{-1}$)	38
换料周期/月	38
余热排出系统	非能动
安全系列	2
换料和维修时间/d	30
特征	可移动核电厂，淹没操作
模块数	岸上主控室最多控制 6 个反应堆
估计建设周期/月	36
早期大规模释放频率/(堆·年)$^{-1}$	$<10^{-7}$

3.3 国内基础

3.3.1 技术基础

1. 现有大型压水堆核电站技术基础(包括配套工业基础)

大型压水堆在我国已有几十年的设计、建造、运维经验，小型压水堆技术以成熟商用大型反应堆为参考，同时借鉴最新的三代核电技术、福岛事故改进项及国外先进设计理念，由大变小，是最成熟的小型堆堆型，不存在颠覆性的技术问题和需攻克的技术难点，能够依托现有成熟的核电设备制造链，工业配套完备，是近期最有可能推向市场、批量化建设的堆型。

经过几十年发展，我国核电以压水堆为中心已形成研发设计、验证、建造、运行等整套产业链并拥有经验丰富的人才队伍，其中，中核、中广核、国电投三大核电集团，清华大学、上海交大、西安交大、哈工程等高校，中科院等科研院所、研发设计单位，东方电气、上海电气、中国一重等设备制造单位，山东核建等施工单位，都具有扎实的技术基础。

2. 小型压水堆技术基础

中核、中广核、国电投、清华大学等单位均大力推进小型压水堆研发设计工作，部分堆型设计已进入设计取证阶段(见表 3-24)。

表 3-24 部分堆型设计状态

序号	反应堆名称	反应堆类型	设计者，国家	设计状态
1	NHR-200 (NHR-5)	压水堆(低温供热堆)	清华大学，中国	执照申请阶段
2	ACP100	一体化压水堆	中核集团，中国	施工设计
3	ACP100S	一体化压水堆	中核集团，中国	初步设计
4	ACPR50/S	紧凑型压水堆	中国广核集团，中国	详细设计
5	ACPR100	一体化压水堆	中国广核集团，中国	方案设计
6	CAP150	一体化压水堆	国电投，中国	概念设计
7	CAP200	紧凑型压水堆	国电投，中国	概念设计
8	HAPPY	压水堆(微压供热堆)	国电投，中国	概念设计

国内小型压水堆技术经过几年发展，已基本解决关键技术问题，具备市场推广条件。

3.3.2 市场基础

3.3.2.1 国际市场分析

近年来小型堆技术的大幅进步，使得小型堆市场变得异常活跃。Ux 咨询公司预测，到 2035 年，全球小型堆装机容量电功率为 20000～25000 GW。设计、研发取得较大进展的中国、俄罗斯、美国、法国、韩国、阿根廷均在大力推进自身小型堆建造技术，并积极与潜在市场国接触，谋求出口到海外市场。此外，另有 9 个国家已明确计划建设小型模块堆(简称“小型堆”)，12 个以上的国家表达了有意发展的态度。具体情况如表 3－25 所示。

表 3－25 全球小型堆市场需求

小型堆在研国家：推进本国部署，扩大海外市场		
国家	拟建	具体规划
俄罗斯	7～8 座浮动电站 4 台 VBER－300	计划建造 7～8 座浮动电站，目前已有 2 台 KLT－40S 机组在运行； 潜在浮动电站市场包括印度尼西亚； 拟在 2025 年前，建设 4 台 300 MW 级的 VBER－300 机组； 拟向哈萨克斯坦出口 VBER－300 技术
美国	22 台	计划在能源部的萨瓦纳河厂址新建 15 台小型堆机组； 计划在 TVA 的田纳西州克林奇河厂址新建 2 台 mPower 机组； 计划在 Ameren Missouri 电力公司的卡勒韦核电厂址内新建 5 台 Westinghouse SMR 机组
韩国	示范电站	计划在 2025 年建成电功率 90 MW 的 SMART 型示范电站； 有意在澳大利亚马都拉岛和印度尼西亚新建基于 SMART 技术的海水淡化工厂及发电厂
阿根廷	原型堆和升级堆型	2025 年前，在阿图查厂址建成投运电功率 25 MW 原型堆 CAREM－25； 2026 年前，在西北部的福尔摩沙省部署基于 CAREM－25 的电功率 100～200 MW 堆型

续表

确定建设计划国家：9个国家已明确计划建设		
国家	拟建	具体规划
哈萨克斯坦	20台或以上	计划在西部地区建设电功率300 MW级的小型堆，地区城市部署小型热电联产核电机组； 哈萨克斯坦的国家核能中心建议建设20台或以上电功率50～100 MW的小型堆，解决边远城镇供电问题； 与韩国政府联合开展部署SMART小型堆安全分析研究； 与俄罗斯接洽，计划在阿克套地区建设2台VBER-300机组
沙特	拟选CAREM	考虑采用阿根廷的CAREM设计，用于海水淡化
南非	自行设计	论证自行设计的新型小型堆设计
蒙古	3座	暂时设想在3座厂址建设小型堆，计划采用韩国SMRAT或日本东芝4S小型堆技术
摩洛哥	1座	早前提出计划建设一座电功率600 MW的电站
苏丹	数台(总装机4400 MW)	计划2030年前建成数台电功率300～600 MW的机组，总装机规划达4400 MW
也门	计划建设	计划在2025～2030年建设小型堆
加纳	400 MW级机组	计划在2025年建设400 MW级机组
孟加拉国	引进250 MW机组技术，并建设2台500 MW级机组	计划从印度引进250 MW级重水堆技术； 2025年计划在卢普尔厂址新建2台500 MW级机组
有意愿发展小堆国家：每个国家都有自身特殊需求(主要是亚、非国家)		
阿尔巴尼亚、阿尔及利亚、印度尼西亚、越南、克罗地亚、苏丹、肯尼亚、尼日利亚、泰国、新加坡、爱沙尼亚和拉脱维亚等		

3.3.2.2 国内市场分析

目前陆上小型堆国内主要应用包括电力供应、工业供热/供气、民用供热、海水淡化等。本节主要对上述可能的应用进行定性描述及重点市场分析。

1. 电力供应

小型堆发电能够安全可靠地提供清洁电力，具有广阔的市场前景，小型堆供电的重点市场主要有以下三个。

1)工业集群园区

工业集群园区对小型堆发电的需求最为紧迫，且需求量最大。在工业集群园区，不断增加的工业企业数量和不断延伸的工业链条要求有充足的电力供应。小型堆以安全可靠和清洁能源为优势，快速进入工业集群园区。在工业集群园区建设小型电网，并把小型堆电厂作为工业集群园区工业链条的一部分，可为整个工业链条提供能源支持，同时可将其作为工业直供电试点，争取国家支持。

2)内陆运输受限的贫电地区

中国内陆广大地区，如贵州、云南等地，受地理位置、地址、气象、冷却水源、运输、电网容量和融资能力等条件限制，大型核电设备的应用和运输、核电选址等均受到很大制约，小型堆设备小、厂址要求低，可作为大型核电站的补充，在上述地区的中小型电网中发挥独特优势，满足这些地区的电力需求。

3)海岛地区

我国在海洋开发利用方面较世界先进水平尚有不少差距，众多海岛处于未开发或欠开发状态。部分海岛因距离大陆较远，输配电设施建设成本高，补给困难，使得能源供给成为其开发的重要制约因素。在中小型海岛上建设小型堆，可以将海岛转变为能源综合供给基地，有效带动海岛经济发展，形成国内海岛经济示范基地，为国家岛屿的开发树立典范。

2. 工业供热/供气

核能供热是利用核反应堆中的链式裂变反应所释放的能量热源实现用户供热的。这种供热方式的历史最早可追溯至 20 世纪 60 年代，从 70 年代开始，加拿大、德国、瑞士、法国等国家便开始进行专门用于供热的核供热堆的研究与开发。小型堆技术的出现弥补了大型核电站灵活性不足的缺陷，为核能供热提供了崭新的机遇。

小型堆工业供热的重点市场主要集中在以下两方面。

1)高耗能企业工业供热

燃气化学原料及化学制品制造业、非金属矿物制品业、黑色金属冶炼及压延加工业、有色金属冶炼及压延加工业、石油加工炼焦及核燃料加工业、电力热力的生产和供应业等属于高耗能行业，也是国家节能减排治理工程针对的重点行业。小型堆供热的重点目标便是为这些高耗能企业提供热源。

2)采油企业稠油热采

稠油热采需要大量的热能，目前采油企业一般采用就近建设燃油锅炉的方式提供热能。但燃油制热的方式对燃油消耗量很大，增加了采油企业的成本。小型堆可以便捷地建在石油开采矿区，为稠油开采提供热能。

3. 民用供热

从潜在需求情况来看，目前我国还有很多地区没有开展集中供暖，农村地区冬天依靠自家烧煤取暖的情况还普遍存在，随着我国城市化程度的提高，会有更多的地区纳入城市范畴，这些新纳入的地区集中供暖的新建项目需求很大。因此我国城市民用供热行业有着很大的潜在需求，未来还有很大的发展空间。

小型堆民用供热的重点市场包括以下三个方面。

1)居民采暖价格较高的城市

受限于供暖技术水平和供暖燃料成本，我国部分城市居民采暖价格很高，在不改变现有民用供暖结构的前提下很难降低采暖价格。

2)新型居民采暖用热农村社区

北方地区的新型社区对民用供热提出了新的要求，在社区内部，分散地由各居民户独立为本户供热的情况，已经不适应社区化这一新型生活方式，需要为新型社区配备相对集中的供热设备。新型社区居民数量远不及大中型城市，小型堆供热便可以满足新型社区居民低价供热的需求。可在新型社区周边建立小型堆，为4～5万人规模的社区提供充足的热能，同时，也可以利用小型堆为新型社区提供电能，实现热电联产。

3)边远地区城市居民采暖用热

针对相对缺乏煤炭、天然气、石油等能源的边远地区城市，可以利用小型堆为城市居民供热。边远地区能源匮乏，供热能力十分有限，如果仍然采用煤和天然气供热的方式，能源运输成本巨大，增加了居民用热的经济负担；而太阳能供热的成本较高、供热稳定性较低，难以满足居民的需求。在边远地区居民用热需求强烈的背景下，可以利用小型堆热电联产的优势，为边远地区城市居民供热。

4. 海水淡化

按照惯例，核反应堆产生的大部分热能都浪费了，将其用在海水淡化上将是最佳选择。小型反应堆作为一种更加灵活的核能利用方式，可以在沿海地区低成本、快速地建立起来，为海水淡化、蒸馏水制备提供能源动力。

小型堆供水的重点市场包括：

(1)沿海省份水电联产海水淡化企业及工业园区；

(2)内陆地区含蒸馏水企业的工业园区。

内陆地区的蒸馏水产业面临着制水成本高、能源利用率低、节能减排目标约束等制约，亟需寻找新的制水能源方案。小型堆热电联产既解决了蒸馏水企业的制水用能问题，也可缓解工业园区对工业供热和电能的需求。

3.4 关键技术问题

小型压水堆作为新研堆型，关键技术主要分布在燃料、堆工、系统、设备、仪控和软件等方面。其中系统设计的特殊性、设计许可、法律监管框架是小型压水堆部署面临的主要挑战。

目前，国际上大部分小型堆计划部署时间都集中在2025—2030年。国内在小型压水堆技术领域已具备相当基础，可通过开展小型压水堆关键技术研究，全面提升小型压水堆的先进性、安全性和经济性，提高自主化程度，使其尽快具备市场化、批量化、国际化的技术条件。

国内外不同堆型的研发基础有所区别，依据不同国情，主要分为两种技术路线：一是借鉴传统大型压水堆的技术开发与应用经验进行革新性开发；二是走技术转化的道路，俄罗斯研发的小型堆大部分是由海军用核反应堆技术演变而来的，美国从事小型堆研发的一些研究单位，如西屋公司、B&W公司等也具有较为深厚的军工背景和技术经验。虽然基础来源不同，但小型堆普遍具有较小的堆芯功率密度、较大的冷却剂比体积、NSSS一体化/紧凑型设计、消除了冷却剂主管道、反应堆安全壳贯穿件较少且较小、采用非能动安全系统、可地下布置等设计特征。

基于上述技术特征，陆上小型压水堆面临的关键技术主要包括法规/标准及核安全监管、模块化、智能化、系统简化、安全性及经济性的提升，关键设备研制及国产化，自主软件研发，实验验证、厂址关键技术研究及知识产权保护等，具体介绍如下。

3.4.1 法规/标准及核安全监管方面

小型堆主要基于当前大型堆的成熟设计，核安全理念和基本的原则均需满足安全要求。但小型堆与大型堆设计上的差异，使得现行有效的大型堆法规和标准会对小型堆有部分不适应性，因此，需要对小型堆进行法规/标准的适应性研究，这是一项长期和基础的工作，这些问题直接关系到执照申请及电站安全。基于小型堆的设计特征，法规/标准及监管的关键问题主要包括多模块小型堆取证方式、纵深防御、源项和厂址选择、对于飞机撞击的考虑、应急计划的简化及场外应急的取消、多堆控制、人员配备、人因工程、安全要求、多堆厂址的新堆建设、安全保卫、商用飞机撞击等方面，最终形成适用于陆上小型堆的法规/标准及监管体系。

另外，后续的批量制造会引发安全、质量和审批方面的新问题，这些问题尚待监管部门的解决。例如，监管部门可能必须为小型堆制造设施制定并试用新的审批和检查程序，包括对焊缝等类似方面的检查。此外，由于小型堆厂址布置地较为分散，这也无形中增加了监管的难度。

3.4.2 模块化设计

针对小型压水反应堆，开展模块化设计及建造关键技术研究及工具开发，识别并解决部件、设备、构筑物模块化设计、建设的技术难题，以满足后续批量化建设需求，实现小型反应堆模块化特点，进而实现工厂预制、缩短建设工期、降低投资风险。

3.4.3 智能化设计

根据小型堆自身特点及应用场景，结合数字化、计算机网络、大数据分析等技术，研究智能化设计关键技术，并充分采用数字化仪控系统、在线监测、智能诊断等提高核电厂智能化控制水平和负荷跟踪水平，实现小型堆的运行模式灵活性、多堆协同配合、高自动化、低人员配置、可靠运转及经济发电的特性。

3.4.4 系统简化设计

在保证安全性和功能实现的前提下，充分依靠小型堆高安全性的优势，开展系统简化设计，减少系统设备数量，提高经济性。

3.4.5 安全性提升

提高反应堆固有安全性及设计安全特性，采用非能动安全系统，并开展相应实验验证，提高安全性。

3.4.6 经济性提升

目前小型堆单位容量造价明显高于大型堆，另外小型堆未实现产业化前，考虑到新设备的研发成本，小型堆的单位容量造价会进一步飙升。应充分利用固有安全性、系统简化、运行人员简化等措施，同时在保证核安全的前提下，提高小型压水堆经济性，使其具有市场推广价值。

3.4.7 关键设备研制(国产化)

(1)新型燃料组件的研制。提高燃料经济性和固有安全性。

(2)一体化关键设备的研制。克服内部辐照、维修等关键技术问题。

(3)蒸汽发生器、主泵等设备国产化，研发、设计、制造均由国内企业自主完成。

3.4.8 自主软件研发

针对物理计算、热工水力、辐射防护、安全分析等现有核电涉及软件进行二次开发和自主软件研制，形成适用于小型反应堆研发设计的自主软件包。

3.4.9 实验验证

开展关键设备、安全系统、严重事故、整体性能等实验研究，同时支持自主软件研发工作。

3.4.10 厂址关键技术研究(包括用户需求研究)

小型堆由于其安全性高、设备尺寸小、占地面积小等特点，厂址条件要求较低，且其能够适应更为特殊的厂址条件。针对厂址条件开展关键技术研究，包括用户需求、软土地基、地震地质、水源要求等，拓展小型堆厂址适应性，并为法规/标准的制定提供依据。

3.4.11 知识产权保护

开展知识产权保护、专利发掘与管理，使其具备海外推广的基本条件。

3.5 各国政策支持情况

由于研发经费的高昂，新堆型的研发离不开政府层面的支持。近年来，美国、韩国、阿根廷和英国在小型模块堆研究建设方面取得了可观进展，这与各自政府在政策及资金方面的扶持是密切相关的。

(1)美国。美国政府始终致力于小型堆研发项目的推进工作，2016年上半年，美国众议院和参议院共同建议，向美国能源部拨款10亿美元用于2017财年核能项目，其中，参众两院对于美国能源部大部分核能项目，如小型模块堆项目许可证申请、现役核电站许可证更新延长、事故容错燃料研发等的拨款都高于政府的预算请求。美国核管会也准备为小型堆单独设立收费制度。

(2)韩国。韩国于2012年5月份通过了SMART反应堆的标准设计申请，在整个研发过程中，韩国政府注入了约6000万美元资金，并不断在各个国际场合上推荐其新型SMART反应堆以赢得潜在客户。

(3)阿根廷。与韩国类似，阿根廷也是倾尽全力研发小型堆——CAREM，且把CAREM的研发上升为国家战略层面，因为CAREM反应堆不仅可应用于民用核电市场，同时也可直接应用到潜艇上以推进阿根廷核潜艇的研发。

(4)英国。2014年12月，英国政府就制定了SMR的2020年代发展计划。2016年3月17日，英国能源和气候变化司正式发布意向征求书，启动小型堆首轮设计方案征集工作。

3.5.1　国际原子能机构(IAEA)

3.5.1.1　IAEA相关研究

国际原子能机构研究认为：对于小型电网和基础设施欠发达的地区，特别是对发展中国家而言，小型堆是一个有吸引力的选择。小型堆自身的固有安全和非能动安全也大大提高了反应堆安全性。其市场驱动力较强，具备可扩展性，能满足更灵活的用户需求，而且是环境友好型的清洁能源，可替代化石燃料发电厂，减少二氧化碳排放；其建造周期短，造价相对于大型商用压水堆低，可提供更宽松的前期资本承受能力。

IAEA认为应充分结合前期重大事故经验，考虑交流电完全丧失情况下应急冷却系统的多样性，确保高压瞬态下降压措施的多样性与停堆和紧急堆芯冷却系统的传感器、供电、驱动系统的独立性，控制设计基准事故和严重事故下的氢气，增强关于设计基准事故和严重事故的仪表和监测系统、乏燃料冷却的多样性和可靠性，有效应用概率安全分析，确保多个反应堆或模块的安全，以研发设计小型先进反应堆。

虽然小型堆有较多好处，但由于目前国际上的核电经验均基于大型核电站，所以，小型堆的发展仍面临一些主要问题，如运行经验和人因工程、人员配备和安全要求、应急计划区的大小、执照申请及法规和监管等。IAEA在中小型堆技术开发方面也做出了积极的努力：协调各成员国以系统化的方法来解决小型堆技术商业化部署的关键问题，确保小型堆技术的可靠性和发展的竞争力。IAEA开展的工作包括以下几个方面。

1. 发布《用户共同考虑文件》

《用户共同考虑文件》(*Common User Considerations by Developing Countries for Future Nuclear Energy Systems*)发布于2009年，这份文件的结论来自发展中国家的专家，目的是为有意愿发展小型堆的发展中国家提供参考，内容包括核电规划的可持续发展、电力增长需求、电网的特性、厂址特性、环境影响、核安全、管理架构和执照可申请性、辐射防护、核燃料循环政策、核废料管理、安保、安全和应急计划、国家参与、工业发展水平、人力资源水平、核电经济性、核电项目的融资等。

2. IAEA对中小型反应堆的工作计划

为了促进各国关键技术研发和解决SMR部署的关键挑战，核能部核电司(Departmenb of Nudear Energy, Division of Nuclear Power, NENP)及核电技术开发科(Nuclear Power Technology Development Section, NPTDS)形成以下工作计划，见表3-26。

表3-26 IAEA对中小型反应堆的工作计划表

时间	计划名称	具体内容
2012—2013年	中小型反应堆共性技术问题	(1)制定技术发展路线图，评估和部署，包括国家的要求，监管和商业问题； (2)定义可操作性、可维护性和可实施性的指标，以协助各国评估先进技术的SMR； (3)制定导则和工具，以促进有SMR发展规划国家的技术实施； (4)制定小型堆经济竞争力评价方法和标准； (5)维护和更新SMR先进反应堆信息系统(advanced reactor information system, ARIS)网站数据库； (6)为SMR相关的创新型核反应堆和燃料循环项目提供支持； (7)参与核工程技术相关的国际或专题会议； (8)计算流体力学在先进水冷堆设计中的应用； (9)先进反应堆的非能动安全系统性能评估； (10)为SMR技术研发和应用提供评估和培训； (11)为技术合作项目提供支持

续表

时间	计划名称	具体内容
2014—2015年	近期中小型反应堆技术发展	(1)制定技术发展路线图，包括许可情况，监管要求，燃料循环及吸取福岛核事故的经验教训； (2)定义安全性、可操作性、可维护性和可实施性的指标，以协助各国进行SMR近期发展技术评估； (3)制定导则和工具，以促进有SMR近期发展规划国家的技术实施； (4)参与核工程技术相关的国际或专题会议； (5)先进SMR的非能动安全设计和性能评估； (6)为SMR技术研发提供评估和培训； (7)为核安全保障、规划和经济研究领域，以及核电工程等领域的SMR技术发展提供支持
2016—2017年	近期中小型堆技术发展	(1)完成小型模块化反应堆技术路线部署报告(国际原子能机构核能源系列报告)； (2)形成以下技术文件：①水冷SMR设计和操作，②多模块SMR人因工程，③SMR应急计划区和物理安全要求； (3)完成SMRE-Toolkit技术评估； (4)形成对水冷反应堆模拟机的基本原则用于培训； (5)先进SMR的非能动安全设计和性能评估； (6)对熔盐堆SMR发展关键技术的识别； (7)对成员国进行SMR技术评估培训服务

3. IAEA关于SMR技术的报告和文件

IAEA前期已经出版了包括IAEA-TECDOC-1451(《创新型SMR设计特性、安全方法与研发趋势》，2005年)等多篇技术文件，涵盖了小型堆安全分析方法、外部事件、核应急、纵深防御理念、经济性评价等。为了促进各国关键技术研发和解决SMR部署的关键挑战，NENP和NPTDS发布了关于小型堆技术路线等报告，具体见表3-27。

表 3-27 IAEA 技术报告列表

报告分类	具体报告名称
已出版报告	(1)IAEA-TECDOC-1451(《创新型 SMR 设计特性、安全方法与研发趋势》，2005 年)； (2)IAEA-TECDOC-1485(《创新型 SMR 设计现状》，2006 年)； (3)IAEA-TECDOC-1536(《SMR 设计现状(不包含现场换料)》，2007 年)； (4)STI/PUB/1619(《中小型核反应堆经济竞争力的评估方法》，2013 年)； (5)IAEA-TECDOC-1652(《SMR 中子特性、应急规划、发展》，2010 年)；
拟出版报告	(1)《关于小型模块化反应堆的技术路线》(核能系列报告)； (2)《小型模块化反应堆的环境影响评价》(核能系列报告)； (3)《关于应对福岛核电站事故提高先进反应堆安全功能特性的考虑》(技术文件)； (4)《小型模块化反应堆仪控系统》(核能系列报告)； (5)《关于"为提高能源供应安全使用基于 SMR 的混合能源系统——核能与可再生能源相结合"的选择和考虑》(核能系列报告)； (6)《水冷 SMR 设计和运行》(技术文件)

3.5.1.2 IAEA 态度

IAEA 在支持中小型反应堆研发和部署方面投入了很多精力，也充分认识到中小型堆在发达国家和发展中国家能源供应方面的巨大潜力。IAEA 明确表示：

(1)采取适当的措施支持成员国(尤其是发展中国家)的小型堆示范项目，鼓励发展安全、经济的小型堆；

(2)促进有效的国际技术信息交流，主要包括小型堆技术发展路线，新项目的设备设施、操作性能、可维护性、安全性、废物管理、建造、经济性及核不扩散性等，实时掌握小型堆发展情况，组织技术研讨会并形成相应的报告；

(3)致力于规范小型堆安全性能指标、可操作性、可维护性和工程可实施性，协助成员国进行小型堆先进技术评审、形成技术发展导则、努力提高能源供应安全性并形成环境影响评估报告；

(4)促进感兴趣成员国之间的合作，协助各国家进行小型堆技术评估能力建设。

3.5.2 美国

美国的政策支持主要集中在资金支持、厂址支持及设计审查(完善法规/标准)上。

(1)2012年12月和2013年12月，美国能源部分别选择巴威公司和NuScale的小型模块堆技术作为其小型模块堆开发资助对象，分担一半技术研发、许可申请的费用。

(2)2012年3月，美国能源部还与3家有意在南卡罗来纳州萨凡纳河厂址新建小型堆示范项目的公司达成合作协议。这3家公司分别为Hyperion(25 MW快堆)、Holtec和NuScale。

(3)2014年9月，美国核管会表示已经准备好接受小型模块堆的设计认证申请(原计划2016年开始审查首个小型模块堆设计申请)。

2016年以来，美国政府、核能监管机构对于小型堆研发部署及许可也出台了一些激励政策，能源开发企业也热衷于小型堆开发。

(4)2016年1月27日，小型模块堆的开发商和潜在客户签署了一份谅解备忘录，成立了小型模块化反应堆联盟，以推进小型模块堆设计的商业化应用。初始成员包括BWX技术、杜克能源、西北能源、Holtec、NuScale、PSEG核能、南方电力等公司和田纳西流域管理局。

(5)2016年4月，美国众议院和参议院共同建议，向美国能源部拨款10亿美元用于2017财年的核能项目。总体来看，参众两院对于美国能源部大部分核能项目，如小型模块堆项目许可证申请、现役核电站许可证更新延长，以及事故容错燃料研发等的拨款都高于政府的预算请求。就2017财年小型堆模块项目许可证工作而言，众议院将向美国能源部拨款9660万美元。众议院拨款主要是鼓励美国能源部继续致力于设计认证、厂址许可、开发新设计及其他有利于小型堆技术开发和部署的许可证申请工作。

(6)至2016年1月底，小型堆设计开发供应商NuScale公司已获得DOE提供的1.57亿美元的资金，而美国能源部该笔资金设立总额为2.17亿美元。截至2014年11月美国能源部停止对巴威公司提供资金支持前，该公司共获得约1.115亿美元的资金支持。2016年1月22日，时任美国能源部发言人杰克逊在邮件中透露，美国能源部对巴威公司没有进一步的资金支持计划，而对反应堆概念设计的资助资金将有所增加，众议院将拨款1.4亿美元用于美国能源部的反应堆概念设计开发示范项目，高于参议院和政府预算对该项目分别为1.297亿美元和1.087亿美元的拨款。该项目主要包括先进小型堆、先进反应堆概念设计，以及保证轻水堆持续运行，从而为美国在运机组后续许可证更新提供有利支持。

(7)NRC 预计未来将收到大量有关小型模块堆的许可证申请，因此 NRC 目前正对本机构的相关法规作出修改，为小型轻水堆设立单独的收费制度。按新收费制度规定，小型堆的年费将取决于该机组被授权的发电量，低于大型在运压水堆标准。2016 年 5 月 24 日，NRC 在联邦公报上发布了最终法案，该法案于 2016 年 6 月 23 日正式生效。

(8)2016 年 5 月 16 日，田纳西河流域管理局向美国核管会提交了一份关于在田纳西州的克林奇河建设小型模块堆机组的早期选址许可申请。

3.5.2.1 NRC 的态度及相关研究

作为美国小型堆监管机构重点介绍 NRC 对小型堆的态度。

1. NRC 的态度

NRC 认为，小型堆对于孤网供电和工业用热是一个不错的选择。部分公司正在努力申请小型堆设计许可或项目前期许可。

然而，小型模块堆设计与当前大型堆设计上存在重大的差异，并且设计者针对小型模块堆设计和运行特点提出了不同的审查方法或者对当前政策提出了修改的意见和建议，这些问题有些是对所有核反应堆的设计都通用的，有些问题则是特定设定的问题，有些问题必须在设计许可申请之前解决，有些问题则可以在建造或者联合建造与运行许可阶段解决。

NRC 鼓励申请者(如最终使用者或反应堆设计者)在正式提交许可申请前与核管会进行讨论和交流。这种讨论能够让 NRC 部门在设计许可早期阶段提供执照申请指导，并发现和解决潜在问题。在这个预申请阶段，NRC 会召开公开和闭门会议，与潜在申请者讨论先进反应堆设计，并确认：①要求国家政策为 NRC 部门提供指导的主要安全问题；②能够在现有 NRC 监管和政策下解决的重要技术问题；③需要解决识别问题的研究。NRC 表示将接受相关企业的小型反应堆设计认证申请。

2. NRC 的研究

NRC 对小型模块堆取证相关法规政策问题进行了研究，其中关于小型堆适应性研究的一些看法主要体现在 SECY - 10 - 034、SECY - 11 - 0112 、SECY - 11 - 0184 中，主要涉及执照申请、纵深防御、源项和厂址选择、多模块小型堆运行规程和运行操作员的要求、安保、多对堆厂址新堆建设、核能热源考虑、商用飞机坠机考虑、燃料制造运输及储存等问题。

2012 年 8 月，NRC 应美国国会要求提供了一份关于先进反应堆许可证的报告，该报告阐述了非轻水反应堆的取证和发展。该报告考虑了预计在未来二十年涉及的许可证申请及未来潜在的取证相关活动。报告主要聚焦于商业用途的核反应堆许可证，并说明如果出现各种类型先进的反应堆取证申请时 NRC 可能面临的监管挑战。

为促进 SMR 设计取证工作，NRC 正在积极寻求解决关键的安全问题和许可证的方法，并针对不同小型堆设计特点，修订了 NUREG－0800 中标准审查大纲相关章节，形成针对某一特定小型堆的专用设计审查标准(design-specific review standard，DSRS)，以支持小型模块堆的许可审查。目前，NRC 已经完成了针对 mPower 小型堆设计的 DSRS 清单，可适用于 mPower 的设计许可申请，NRC 要求各方对过渡期间的 DSRS 进行审查和评议。

3.5.2.2 美国其他机构态度及研究

美国核能行业协会(Nuclear Energy Industry，NEI)和美国核学会(American Nuclear Society，ANS)研究的内容基本在 NRC 发布的 SECY－10－0034 的范畴之内，具体见表 3－28。

表 3－28 美国其他机构相关研究进展

相关机构	相关研究
美国核能行业协会(NEI)	(1)NEI 成立了一个小型模块堆工作组； (2)2011 年 9 月 NEI 发布了立场文件，供 NRC 参考，NEI 考虑的问题清单和 NRC 相似； (3)工作组在 2010 年完成了 4 份报告，2011 年中期完成 5 份行业文件，主要内容包括年费规则、退役费用、多模块设施执照结构、预申请参与、应急响应、价格保险、安保设计和人员、火灾、源项等，并据此发布立场文件或白皮书，以推进解决执照申请通用问题
美国核学会(ANS)	(1)ANS 成立了 SMR 的通用许可证问题方面的主题特别委员会； (2)2010 年 7 月 ANS 发布中期报告，涵盖了跟 NRC 议程中相同主题的内容，从技术中立的角度提出了这些问题的解决方案； (3)ANS 确定了三组共 14 个课题，涵盖了应急计划、非能动安全系统、人因和运行问题、实体保卫、财务问题、大型堆要求的适用性分析、多模块设施、风险指引、概率安全分析等内容； (4) ANS 安排成员交叉参与各个课题，与 DOE、NEI、EPRI 和 IAEA 合作

3.5.3 英国

2014 年 12 月，英国政府制定了小型模块堆的 2020 年代发展计划。

2015 年 11 月 25 日，英国政府宣布，小型堆将参与综合支出审查(comprehensive spending review，CSR1)，并拨款 2.5 亿英镑(约合 3.75 亿美元)用于英国 5 年内民用核能技术的开发，且已启动小型模块化反应堆设计方案首轮征集工作，收集各方初步意向。对于英国政府核能研发计划，世界范围内的 30 多家核电企业表示出了兴趣。

自 2015 年 11 月，英国政府宣布 5 年内计划投入至少 2.5 亿英镑资金进行“宏伟的”核能研发计划以来，到 2016 年 8 月，英国政府相继开展了小型模块化反应堆设计方案征集、小型模块开发路线图创建等一系列工作，2016 年 7 月英国议会报告呼吁在威尔士中部的特劳斯瓦尼斯核电站已关闭的气冷堆核电站厂址上建设 SMR。

核燃料公司 Urenco 建议欧盟开发电功率 5～10 MW 的“即插即用”的基于石墨慢化的高温气冷堆技术，其曾寻求政府的支持。(技术名称为“U-Battery”，运行 5～10 年进行一次换料或维修)

3.5.4 中国

1. 核安全监管

国内中核集团、中广核集团等单位也都在积极开发小型堆，但同样面临缺少小型堆相关的法规、标准、审批和监管体系的问题。我国当前的法规标准主要针对陆地固定式大型压水堆核电厂，对于小型模块化反应堆或者先进核电厂还没有编制专门的标准。国家核安全局和核与辐射安全中心，以及各大核电集团都在开展相关研究，推动先进小型模块化反应堆法规/标准体系建设。

针对低温供热堆、高温气冷堆或研究堆等，国家核安全局已发布了一些技术文件或者审评原则。如《研究堆厂址选择》(HAF J0005—1992)、《低温核供热堆厂址选择安全准则》(HAF J0059—1996)、《高温气冷堆核电站示范工程安全审评原则》等。

2. 最新动态

随着我国小型堆设计研发的不断推进，相关安全评审文件的编写和制定也被提上日程，2016 年 1 月，国家核安全局组织编制了《小型压水堆核动力厂安全审评原则》(试行)，以求在确保安全的基础上，规范我国小型压水堆核动力厂的安全发展，指导小型压水堆核动力厂的安全评审工作。同时，为进一步加强核能技术创新，2016 年 4 月 7 日国家发改委印发了《能源技术革命创新行动计划(2016—2030 年)》，强调要重点发展小型堆等先进核能技术。2018 年 11 月 26 日，国家核安全局印发《浮动核动力装置设计中所选择的外部事件》(试行)，用于指导浮动堆的安全设计和评审工作。

3.6 小结

小型堆堆芯容量小、线功率密度低、源项小、余热水平低，极大地提高了反应堆的固有安全性；对电网容量、水文环境、地壳结构、人口密度等要求没有大型压水堆苛刻，选址更具灵活性；初始投资小、可工厂预制、可现场安装、建造周期短，具有一定竞争力的经济性；可替代退役、低效的中小型燃煤电厂为偏远地区、中小型电网、内陆及海岛供电，还可针对性地满足海水淡化、居民供暖、工艺供热等多种形式的能源供给。上述优点让小型堆能够满足在电网容量、厂址条件等不适宜部署大型堆的地区的能源需求，是大型堆的可靠补充。

根据目前调研情况，小型压水堆是目前技术最成熟、工程可实现性最高的堆型，也是国内外研发的重点，中国、美国、俄罗斯、阿根廷、韩国等国均大力推进小型压水堆堆型的研发及部署，印尼、沙特、泰国等国也纷纷制定各自的建设计划或发展意向。全球四个在建小型堆中有三个是压水堆，且有多个小型压水堆的研发已达设计认证阶段，具备示范工程条件，有望尽早实现市场化推广。

因此，小型堆发展建议以小型压水堆为主要方向，在未来 10～15 年内，针对法规/标准、监管体系、模块化、智能化、自主化、安全性与经济性提升等关键技术开展攻关，全面提升小型压水堆的先进性、安全性和经济性及自主化程度，到 2030 年国内应能具备完善的法规/标准体系及批量化的市场，以及技术、配套条件，在国内形成与大型压水堆互相补充的核能格局，满足国内核能发展需求。同时大力开展国际推广，针对电网容量小、厂址条件苛刻的海外用户，给出定制的小型堆方案，与“华龙一号”相互补充，助力国家一带一路倡议的实施。

(1)小型压水堆需要突破的关键技术见表 3 - 29。

表 3-29 小型压水堆需要突破的关键技术

序号	关键技术	主要内容
1	法规/标准及核安全监管方面	多模块小型堆取证方式、纵深防御、源项和厂址选择、对于飞机撞击的考虑、应急计划的简化及场外应急的取消、多堆控制、人员配备、人因工程、安全要求、多堆厂址的新堆建设、安全保卫、商用飞机撞击等
2	模块化设计	模块化设计及建造关键技术研究及工具开发，识别并解决部件、设备、构筑物模块化设计、建设的技术难题
3	智能化设计	根据小型堆自身特点及应用场景，结合数字化、计算机网络、大数据分析等技术，研究智能化设计关键技术，充分采用数字化仪控系统、在线监测、智能诊断等提高核电厂智能化控制水平和负荷跟踪水平，实现小型堆的运行模式灵活性、多堆协同配合、高自动化、低人员配置、可靠运转及经济发电的特性
4	系统简化设计	在保证安全性和功能实现的前提下，充分依靠小型堆高安全性的优势，开展系统简化设计，减少系统设备数量，提高经济性
5	安全性提升	提高反应堆固有安全性及设计安全特性，采用非能动安全系统，并开展相应实验验证，提高安全性
6	经济性提升	应充分利用固有安全性、系统简化、运行人员简化等措施，同时在保证核安全的前提下，提高小型压水堆经济性，使其具有市场推广价值
7	关键设备研制(国产化)	新型燃料组件研制；一体化关键设备研制，克服内部辐照、维修等关键技术问题；蒸汽发生器、主泵等设备国产化，研发设计制造均由国内企业自主完成
8	自主软件研发	针对物理计算、热工水力、辐射防护、安全分析等现有核电涉及软件进行二次开发和自主软件研制，形成适用于小型反应堆研发设计的自主软件包，摆脱受制于人的现状
9	试验验证	开展关键设备、安全系统、严重事故、整体性能等实验研究，同时支持自主软件研发工作
10	厂址关键技术研究(包括用户需求研究)	针对厂址条件开展关键技术研究，包括用户需求、软土地基、地震地质、水源要求等，拓展小型堆厂址适应性，并为法规/标准的制定提供依据
11	知识产权保护	开展知识产权保护、专利发掘与管理，使其具备海外推广的基本条件

(2)小型压水堆出口蒸汽参数见表3-30。

表3-30 小型压水堆出口蒸汽参数

反应堆堆型	出口蒸汽压力/MPa	出口蒸汽温度/℃	蒸汽形式	蒸汽产量/(t·h^{-1})
NHR200-II	1.6	201.4	饱和蒸汽	300
ACP100	4	>290	过热蒸汽	450
ACPR50	4.68	295	过热蒸汽	297
ACPR100	4.7	295	过热蒸汽	759
CAP200	5.86	275.8	饱和蒸汽	1321
CAREM-25	4.8	290	过热蒸汽	175.32
SMART	5.2	296.4(过热30)	过热蒸汽	578.88
mPower	6	330(过热50)	过热蒸汽	823
NuScale	3.3(节流状态)	149(给水温度)	过热蒸汽	243
WSMR	—	—	饱和蒸汽	—
IRIS	5.8	317	过热蒸汽	1810

>>> 第4章　小型气冷堆技术

4.1　高温气冷堆国内外研发进展

经历了半个多世纪的研究，高温气冷堆的研究取得了长足发展，积累了丰富的设计、建造及运行经验。高温气冷堆主要用氦气作冷却剂，石墨作慢化材料，采用包覆颗粒燃料及全陶瓷的堆芯结构材料。模块式高温气冷堆安全性好、发电效率高，具有利用核能高温工艺热制氢等潜在经济效益，是目前国际核能领域公认的新一代核能系统。针对高温气冷堆的显著优势和特点，实现更高出口温度的超高温气冷堆的研究也一直在开展中。2001年，美国牵头会同英国、瑞士、韩国、南非、日本、法国、加拿大、巴西、阿根廷及欧洲原子能共同体共同成立了第四代核能系统国际论坛。2002年底，GIF和美国能源部联合发布了《第四代核能系统技术路线图》，选出了包括超高温气冷堆在内的六种堆型作为GIF未来国际合作研究的重点。2005年8月，美国发布了《能源政策法案》，设立了下一代核电站项目，计划在美国爱达荷建设超高温气冷堆核电厂，用于制氢和发电。2008年10月，我国国家原子能机构代表签字加入超高温气冷堆系统研究。此后，清华大学核研院代表中方参与了GIF框架下一系列超高温气冷堆相关的国际合作和研究。2014年，GIF更新了技术路线图，将超高温气冷堆的近期发展目标定为发电和工业热应用，其一回路出口温度为700～850 ℃，随着研发的进一步深入，逐步可将出口温度提高到1000 ℃以上，从而实现超高温气冷堆的核能制氢目标。

4.1.1　发展总体概述

氦气冷却高温堆的发展过程可分为四个阶段(见表4-1)，目前正在向新的阶段(阶段五)发展。

表 4-1 高温气冷堆发展阶段回顾

阶段	目的	运行时间	反应堆	国家或组织
一	实验堆	20 世纪 60 年代起	URTEX AVR Dragon Peach Bottom	美国 德国 英国/经合组织 美国
	原型电站	20 世纪 70 年代起	THTR Fort St. Vrain	德国 美国
二	大型商业化 电站规划	1970—1985 年	HTGR 1160	美国/德国
			HTR 500	德国
			HHT	德国
三	用于发电及热电联供的模块式核电站规划	1980—1990 年	HTR-Modul	德国
			HTR 100	德国
			MHTR 350	美国
			PR 500	德国
			PNP 500	德国
	模块式实验堆	1980—1990 年	HTTR	日本
			HTR 10	中国
四	模块式商业化 核电站规划	2000 年起	PRMR	南非
			HTR-PM	中国
			MHTGR 600	美国/伙伴国
五	未来核电站的发展	—	第四代核能系统的 超高温气冷堆	第四代核能 系统成员国

第一阶段的试验堆表明了这种堆型采用氦气冷却和石墨陶瓷堆芯设计的原理可行性，验证了包覆颗粒燃料在实现高燃耗深度和阻留裂变产物方面的优异性能，并在氦气领域开发了一系列的专有技术。

第二阶段已经开始了大型高温气冷堆核电站的规划，表明发电容量达到1000 MW 的核电站也可以通过高温气冷堆来实现。第二阶段的开发表明容量水平适中的核电站可得到许可、建造和运行，氦气的大型部件可实现长寿运行。与此同时，燃气透平工艺由于在利用高温核热方面比蒸汽透平的优势明显，也得到了广泛关注。另外，这一阶段还开展了关于氦气技术的诸多试验及大型部件的开发工作，在包覆颗粒燃料的开发方面也取得了重要进展。

前两代的反应堆已经展示了高温气冷堆优异的安全性能，其较大的负反应性温度系数可完全抵消冷却剂全部丧失的严重事故带来的剩余反应性。

第三阶段的主要研发方向是单堆功率较小的模块式高温气冷堆。其通过多模块并联实现大的发电容量，用于不同的场合。热电联供工艺可作为这方面应用的首选工艺，其可通过模块式设计可将冷却剂缺失事故下燃料最高温度限制在1600 ℃以下，从而保证放射性泄漏维持在很低的水平。这一阶段还成功地开展了关于高温气冷堆高温利用的一系列研究项目。不少高温核热利用相关的设备得到了工业规模的开发，包括用于煤及生物质转化的中间换热器、氦加热蒸汽重整器、氦加热气化炉等。关于材料的开发项目结果表明，这些部件的设计可实现长期运行。

在高温气冷堆开发的第四阶段，采用了模块式高温气冷堆概念，致力于实现多模块的商业化核电站。模块式高温气冷堆的特殊安全性得到广泛关注，比如非能动余热排出、较大的负反应性温度系数、极端严重事故下对放射性的阻留能力等。

第五阶段的开发侧重于实现第四代核能系统的目标。除了在安全性方面的要求外，还要求具有很好的中子经济性及在废物管理方面的优势。为实现长期的经济竞争力，增殖效应和钍资源利用也非常重要。另外，可实现高温热量输出也是面向第四代核能系统的高温气冷堆的重要发展方向。煤炭气化、轻质碳氢化合物的蒸汽重整及热化学分解水等，都是未来能源体系的重要选项。

4.1.2 曾经运行的高温气冷堆核电站

20世纪50年代，英国和法国在气冷堆方面的开发起到了主导作用。首先得到开发的是镁诺克斯型气冷堆，其采用CO_2气体作为冷却剂，石墨作为慢化剂，镁诺克斯金属作为燃料棒的包壳材料。英国随后开发了改进型气冷堆。自50年代中期开始，人们开始考虑用氦气取代CO_2，采用全陶瓷堆芯设计，并由小尺寸包覆颗粒燃料取代UO_2芯块。这些特征在当代的高温气冷堆设计中得到了保存。表4-2展示了第一阶段(第一代)的实验堆和第二阶段(第二代)原型堆的运行情况。

氦气冷却的高温反应堆开发起始于由英国牵头、多个欧洲国家共同参与的“龙堆”项目。该项目中首次采用柱状陶瓷燃料元件和包覆颗粒燃料。这种反应堆在1966—1975年间已成功运行，但该项目由于多个参与国内的政治和经济原因而终止。目前，该反应堆系统处于安全关闭状态。

表 4-2 第一代实验堆和第二代原型堆的运行情况

电站	热功率/MW	电功率/MW	燃料元件	厂址	运行期限	状态
AVR	46	15	球形	Jülich/德国	1965—1988年	准备退役
DARGON	20	—	柱状	Winfrith/英国	1966—1975年	安全停堆
Peach Bottom	115	40	柱状	Susquehanna/美国	1965—1988年	安全停堆
THTR	750	308	球形	Schmehausten/德国	1985—1988年	安全停堆
Fort. St. Vrain	852	342	柱状	Platteville/美国	1976—1989年	部分退役

与此同时美国采用柱状燃料元件，开始了桃花谷高温气冷实验堆的建造，并于1965—1988年成功运行。该项目随着圣符仑堡(Fort St. Vrain)反应堆的并网运行而终止。

圣符伦堡反应堆在1976—1989年的运行实践表明了柱状燃料元件的可靠性能。该反应堆终止运行的原因在于一些技术上的困难和当时核能所处的宏观环境。1979年美国的三里岛事故和1986年苏联的切尔诺贝利事故在美国及其他国家造成了严重的负面影响，很多项目被干扰、延缓或干脆终止。自1979年以后美国再没有建造新的核电站。

德国的高温气冷堆的研究和发展工作起始于对球形燃料元件的开发和球床试验堆的建造。球床试验堆超过20年的运行实践对球形燃料元件进行了验证。球床试验堆的运行随着钍高温反应堆的投运而终止。球床试验堆的运行体现了很高的实用水平，开展的实验包括不同燃料元件的大量测试和很多极端条件下的安全试验。

4.1.3 曾得到设计的高温气冷堆

在第二阶段的高温气冷堆发展中，人们结合当时的部件水平和相关的氦气技术，开发出多种反应堆概念。在与公用事业部门和供货商的合作过程中，采纳了用户和核安全当局的建议。这些实践对于高温气冷堆的进一步发展起重要的推动作用。表4-3列出了其中的一些项目，有些采用朗肯循环(Rankine cycle)，有些采用布雷敦循环(Brayton cycle)，有些面向热电联供。其中，在超高温气冷堆方面也有些有益的探索，如氦气出口温度达到950 ℃的PNP原型堆。

表 4-3　历史上曾设计的一些高温气冷堆

电站	热功率/MW	燃料元件	国家	循环	设计时间	状态
HHT	1200	球床	德国	氦气透平循环	1970—1980 年	基础工程设计
HTR-500	1200	球床	德国	蒸汽发生器+蒸汽循环	1980—1988 年	基础工程设计
PNP-Prototype	500	球床	德国	蒸汽重整器+中间换热器	1975—1985 年	基础工程设计
GAC-1160	3000	柱状	美国	蒸汽发生器+蒸汽循环	1970—1975 年	基础工程设计
GAC-350	350	柱状	美国	蒸汽发生器+蒸汽循环	1983—1988 年	概念设计
PR-500	500	球床	德国	蒸汽发生器+蒸汽循环	1968—1973 年	概念设计

表 4-4 给出了这些设计的细节。这些堆型中，大部分采用预应力反应堆压力壳，其中一些偏向于采用上下叠置式布置。表 4-5 给出了这些反应堆的设计参数。

表 4-4　历史上曾设计的高温气冷堆布置

项目	PR-500	HHT-plant	HTR-500	HTR-1160	PNP-prototype
电站目的	热电联产	发电原型堆	热电联供的商业电站	商业电站	工艺热原型堆
一回路布置	环绕压力容器的 3 个回路	所有部件纳入压力容器内	所有部件纳入压力容器内	所有部件纳入压力容器内	所有部件纳入压力容器内
反应堆压力壳	预应力混凝土	预应力混凝土	预应力混凝土	预应力混凝土	预应力混凝土
堆芯及蒸汽发生器布置	肩并肩	部件在压力容器舱室内	呈环状布置于压力容器舱室	部件在压力容器舱室内	部件在压力容器舱室内
冷却回路数量	3	1（+辅助回路）	6（+辅助回路）	6（+辅助回路）	2（+辅助回路）
控制元件	反射层控制棒+堆芯控制棒	反射层控制棒+堆芯控制棒	反射层控制棒+堆芯控制棒	反射层控制棒+堆芯控制棒	反射层控制棒+堆芯控制棒
衰变热载出	3 个回路+内衬冷却	1 个回路+4 辅助回路+内衬冷却	6 个回路+2 辅助回路+内衬冷却	4 个回路+2 辅助回路+内衬冷却	2 个回路+2 辅助回路+内衬冷却

表 4-5 历史上曾设计的高温气冷堆技术参数

参数	单位	PR-500	HHT-plant	HTR-500	HTR-1160	PNP-prototype
热功率	MW	500	1250	1250	2980	500
效率	—	40%	40.5%	40%	38.6%	—
氦气入口温度	℃	250	450	250	315	250
氦气出口温度	℃	850	850	730	741	950
氦气压力	MPa	4	6	6	5.1	4
氦气流量	$kg \cdot s^{-1}$	160	601	521	1411	137.5
动力转化	—	蒸汽循环+热电联供	Brayton 循环	蒸汽循环	蒸汽再热循环	IHX+蒸汽重整器+蒸汽发生器
蒸汽温度	℃	530	—	530	530	530
蒸汽压力	MPa	18	—	18	18	18
平均堆芯功率密度	$MW \cdot m^{-3}$	5	6	5	8	5
燃料类型	—	UO_2，TRISO	UO_2，TRISO	UO_2，TRISO	UO_2，ThC，BISO，TRISO	UO_2，TRISO
燃料循环	—	OTTO	MEDUL	OTTO	Discount.	OTTO
燃耗深度	$MW \cdot d \cdot (tU)^{-1}$	100000	100000	100000	100000	100000
最高运行燃料温度	℃	<1100	<1200	<1100	<1400	<1200

4.1.4 正在运行的模块式高温气冷堆

基于模块式高温气冷堆安全性和多用途的考虑，中国和日本已经建成并运行各自的反应堆。此类反应堆可称为三代堆，并被认为是迈向产业化的关键实验设备，为国际超高温气冷堆项目及相关技术的进一步发展奠定了基础。

表 4-6 给出了中国 HTR-10 和日本 HTTR 反应堆的设计参数。中国的反应堆采用三元结构各向异性(tristructural isotropic，TRISO)包覆的球形燃料，而日本则采用柱状燃料。

这两个实验堆都采用了非能动余热排出(通过反应堆压力壳自然排热)设计，主回路系统分散布置(采用锻钢做成的多个压力容器)，共同置于一个包容体内。

表 4-6　第三代高温气冷堆系统设计参数

项目	HTR-10	HTTR
电站目的	高温堆技术实验堆	热利用示范的实验堆
一回路设置	堆芯与蒸汽发生器肩并肩布置	堆芯与蒸汽发生器肩并肩布置
反应堆压力壳类型	钢制	钢制
堆芯与热利用设备联接设计	2 个压力壳肩并肩，1 个连接导管	2 个压力壳肩并肩，1 个连接导管
冷却回路数量	1	1
氦气导管	同轴环状设计	同轴环状设计
控制元件	17 个反射层控制棒，4 套反射层吸收球	30 个控制棒，插入柱状燃料元件
衰变热排出	蒸汽发生器，非能动压力壳余热排出系统	加压水冷器，压力壳余热排出系统
反应堆建筑	包容体	包容体

这两个反应堆都采用包覆颗粒燃料。严重事故(完全失冷等)下燃料的最高温度低于 1600 ℃，使得三元结构各向同性(tritructurallsotropic，TRISO)包覆颗粒的裂变产物阻留功能得以保全。

表 4-7 给出了这两种反应堆的技术参数。它们都采用了低堆芯功率密度设计，氦气出口温度都有望超过 900 ℃以满足工艺热需求。日本的 HTTR 计划在二次氦气回路上中间换热器的下游布置蒸汽重整器。同样的设计在 HTR-10 上也得到了考虑。

HTR-10 由中国建造，自 2002 年开始运行。建造目的在于掌握和改进高温气冷堆技术，开展燃料元件及其他材料的辐照测试并验证高温气冷堆的固有安全性。作为项目的第一步，氦气出口温度设计为 700 ℃，产生的蒸汽用于发电或者区域供暖。下一步，高温气冷堆将提高氦气出口温度至 950 ℃，连接氦气透平或者实现联合循环。

表 4-7　第三代高温气冷堆技术参数

参数	单位	HTTR-30	HTR-10
热功率	MW	30	10
电功率	MW	—	2.5
发电效率	—	—	25%
平均堆芯功率密度	$MW\cdot m^{-3}$	2.5	2

续表

参数	单位	HTTR－30	HTR－10
堆芯形状	—	圆筒形	圆筒形
堆芯高度	m	2.9	2
燃料元件类型	—	柱状	球床
燃料元件尺寸	cm	36	6
燃料布置	—	棱柱状堆砌	随机堆放
冷却剂压力	MPa	4	3
冷却剂温度范围	℃	入口温度 395/ 出口温度 850(最大 950)	入口温度 250/ 出口温度 700
冷却剂堆芯流向	—	自上而下	自上而下
堆芯燃料元件数量	—	270	27000
包覆颗粒类型	—	TRISO	TRISO
燃料装载	—	批量	连续装卸
平均燃耗深度	MW·d·$(tU)^{-1}$	22000	80000
燃料富集度	—	6%	17%
最高运行燃料温度	℃	1400	900
蒸汽压力	MPa	IHX：4.1，(He)	4.0
蒸汽温度	℃	IHX：880/144 (He)	440
事故下最高燃料温度	℃	<1600	<1000

注：IHX 为中间热交换器(intermediate heat exchange)。

4.1.5 近年各国高温气冷堆发展情况

目前世界各国关注与研发的高温气冷堆都属于小型堆的范畴，具有典型的固有安全性。归纳起来，近期高温气冷堆设计的一般出口温度为 750 ℃左右，采用蒸汽透平循环，主要用于中低温度的热应用；远期的设计则要求是出口温度为 850 ℃以上的超高温气冷堆，采用氦气透平循环，能量转换效率更高，可用于制氢等高温热应用。针对以上提到主要技术的发展趋势，世界上不同国家的政策、关注点和发展趋势也有各自的特点。中国的 HTR－PM 高温气冷示范堆是目前世界上为数不多的已经开始进入实际建设阶段的小型先进反应堆，关于其发展状况将在“国内技术基础”章节进行介绍。

1. SC－HTGR(美国)

美国的“下一代核电站”计划(next generation nuclear plant，NGNP)从2005年开始，起初准备建造和运行一个为制氢提供工艺热的高温气冷堆示范电厂，后由于投资原因，将目标降低为燃料、材料等技术研发。NGNP工业联盟目前仍在持续支持研发工作，在美国、欧盟、日本等多个机构的参与下，开展了多个不同用途的模块堆设计，最终，综合考虑市场需求和技术成熟度选定了一种基于蒸汽循环的高温气冷堆(SC－HTGR)作为下一步示范电站的反应堆选型。SC－HTGR是一种模块式石墨慢化氦冷高温气冷堆，其设计上吸取了早期诸如MHGTR和HTR－MODUL等高温气冷堆设计概念上的诸多经验和优点。SC－HTGR主要用于工业化的热点联供。该项目从2009年开始，2011完成了初步基础概念设计，2012年NGNP完成了SC－HTGR商业化应用的初始计划，2014年开始了其许可认证的准备工作，2015年正式开始进行进一步的设计方案细化工作。

2. Xe－100(美国)

2013年X－energy公司提出了一个用于处置轻水堆乏燃料并提供热应用的高温气冷堆发展计划(Xe－100)，即小型的50 MW球床高温气冷堆设计方案，其采用蒸汽循环发电方式，是美国能源部采用公共-私营伙伴计划发展先进反应堆概念行动的一部分。目前X－energy公司正与天然气电力公司开展煤气化方案和厂址的可行性研究，包覆颗粒的商业化研究也在进行中。

3. GTHTR300(日本)

日本以JAEA为中心，与反应堆供应商和燃料制造商一起，一直持续从事高温气冷堆技术的发展和应用研究，在石墨材料、氦气透平、制氢、反应堆压力容器大锻件等方面有一定的优势。为了满足全球市场的热应用需求，探寻能够抵御进气、进水、福岛事故等严重事故的自然安全反应堆设计，JAEA、三菱重工、东芝、富士电力等都在独立或者联合开展出口为750 ℃的蒸汽循环或出口为850 ℃的氦气循环的反应堆概念设计，并开发抗氧化的包覆颗粒与石墨材料，主要包括以发电、制氢、热电联产等不同用途的GTHTR300系列。GTHTR300是一种多用途、具有固有安全特性的应用灵活的小型模块化反应堆，它在设计上将采用直接气体透平循环来替代现有的蒸汽透平循环以提供更高的热电效率。JAEA计划将在2025年实现其商业化运行。

4. GT－MHR(俄罗斯)

GT－MHR是一种耦合了布雷敦循环的高温气冷堆，其在设计上的模块化特性增加了使用灵活性，从而为其与不同动力转换单元(气体透平循环、蒸汽透平循环)相连接提供了可能。1993年Minatom/GeneralAtomics MOU公司开始着手设计 GT－MHR；1996 年法马通公司和 Fuji 电力共同加入联合研发队伍；1997 年完成概念设计；2002 年该项目提交俄罗斯 Minatom 和美国能源部进行专家审评，同年完成了该项目反应堆电厂的初步设计；2003 年研发团队着手该项目相关关键技术的演示验证工作。

5. MHR－T(俄罗斯)

MHR－T 是基于 GT－MHR 技术设计的一种用于制氢的模块化反应堆。MHR－T 氦冷反应堆将与蒸汽甲烷重整或者高温固体氧化电化学工艺结合进行氢气制造。该项目 2001 年开始初步概念研究，2005 年完成概念设计。

6. MHR－100(俄罗斯)

根据俄罗斯居住地区分布及天气特性，小型和中型电厂的局部区域性热电供应具有很好的应用前景，而高温气冷堆的特性正好满足这一需求。基于市场需求，俄罗斯组建了 Rosatom 合作企业，开展了几种不同用途的商用 MHR100 原型堆的概念研发工作：直接气体透平布雷敦循环 MHR－100GT 热电联供方案；用于供电和高温蒸汽电解制氢的 MHR－10SE；用于蒸汽甲烷重整制氢的 MHR－100 SMR；利用高温供热进行石油精炼的 MHR－100 OR，2014 年 MHR－100 的概念设计完成。

7. PBMR－400(南非)

南非的球床式模块高温气冷堆技术是基于德国的 HTR－Module 进行设计的。该项目从 1995 年开始可行性研究，后来出于提升经济竞争力的考虑，设计功率几次提升，在 2002 年形成 PBMR－400 的设计，旨在通过应用布雷敦循环的氦气透平实现高效发电。在此之后又进行了一系列的燃料、材料、热工水力学测试。

8. HTMR－100 SMR(南非)

2011 年，南非的钍资源公司 STL 开始了钍燃料球床高温气冷堆(TH－100)的设计，2014 年完成了钍燃料制造厂的概念设计。STL 公司和 Neopanora 公司合资的 HTMR 公司瞄准亚洲热电市场，设计了利用低浓铀、钍或钚为燃料的 HTMR－100/25 等小型堆，准备服务于印度尼西亚的多功能堆和实验堆。

9. 其他

加拿大和美国合资的 StarCore 公司推动的小型堆项目是热功率 50 MW 的棱柱高温气冷堆，可发电 20 MW，另有 10 MW 热能可用于工艺热应用，意在满足偏远地区、分散的小城镇、矿藏、军事基地的需求，可在卫星监测下自主运行。

法国除了参与欧盟的上述活动之外，AREVA 也开发了 GT－MHR 的法国版本(ANTARES)，并以此参与到 NGNP 的 SC - HTGR 项目中。

在波兰，政府联合了相关大学和工业界，开始了在波兰建设 HTGR 的可行性研究。

英国、荷兰和德国的铀浓缩合资公司为了向远郊地区提供电力和热，开始了一个名为铀电池的小型高温气冷堆研发工作，目前正在寻求政府资助。

表 4 - 8 列出了近年来各国开展研发的主要高温气冷堆项目及相关重要参数。

表 4 - 8　近年研发中的主要高温气冷堆技术参数

参数	单位	型号						
		HTR - PM	SC - HTGR	GTHTR	GM - MHR	PBMR - 400	HTMR - 100	Xe - 100
设计方	—	INET	AREVA	JAEA 等	OKBM	PBMRSOLtd	STL	X - energy LLC
堆型	—	球床	柱状	柱状	柱状	球床	球床	球床
国家	—	中国	美国	日本	俄罗斯	南非	南非	美国
设计状态	—	已建成	初步设计	方案设计	初步设计	初步设计	方案设计	方案设计
估计建造周期	月	59		24～36	48	36	26	24 - 36
设计寿期	a	40	60	60	60	40	40	40
热功率	MW	2×250	625	Upto 600	600	400	100	100
氦气入口温度	℃	250	325	587～633	490	500	250	260
氦气出口温度	℃	750	750	850～950	850	900	700	750
氦气压力	MPa	7	6	7	7.24	4	4	9
动力转化	—	间接朗肯蒸汽循环	朗肯蒸汽循环	直接 Brayton 循环	直接 Brayton 循环或间接朗肯循环	直接 Brayton 循环	间接郎肯循环	间接郎肯循环
燃料类型	—	UO_2，TRISO	UCO TRISO	UO_2，TRISO	包覆颗粒	包覆颗粒燃料球	TRISO	燃料球
燃料富集度	—	8.5%	<20%	14%	LEU or WPu	9.6%	多种	10.61%
燃耗深度	$MW \cdot d \cdot (tU)^{-1}$	90000	<17000	120000	100000～720000	92000	80000～90000	79700

注：LEU 为低富集铀，WPu 为武器级钚。

4.1.6 气冷快堆

气冷快堆系统是快中子谱氦冷反应堆，其使用氦作为高温冷却剂，采用闭式燃料循环，最终目标是创造一个仅以天然铀作为原料，最终废物只含有核裂变产物的闭式燃料循环系统。像前面提到的诸多热中子谱氦气冷却反应堆一样，氦冷却剂出口的高温，使它能发电、生产氢或高效率处理热。通过综合利用快中子谱与锕系元素的完全再循环，气冷快堆系统将长寿命放射性废物的产生量降到最低。气冷快堆系统的快中子谱还使它能利用现有的裂变材料和可转换材料(包括贫铀)，因为这些材料比采用一次通过式燃料循环的热中子谱的效率高得多。

2010 年 2 月，通用原子公司宣布在原有氦气透平高温模块式气冷热中子反应堆 GT - MHR 基础上开发了快中子反应堆 EM^2(见图 4 - 1)。EM^2 的热功率为 500 MW，电功率为 265 MW，反应堆中氦气运行在 850 ℃下。由于氦气温度高且采用了氦气透平技术，EM^2 预计的热效率将达到 48%，同时 EM^2 反应堆也直接进行热利用，如产氢。

图 4 - 1　EM^2 反应堆示意图

EM^2 将装料 20 t 的压水堆乏燃料或者贫铀，对于首循环，需要增加 22 t 低富集度(大约 12%)的燃料，以后换料时，每次从乏燃料中移除 4 t 左右的裂变产物，然后添加 4 t 左右的压水堆乏燃料或者贫铀，下一个循环可以继续进行运行，不需要添加新的低富集度燃料。根据 EM^2 的设计，大概每 30 年换料一次。经过 12 个循环，EM^2 反应堆将消耗天然铀中 50%的可裂变材料，而普通压水堆只能消耗天然铀中 0.5%的可裂变材料，因此 EM^2 反应堆可以充分利用铀资源。同时 EM^2 高放废物的产生量只是传统开式循环压水堆的4%。EM^2 反应堆的宣传亮点是可以利用压水堆的乏燃料和贫铀，大大改善铀资源的长远可使用性，从而大大缓解铀资源短缺的问题。EM^2 的反应堆参数见表 4-9。

表 4-9　EM^2 反应堆参数

参数	数值或描述
电功率/MW	265
热功率/MW	500
负荷因子	0.9
设计寿命/a	60
冷却剂/慢化剂	氦/无
一回路循环方式	强迫循环
系统压力/MPa	13.3(峰值)
堆芯(进口/出口)温度/℃	550/850
主要反应性控制方式	控制棒
压力容器高度/m	12.5
压力容器直径/m	4.6
冷却剂系统布置方式	紧凑布置
功率转换过程	布雷顿循环
燃料类型	UC 小球
燃料富集度	约 14.5%
平均燃耗深度/$(GW\cdot d\cdot (tU)^{-1})$	130
换料周期/月	30
专设安全设施	控制棒和停堆棒
余热排出系统	非能动
换料耗时/d	14
电站模块数量	4
建造周期/月	42

法国也计划开发一座用气体作载热体的快中子燃料全循环反应堆系统，在 2030 年前后开发出一种能够优化利用核燃料潜能、减少生产长寿命放射性废物的技术。这种废物的毒性会明显降低，几百年后可降到铀矿石的毒性水平，这是此全循环反应堆系统希望达到的目标。

气冷快堆目前仍有很多关键技术有待解决，例如：由于氦的传输热的能力远不如液态金属，如何将功率密度很高的堆芯热量用氦带出，是一难题；燃料循环技术，包括乏燃料的解体和再制造技术；大功率的氦气轮机也还有待研制成功。总体而言，气冷快堆用于发电仍有很多问题需要解决，有专家估计至少在2050年才有望实现。

4.2　技术特点

高温气冷堆是第四代先进反应堆的重点堆型之一，经过了半个多世纪的不断研发和改进，其在安全性、技术成熟性、可持续性等方面具有明显的技术特点。

4.2.1　安全性

安全性始终是主导核电发展的首要因素。美国三里岛事故发生后，核能科学家和工程师都在认真考虑如何实现核反应堆“绝对安全”的问题，即能否设计这样一种反应堆，在任何事故情况下都不会发生核泄漏事故，不会危及周围的环境。日本福岛核事故使各国政府及世界核电行业、民众的焦点重新聚集到核电的安全性上，让人类再一次认识到核反应堆技术的安全性比经济性更重要，而高温堆最大的优点就是其固有安全性：由于高温气冷堆具有功率密度低（3～6 MW/m^3）、热容量大、负反应性温度系数、余热可依靠热传导与辐射传出、燃料元件最高温度小于1600 ℃等特性，因此其安全性能好，在任何情况下堆芯都不会熔化，能够消除核电站需要外部干预措施的风险。国内外业界和媒体对高温堆的进展非常关注，美国《纽约时报》发表过2篇关于高温堆的报道，指出：“与现有轻水堆千方百计阻止核燃料棒熔化相比，高温气冷堆可以为核能提供一种更为安全的选择。”

高温气冷堆具有安全性好的突出优点，其安全特点主要体现在三个方面：

(1)具备阻止放射性释放的多重屏障；

(2)余热载出的非能动安全特性；

(3)反应性瞬变的固有安全特性。

基于高温气冷堆的上述先进特征，国际上将高温气冷堆列为符合先进核能系统技术要求的堆型之一。高温气冷堆是目前第四代先进核能系统中可能最早能够实现商业化应用的堆型，其有如下特性。

1. 采用全陶瓷包覆颗粒燃料元件

高温气冷堆的燃料元件有两种，一种是与压水堆相似的棱柱形，另一种是球形的，使用这两种元件的高温气冷堆分别称为棱柱形高温气冷堆和球床式高温气冷堆。两种元件虽然形状不同，但都由弥散在石墨基体中的包覆颗粒燃料组成。实验表明，在2200℃的高温下，包覆颗粒燃料仍能保持其完整性，破损率在10^{-6}以下，这一温度大大超过了高温气冷堆事故工况下的最高温度，换言之，这种元件即使在事故条件下，也不会发生放射性物质外泄、危害公众和环境安全的情况。

2. 采用全陶瓷堆芯结构材料

模块式高温气冷堆采用石墨做慢化剂，堆芯结构材料由石墨和碳块组成，不含金属。石墨和碳块的熔点都在3000 ℃以上，因此，即使在事故条件下，也绝不会发生像美国三里岛和苏联切尔诺贝利核电站那种堆芯熔毁的严重事故。

3. 采用氦气作冷却剂

氦气是一种惰性气体，不与任何物质起化学反应，与反应堆的结构材料相容性好，避免了以水做冷却剂与慢化剂的反应堆中的各种腐蚀问题，且可使冷却剂的出口温度达950 ℃甚至更高，这就显著提高了高温气冷堆核电站的效率，并为高温堆核工艺热的应用开辟了广阔的领域。氦气的中子吸收截面小，难于活化，在正常运行时，氦气的放射性水平很低，工作人员承受的放射性辐照剂量也低。

4. 阻止放射性物质释放的多重屏障

高温气冷堆采取纵深防御的安全原则，设置了阻止放射性物质外泄的四道屏障。全陶瓷的包覆颗粒燃料的热解碳和碳化硅包覆层，是阻止放射性物质外泄的第一道屏障。球形燃料元件外层的石墨包壳，是阻止放射性物质外泄的第二道屏障。由反应堆压力壳、蒸汽发生器压力壳和连接这两个压力壳的热气导管压力壳组成的一回路压力边界，是阻止放射性物质外泄的第三道屏障。一回路舱室外由混凝土墙构成的安全包容体是阻止放射性物质外泄的第四道屏障。

5. 非能动的余热排出

高温气冷堆根据“非能动安全性”原则进行热工设计，使得当发生事故停堆后，堆芯的冷却不需要专设余热排出系统，燃料元件的剩余发热可依靠热传导、热辐射、自然循环等非能动的自然传热机制将热量散到周围环境中去。

6. 反应性瞬变的固有安全性

高温气冷堆的设计使反应堆在整个寿期、在所有工作温度下都具有反应性的负温度系数，而且温度裕度大，正常运行工况下燃料元件的最高温度距最高容许温度尚有约700 ℃的裕度，因此借助负反应性温度系数可以提供

5.6%的反应性补偿能力，大于各类正反应性事故引入的最大反应性当量，因而具有反应性瞬变的固有安全性。事故情况下，反应堆可不借助外设停堆系统，而仅靠负反应性而自动停堆。

4.2.2 技术成熟性

回顾高温气冷堆的发展历史，科学家们于20世纪50年代就开始了高温气冷堆的研发工作，到20世纪80年代以前，美国、德国、英国已建成并运行了3座高温气冷实验堆，2座电功率为30万千瓦级的高温堆示范电站，已具有设计、建造和运行的成熟经验。随着对核电站安全性的日益重视，具有小型化和固有安全特性的模块式高温气冷堆设计概念在德国和美国相继提出，大量的模块化高温气冷堆设计相继出现，在日本和中国分别建成了高温气冷实验堆。中国通过国际合作研究与自主研发，通过实验堆逐步掌握了模块式高温气冷堆的设计，并积累了建造、运行、维修等经验。进入新世纪，在国家科技重大专项的支持下，进一步推进示范电站的设计与建设，通过大量的原型试验与样机试验，充分验证了标准模块反应堆中的各类设计，将高温气冷堆技术不断推到新的高度。随着示范电站的顺利推进，这些成熟技术也将会继续推广，为最终实现多模块商用堆奠定扎实基础。以上这些阐述都表明，高温气冷堆的技术已基本发展成熟，具备了商用化的条件。

兼具固有安全性与小型化优势的模块式高温气冷堆在设计、制造、建造等方面已经达到了较好的成熟度，而氦气透平、热电联产及核能制氢等技术，也会在研究人员的不断努力下逐步走向成熟。

4.2.3 可持续性

可持续性是第四代先进核能系统的基本标准之一，具体而言，体现在以下几个方面。

(1)第四代核能系统将可为全世界提供满足洁净空气要求、长期可靠、燃料有效利用的可持续能源。

(2)第四代核能系统产生的核废料极少；采用的核废料管理方式将既能妥善地对核废料进行安全处置，又能显著减少工作人员的辐射剂量，从而改进对公众健康和环境的保护。

(3)第四代核能系统要把商业性核燃料循环导致的核扩散可能性限定在最低限度，使得难以将其转化为军事用途，并为防止恐怖活动在物理上提供更有效的措施。

高温气冷堆技术可以满足上述可持续性目标的要求，体现为以下几个方面。

(1)可持续能源。高温气冷堆的燃料循环灵活性大，它除了可以采用低富集度铀(5%～10%的^{235}U)燃料循环，还可以采用铀-钍循环(90%以上的^{235}U和钍循环、或^{233}U和钍循环)。对于大型铀-钍再循环的高温气冷堆，核燃料转化比高于0.8，可有效提高热中子堆的资源利用率。而且高温气冷堆的设计还可以使得不同燃料循环在同一个反应堆内连续过渡，灵活性大。因此，高温气冷堆可以更充分地利用地球上丰富的铀-钍资源。

除此之外，高温气冷堆还有一个重要用途——高温制氢。核能制氢获得成功将会使得人类能够在更大范围内用氢能取代化石燃料，使未来的能源体系产生重大的改变，更进一步地解决能源可持续问题。

(2)核废料。从乏燃料角度，高温气冷堆采用不停堆换料实现多次再循环，因此功率分布和燃料的燃耗深度都比较均匀，有利于提高燃料的可利用率，减少最终处置的乏燃料的量。

同时，高温气冷堆采用氦气作为冷却剂，氦气是一种惰性气体，其中子吸收截面小，很难活化，因此运行期间冷却剂的放射性水平很低。高温气冷堆具有的固有安全性，使得系统大大简化，其运行产生的其他液态和固态废物也少。

(3)核不扩散。美国智库MIT(麻省理工学院)在其综合报告“核能的未来”中指出：“在今后50年内，满足经济、安全、废物管理及防止核扩散方面最好的选择是开环、一次通过燃料循环”。

4.3 国内技术基础

我国在长期研究及发展高温气冷堆技术方面积累了丰富的经验和良好的基础。其不但可作为压水堆的有益补充，符合我国积极发展核电的战略需求，而且可通过高温工艺热应用，在更广泛的能源市场制备替代化石燃料的能源，促进能源结构调整，加大节能减排效果，保护环境。我国依托国家“863”计划10 MW高温气冷实验堆(简称HTR-10)和重大专项高温气冷堆核电站示范工程(简称HTR-PM)，历经跟踪、跨越和自主创新，目前已在商业规模模块式高温气冷堆技术上处于国际领先地位。高温气冷堆技术的研发可以进一步提升我国核能技术的自主创新，继续使我国保持在模块式高温气冷堆研发领域的国际领先优势，并有望使我国实现在国际先进核能技术领域的突破，成为我国核电“走出去”战略的重要突破点。

我国高温气冷堆的技术基础研究起始于20世纪70年代。1986年以来国家

“863”计划支持发展了高温气冷堆，在 20 世纪 90 年代国外核电由于种种原因发展受阻之际，我国按照自己的部署建设了 10 MW 高温气冷实验堆 HTR－10，自主掌握了发展高温气冷堆的技术基础，并通过安全特性实验验证了这一创新性核能技术的固有安全特性。

自 2000 年以来，国际上兴起了第四代核能系统的研究工作，高温气冷堆被列入 6 种第四代核能系统的候选堆型，而且有望率先实现商业化。我国在实验堆的基础之上开始了商业规模模块式高温气冷堆核电站示范工程的科研与工程建设，简称 HTR－PM 项目。该项目在 2006 年被列入国家科技重大专项，2008 年国务院通过总体实施方案后开始主设备采购，2012 年 12 月经国务院批准，现场浇灌第一罐混凝土，标志着世界上首座具有第四代核电安全特征的商用示范核电站正式开工建设。通过 HTR－PM 项目的实施，我国掌握了商业规模模块式高温气冷堆的总体设计技术，在一批先进核能核心技术上取得了重大突破，实现了关键设备的国产化，HTR－PM 项目于 2021 年 12 月并网发电。

在 HTR－PM 项目基础上，我国正在启动部署后续 60 万千瓦级模块式高温气冷堆热电联产机组的研发和配套关键技术的攻关工作，以进一步推动高温气冷堆技术的产业化，保持我国在该领域的国际领先优势。与此同时，我国正在研究提高高温气冷堆反应堆堆芯出口温度，以电磁轴承和氦气透平直接循环实现更高效发电并产生高温工艺热用于核能制氢，所制的氢有望在未来成为交通和金属冶炼等领域的主力清洁能源。

4.4 关键技术问题

1. 超高温气冷堆技术

超高温运行状态下，反应堆物理热工设计、安全分析、堆内构件材料及结构分析，燃料元件高温性能试验等一系列工作需要进一步深入研究，不断提高分析和设计超高温气冷堆的能力，从而为全面掌握超高温气冷堆的关键技术、实现超高温气冷堆的运行、扩展其在核能制氢等多领域的应用奠定基础。

2. 中间换热器技术

面向超高温运行和联试制氢的目标，对现今采用的螺旋管式中间换热器的关键技术进行全面的研究与性能实验验证，以解决换热器在材料、设计、制造、运行等不同环节的难题，掌握其关键核心技术。

3. 核能制氢技术

氢可以直接作为燃料使用，其清洁程度堪比电能，却更便于储存和运输。

氢还是一种广泛使用的化工品，在炼油、合成氨、甲醇生产等工艺中被大量消耗。但是氢不是自然资源，目前主要从化石能转化得到。氢供应的限制成为燃料电池交通等领域产业升级和规模发展的瓶颈。核能以中心式供能、高负荷因子为主要特征，通过分解水制取的氢量大、稳定，与工业设施耦合，具备规模经济运行的先天优势。对碘硫循环和高温电解两种制氢工艺的工程材料、设备、系统等需进行细化研究，完成过程动态模拟与优化及与反应堆耦合的方案设计。

4.5 各国政策支持情况

1. 美国

美国、欧洲、日本和韩国的政府与工业界还在2016年3月联合举行了棱柱堆商用化的国际会议。目前，NGNP计划继续在美国能源部新项目先进反应堆技术或小型堆审评技术支持(SMR-LTS)项目的支持下开展先进燃料、石墨与其他材料等相关研究。2016年，该项目获得美国能源部5年4000万美元的财政支持。

此外，美国近些年的一项重要工作是针对高温气冷堆和熔盐堆等先进反应堆制定设计准则，在过去的几年中，美国能源部的核能办公室一直与美国核管会在高温气冷堆的许可证策略方面开展交流与合作，2014年底已经将相关草稿提交美国核管会评审。

2. 日本

2011年福岛核事故之后，日本民主党曾宣称零核能政策，但随着自民党上台，新的战略能源计划确立，核电站重启已成为事实，高温气冷堆的国际合作将继续推行。

3. 俄罗斯

俄罗斯也在GT-MHR的基础上进一步研发新堆型，主要集中在能量转换系统和包覆颗粒的研究上，并考虑为发电、石油精炼、制氢等目标部署新的模块堆。同时，也针对潜在市场、公私合营、潜在用户等方面开展评估。

4. 欧盟

欧盟开展了一系列项目推动高温气冷堆技术发展，包括欧洲可再生核能技术平台项目(the sustainable nuclear energy technology platporm，SNETP)、工艺热、制氢与发电反应堆项目(reactor for process heat、hygrogen and electricity generation，RAPHAEL)、利用创新型核反应堆为工业热应用提供可再生能源的最终用户需求项目(end-user requirements for industrial process heat applications with innovatice nuclear reactors for sustainable energy supply，EUROPARIS）和先进反应堆的热电联产研发项目（advanced high - temperature reactors for cogeneration of heat and electricity R&D，ARCHER）等。

5. 韩国

在韩国，超高温气冷堆主要用于制氢，包括关键技术研发及示范工程验证，已被列为其国家能源战略。关键技术研发项目包括开发计算工具、高温实验技术、TRISO 燃料制备方法及制氢工艺等。2014 年，实验室级别的加压硫碘制氢工艺开始运行，2015 年达到 50 L/h 的稳定产量；2015 年，超过 900 ℃的氦气实验回路（helium experiment loop，HELP）成功运行并可提供数据用于计算工具的验证，下一步准备验证高温换热器；采用空气冷却的反应堆安全壳冷却系统（reactor containment cooling system，RCCS）完成了 5 个自然循环实验；韩国原子能研究院（Korea atomic Energy Research Institute，KAERI）研制的 TRISO 燃料已经在 HANARO（high - flux advanced neutron application reactor）研究堆上完成了辐照试验。另外，针对超高温气冷堆的概念设计已经完成了经济性评估，并且已经制定了其示范工程的计划，反应堆运行和示范估计在 2028 年之后开始。

6. 其他

一些新兴国家也开始了高温气冷堆技术的发展计划，印尼从 2010 年开始将热电联产的核反应堆列入国家中期能源发展计划，并制定了从实验堆到多功能电站的发展计划。2015 年，印尼的实验堆还开展了国际招标，最终由俄罗斯的 Rosatom 公司中标并开展概念设计，但印尼政府 2015 年对核能政策的改变使得该项目后续的发展不甚明朗。

哈萨克斯坦在日本的全面支持下，制定了从实验堆、示范堆到商用堆的一系列发展计划，并准备把引进、吸收国外先进技术及出口矿物资源列入国家战略规划。

4.6 小结

高温气冷堆由于具有固有安全性、高温输出等特性，以及多年的研发运行经验，成为了第四代先进反应堆目前最具发展潜力的一种堆型。日本福岛核事故使世界核电行业、民众的焦点重新聚集到核电的安全性上。而高温气冷堆具有功率密度低、热容量大、负反应性温度系数、余热可依靠热传导与辐射传出等特性，因此其安全性能好，这对于高温气冷堆被大众所接受十分有利。

高温气冷堆具有的高温能量输出，在热电联供、工艺热应用等方面具有很大优势。从图 4-2 显示的工业热应用图谱来看，高温气冷堆可以满足从石化产品加工到制氢、煤气化等很大范围内的应用需求。对于我国“富煤贫油”的能源结构来说，高温气冷堆在煤化工领域具有广阔的发展前景。制氢目前常用的碘硫循环与高温电解方法对于温度要求较高，高温气冷堆的高温热能输出对于其经济性的提高具有很大帮助。

核能高温工艺热应用研发的不断深入，将为我国工业领域的供热和化工品生产的化石燃料替代起到巨大的支撑作用。使用高温气冷堆工艺热作为热源，可完全避免燃煤锅炉的建设，显著降低污染物排放量，进一步提升能源综合利用效率。

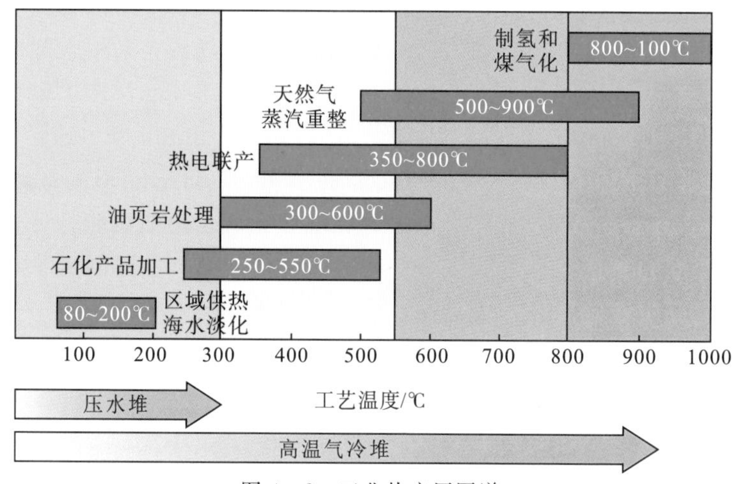

图 4-2　工业热应用图谱

高温气冷堆模块化概念设计的提出，降低了建造成本，提高了经济竞争力，进一步使得高温气冷堆离走向工业应用标准化的目标越来越近。而且小型模块化设计也为局部区域性的热电应用提供了更加灵活、广阔的发展空间。

高温气冷堆经过多年不断研究，积累了大量经验。我国正在依此建设示范工程，使得在进一步提高经济性后，面对未来多用途能源的供应需求，具备规模推广的技术基础。

气冷快堆理论上可以使铀及其更重的同位素如钚和镅在反应堆中进行再循环直至最终烧尽。闭式燃料循环能够使原料得到最大利用，同时切实缩短了废物的放射性寿命，这在资源利用和乏燃料后处理等方面具有重大的意义。但气冷快堆还存在很多技术问题亟待解决，短期内难以实现商业化应用。

>>> 第 5 章　小型金属堆快堆技术

5.1　国内外研发进展

从“热堆向快堆”转变是国际核工业界公认的裂变反应堆技术发展趋势（见图 5 - 1）。6 种第四代反应堆型中，有 3 种属于快谱反应堆。小型快堆可实现固有安全、燃料增殖、放射性废物嬗变、非现场换料等技术目标，从而实现核能的可持续发展和绿色发展，是未来裂变反应堆发展最重要的方向，对核能的可持续发展具有重要意义。

目前国际上关于小型快堆的研究主要集中于美国、日本、俄罗斯、欧盟、加拿大等核电发达国家和地区。

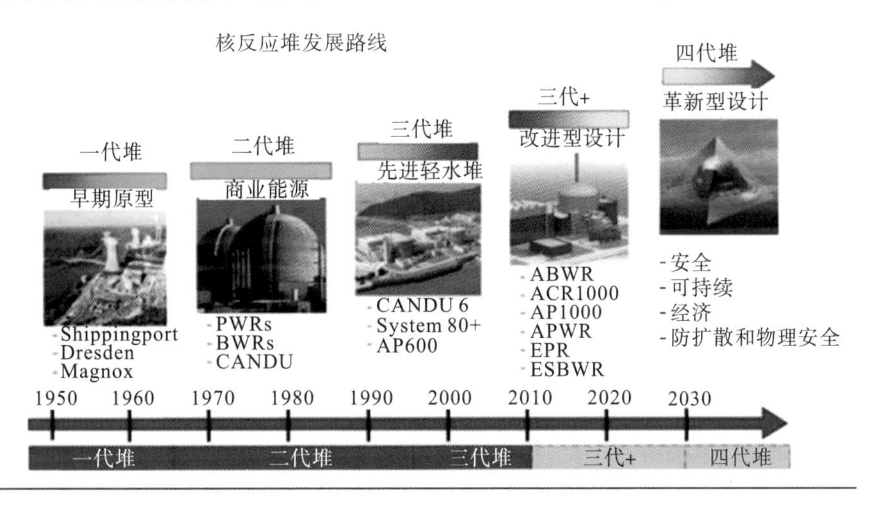

图 5 - 1　裂变反应堆发展路线图

上述国家正在开发的小型快堆主要有三类：铅基冷却快堆、钠冷快堆、气冷快堆，与第四代核能系统国际论坛提出的三种快堆一致。目前已被列入国际原子能机构(IAEA)金属小堆技术发展路线图的反应堆共有6种堆型(见表5-1)。俄罗斯已有铅铋快堆实际建造和运行经验(阿尔法级核潜艇),在小型快堆的研发上明显领先于其他国家。

表5-1 IAEA小型快堆技术路线图堆型列表

堆型	冷却剂	开发国家
SVBR-100	铅铋	俄罗斯
BREST-OD-300	铅	俄罗斯
SSSS	钠	日本
LEADIR-PS	铅	加拿大
G4M	铅铋	美国
EM^2	氦气	美国

除上述路线图中的堆型外,还有一些快堆技术研发项目正在开展,但并未公开足够信息或因功率较大而未列入IAEA小型堆发展路线图,如:美国的电功率50 MW的铅铋冷却密封核热源(encapsulated nuclear heat source, ENHS)和电功率10~100 MW的铅合金冷却小型安全可移动独立反应堆(small secure transportable autonomous reactor, SSTAR),欧洲的(European lead-cooled system, ELSY)项目设计的欧洲铅冷快堆(European lead fast reactor, ELFR)反应堆。

此外,加速器驱动次临界系统(accelerator-driven subcritical system, ADS)是由加速器、散裂靶和次临界反应堆等组成的系统,其能够将长寿命高放射性核素嬗变成为短寿命核素或者稳定核素并减小体积(利用快中子),同时具备增殖核燃料(核反应中产生的易裂变材料大于消耗的易裂变材料)的能力,也具备利用核裂变能发电的潜力,被国际公认为是最有前景的核废料嬗变技术途径。

5.2 技术特点

5.2.1 铅冷小型快堆简介

铅基反应堆作为具有重要发展前景的先进核能方向,其技术既可以应用于裂变核能系统，也可以应用于未来聚变核能系统，同时也可以应用于次临界混合核能系统。通过对铅基反应堆的研究，可以形成一整套在时间上兼顾近、中、远期发展需求，在应用上覆盖聚变技术和裂变技术，在功能上包含能量生产、核废料嬗变、核燃料增殖的可持续发展技术路线。另外，铅基反应堆在其他国民经济与国家能源战略方面也有诸多应用前景。

第一，可以用于大规模生产氚。氚是未来聚变堆的启动燃料，而氚在自然界中含量极少。铅基次临界堆在产氚方面具有显著优势：铅锂材料既可作为氚增殖剂，也可作为冷却剂，从而能够简化产氚反应堆的设计；此外，次临界堆具有固有安全性，能够在保证大规模产氚的前提下不对反应堆的安全性产生影响。

第二，可以实现钍资源的高效利用。铅基反应堆由于具有良好的中子经济性，有利于钍-铀转化，可以实现钍资源的高效利用。

第三，可以生产二次清洁能源氢。氢作为一种清洁能源，具有热值高、无污染等特点，当前国际市场上氢的需求量以每年大于8%的速度增长，未来还将可能得到更大规模的应用。铅冷快堆在较高的温度运行时，较适宜于热化学制氢，核能与氢能的结合将使能源生产和利用的全过程实现清洁化。目前，美国、俄罗斯等国都已经开展了大量铅冷快堆制氢技术研究。

第四，铅基反应堆可以实现海洋开发/小型电网供电等其他方面的应用。海洋开发一般远离大陆，能源供给较为不便，而铅基反应堆能量密度高且适合小型化，是海洋开发的理想能源供给平台。一些电力需求较小的国家或地区，不适合建造大型反应堆，小型反应堆在这些国家或地区具有很好的前景。

国际上开发铅基冷却快堆的机构相对较多。俄罗斯、欧洲、美国、加拿大等均在开展此堆型的研究。

俄罗斯是世界上唯一掌握并成功应用过铅铋合金冷却技术(十一月级和阿尔法级核潜艇)的国家，也是目前国际上唯一有铅铋合金冷却反应堆工程建造项目的国家。SVBR－100是俄罗斯开发的小型模块化铅铋合金冷却快堆，热功率为280 MW，电功率约为100 MW，其继承并发展改进了苏联阿尔法级核潜艇动力装置的相关技术，由俄罗斯国家原子能公司和私营企业Irkutskenergo的合资公司AKME负责建造试验性发电机组。同时，俄方将借助SVBR堆型的模块化多用途能力帮助使用者在已使用过的核电站厂内实现机组(如VVER－440)的更替和革新，以及实现水上浮动核电站的建立。

除俄罗斯外，国际上还有日本的LSPR项目、美国的SSTAR项目和欧盟的 ELSY 项目，研究工作集中在系统整合与评估、燃料材料开发、铅基合金冷却技术、系统与部件设计等方面，其中燃料开发和铅基合金冷却技术是研究重点。

2015 年西屋公司宣布已就该公司下一代清洁能源项目铅冷快堆 LFR 的设计与美国能源部展开合作，西屋公司总裁罗睿德表示“西屋已经锁定下一代技术，我们坚信下一代即将部署的先进反应堆技术将是 LFR 电站”。西屋 LFR 电站可用于发电、制氢、海水淡化，具有很好的负荷跟踪能力。

此外，欧洲和日本也在积极开展铅基合金冷却快堆的研究，其中欧盟的 ELSY 反应堆开发已经进入第二阶段的小功率示范工程设计，设计堆型为 ELFR。

以下是国际上典型小型快堆技术特点介绍。

5.2.2 铅冷小型快堆

1. SVBR－100

铅铋快堆的典型代表是俄罗斯开发的 SVBR－75/100(见图 5－2)，该反应堆是第四代核能论坛承认的先进核能系统之一。

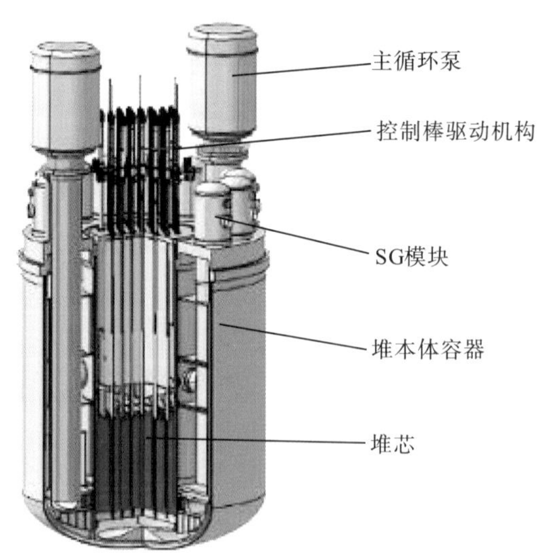

图 5－2　SVBR－75/100 反应堆示意图

该堆换料周期约为 7～8 年，燃料富集度小于 20%。该堆采用混合氧化物燃料(mixed oxide fuel，MOX)燃料实现封闭的燃料循环。其核岛示意图及反应堆参数见图 5－3 及表 5－2。

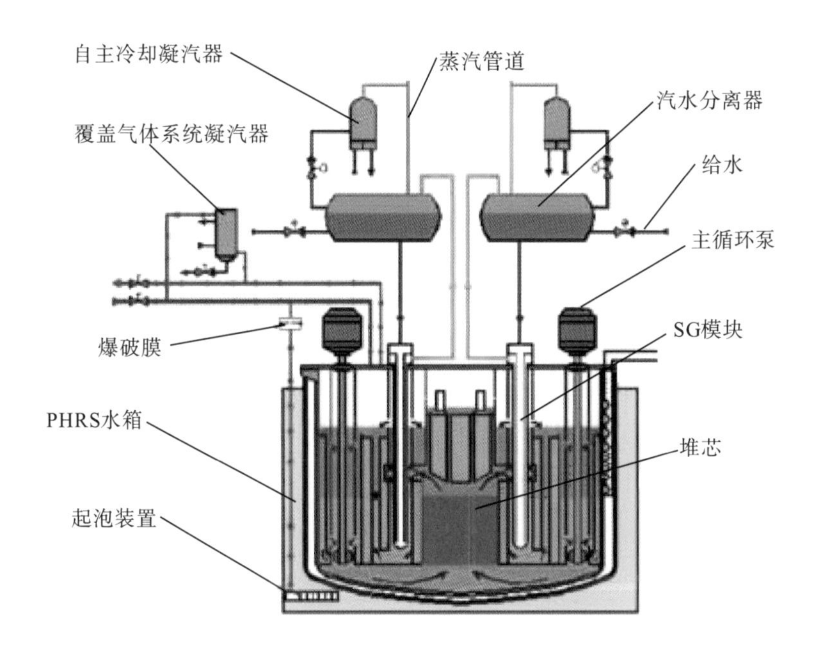

图 5-3　SVBR-75/100 核岛示意图

表 5-2　SVBR-75/100 反应堆参数

参数	数值或描述
电功率/MW	100
热功率/MW	280
负荷因子	<0.9
设计寿命/a	60
冷却剂/慢化剂	铅铋合金
一回路循环方式	强迫循环
系统压力	低压
堆芯(进/出口)温度/℃	340/485
主要反应性控制方式	控制棒
压力容器高度/m	7.55
压力容器直径/m	4.53
反应堆重量/t	280
冷却剂系统布置方式	一体化
功率转换过程	间接朗肯循环

续表

参数	数值或描述
燃料类型	UO_2
燃料富集度	<19.3%
平均燃耗深度/(GW·d·(tU)$^{-1}$)	60
换料周期/a	7～8
专设安全设施	非能动
安全系统列数	4
换料耗时/d	60
电站模块数量	1～6
建造周期/a	3
抗震能力	0.5g
堆芯损坏频率/(堆·年)$^{-1}$	1E-8

2. BREST-OD-300

该反应堆是俄罗斯电力工程公司研发中心NIKIET开发的铅冷快堆，该反应堆电功率为300 MW，采用致密氮化铀钚作为燃料，铅作为冷却剂；采用两级热量传输系统产生超临界蒸汽发电。该堆将实施试验和示范堆建设。

该堆的固有安全反应堆将是闭合核燃料循环的一部分，可使用现场后处理和相关设施无限期循环利用燃料，其参数见表5-3。该反应堆的长期规划计划使用300 MW机组作为商业发电广泛应用的1200 MW机组的先驱。这一发展规划属于2010至2020年先进核技术联邦计划的一部分，旨在开发快堆这种极大提高铀利用、减少需处置铀废物的反应堆。

表5-3　BREST-OD-300反应堆参数

参数	数值或描述
电功率/MW	300
热功率/MW	700
负荷因子	>0.82
设计寿命/a	30
冷却剂/慢化剂	铅
一回路循环方式	强迫循环

续表

参数	数值或描述
系统压力	低压
堆芯进/出口温度/℃	420/535
主要反应性控制方式	轴向移动反射层/固定吸收体
压力容器高度/m	17.5
压力容器直径/m	26
反应堆模块重量/t	27000
冷却剂系统布置方式	一体化(池式)
功率转换过程	间接朗肯循环
燃料类型	PuN - UN
燃料活性段高度/m	1.1
燃料组件数量	145
燃料富集度	约 13.3%
平均燃耗深度/(GW·d·(tU)$^{-1}$)	61.45
换料周期/月	60～72
增殖比	1.05
专设安全设施	非能动
电站模块数量	1
建造周期/a	2(现场建设)
抗震设计	VⅡ - MSK 64

3. G4M

G4M 是由美国 Gen4 公司开发的铅铋冷却小型堆(见图 5 - 4)，堆芯热功率为 70 MW，电功率为 25 MW，已于 2015 年完成概念设计，该堆运行时不需要操作员，无需现场换料，每运行 10～15 年后运回工厂进行换料。该堆还有以下特点：

(1)单堆布置于地下，建筑物封闭；

(2)紧凑和简化设计使其能够大规模生产并便于用现成容器运输；

(3)适中的尺寸和设计简化可降低经济投资并提升系统可靠性；

(4)较低的功率和非能动冷却系统可实现高度的安全性。

该反应堆主要针对三种主要的市场应用，包括矿石、石油、天然气生产，孤网和孤岛地区应用及其他政府特殊装置应用。

设计时注意避免较高的建设成本和较长的建设周期。若为偏远地区供能，则要求反应堆具有较好的可运输性和运行安全性，其参数见表 5-4。

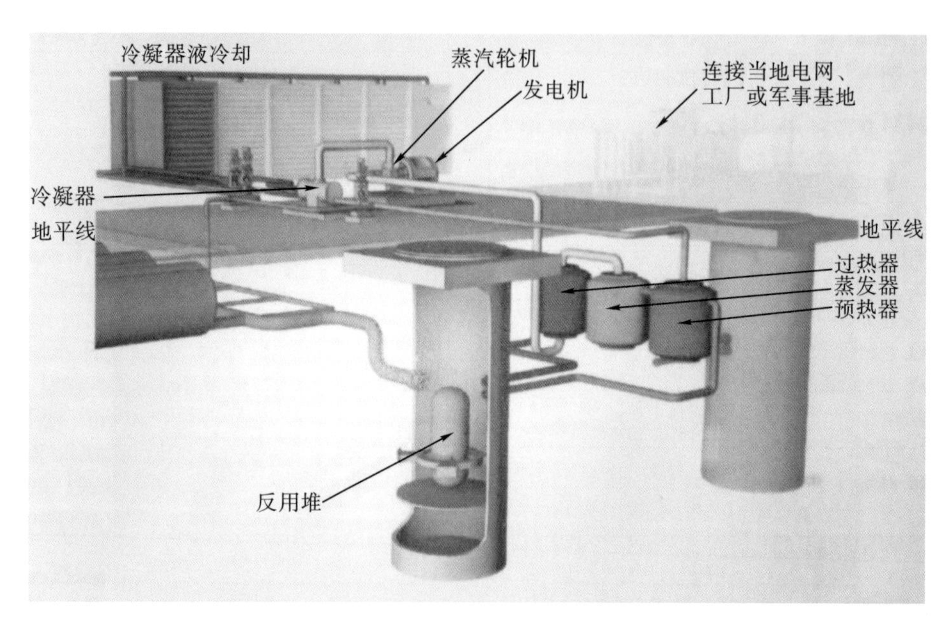

图 5-4　G4M 反应堆示意图

表 5-4　G4M 反应堆参数

参数	数值或描述
电功率/MW	25
热功率/MW	70
负荷因子	>0.9
设计寿命/a	5～10
冷却剂/慢化剂	铅铋
一回路循环方式	强迫循环
系统压力	低压
堆芯进/出口温度/℃	—/500
主要反应性控制方式	棒和 B_4C 球
功率模块高度/m	2.5
功率模块直径/m	1.5

续表

参数	数值或描述
反应堆模块重量/t	18
冷却剂系统布置方式	一体化(池式)
功率转换过程	间接朗肯循环
燃料类型	氮化铀
燃料组件数量	24
燃料富集度	约 19.75%
换料周期/a	10
专设安全设施	能动加非能动
安全系统列数	2
电站模块数量	1

4. LEADIR－PS

该堆是加拿大北方核工业股份有限公司开发的小型铅冷快堆(见图 5－5)，采用一体化、非能动安全设计，旨在满足加拿大的电力和热能需求。另外开发的三种不同功率的反应堆包括：LEADIR－PS30(热功率 30 MW、电功率 11 MW)、LEADIR－PS100(热功率 100 MW、电功率 39 MW，其参数见表 5－5)、LEADIR－PS300(热功率 300 MW、电功率 120 MW)。

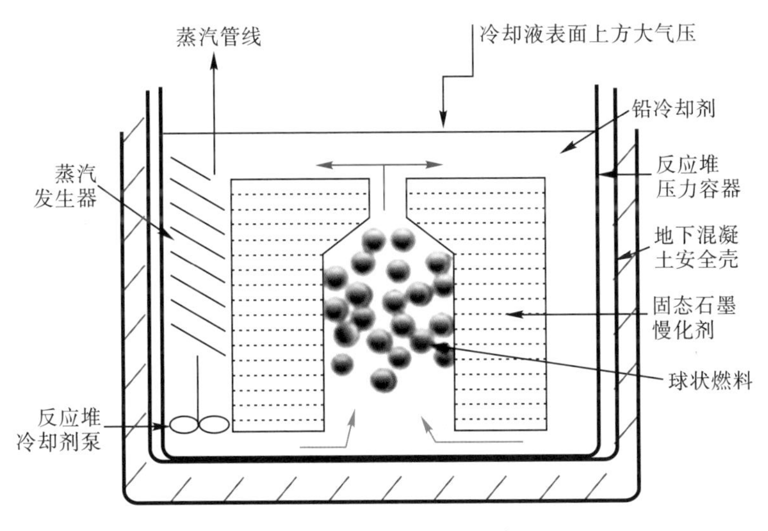

图 5－5 LEADIR－PS 示意图

该堆从设计上消除了失水事故和衰变热移出能力不足的相关事故，采用石墨慢化，堆芯维持负反应性温度系数。

该堆采用池式设计，反应堆冷却剂系统在接近常压下运行。

表 5-5 LEADIR-PS100 反应堆参数

参数	数值或描述
电功率/MW	39
热功率/MW	100
设计寿命/a	60
冷却剂/慢化剂	Pb208/石墨
一回路循环方式	强迫循环
系统压力	低压
堆芯进/出口温度/℃	360/560
主要反应性控制方式	控制棒、在线加料系统
压力容器高度/m	10.2
压力容器直径/m	3.2
冷却剂系统布置方式	一体化
功率转换过程	间接朗肯循环
燃料类型	TRISO 包覆颗粒
燃料球直径/mm	60
球床数量	3
燃料球数目	94500
燃料富集度	9.8%
燃耗深度/(GW·d·$(tU)^{-1}$)	86
专设安全设施	非能动
电站模块数量	1
建造周期/a	2

5.2.3 钠冷小型快堆

SSSS(4S)该反应堆是日本东芝公司开发的钠冷池式快堆(见图 5-6)，旨在开发作为多用途的分布式能源供体。根据需求，可选择两种不同的能量输出(热功率30 MW、电功率10 MW或者热功率135 MW、电功率50 MW)。该堆并不是增值堆。

该堆无需现场换料，堆芯寿期约为30年。该堆通过堆芯周围的反射层移动来实现燃耗补偿30年运行期间的反应性损失，其参数见表5-6。

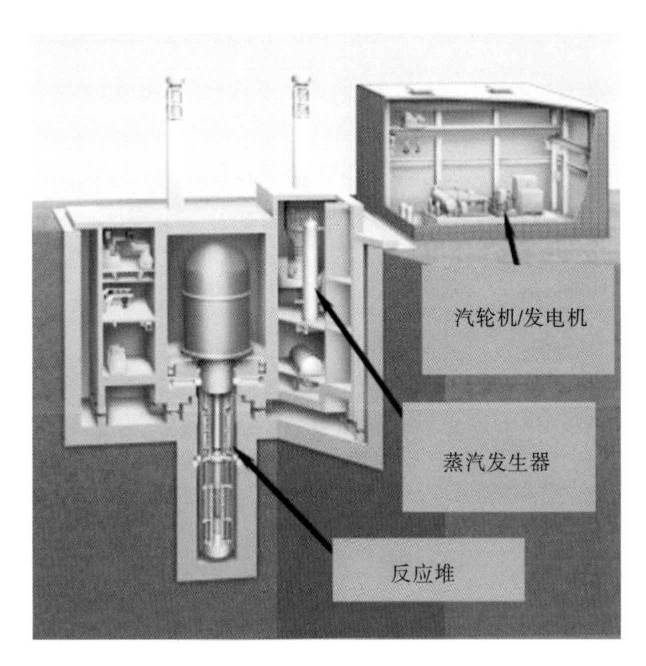

图5-6　4S反应堆示意图

表5-6　4S反应堆参数

参数	数值或描述
电功率/MW	10
热功率/MW	30
负荷因子	>0.95
设计寿命/a	60
冷却剂/慢化剂	钠
一回路循环方式	强迫循环
系统压力	常压
堆芯(进/出口)温度/℃	355/510
主要反应性控制方式	轴向移动反射层/固定吸收体

续表

参数	数值或描述
压力容器高度/m	24
压力容器直径/m	3.5
压力容器重量/t	100
冷却剂系统布置方式	一体化(池式)
功率转换过程	间接朗肯循环
燃料类型	金属燃料(铀锆合金)
燃料活性段高度/m	2.5
燃料组件数量	18
燃料富集度	<20%
平均燃耗深度/(GW·d·(tU)$^{-1}$)	34
换料周期/月	~30
专设安全设施	能动加非能动
安全系统列数	3
电站模块数量	1
建造周期/a	2(现场建设)
抗震设计	隔震装置
堆芯损坏频率/(堆·年)$^{-1}$	1.7E-8

5.3 国内技术基础

1. 钠冷快堆

中国原子能科学研究院于2011年成功建成中国实验快堆，实现并网发电。该堆热功率为65 MW、电功率为20 MW。通过后续一系列运行试验，我国已完全掌握了钠冷快堆技术，具备了较好的技术基础。

2. 铅基冷却快堆

中科院在铅冷堆研发方面的能力较为突出。2011年，中科院战略先导科技专项“未来先进核裂变能——ADS嬗变系统(加速器驱动次临界系统)”批准立项，该项目由中科院近代物理研究所牵头，核安全所、高能所等多家研究单位共同参与，目的是掌握ADS系列和核废料处理关键技术，完成中国铅基合金冷却反应堆(China LEad - Alloy cooled Reactor，CLEAR)系列堆的设计和建造。同日，在国家发展与改革委员会组织编制的《国家重大科技基础设施建设中长期发展规划》的“十二五”建设项目遴选评审中，加速器驱动次临界嬗变系统研究装置和强流重离子加速器装置(HIAF)入选最后的16项“十二五”建设项目名单。此项目中，核安全所开展了部分铅铋基础运行及测试、热工水力、材料腐蚀等试验研究，取得了铅铋运行、冷却、腐蚀等相关试验数据。另外，核安全所在材料方面研制了分别用于聚变堆和ADS结构材料的CLAM钢和SIMP钢，也可考虑作为铅铋堆的候选结构材料。

2015年国家“十二五”重大科学基础设施——加速器驱动嬗变研究装置CIADS(China Initiative Accelerator Driven System)批准立项，该项目由兰州中科院近代物理研究所牵头，中广核研究院、中国原子能研究院、中科院高能所、核安全所等研究单位共同参与，其中反应堆采用铅铋冷却次临界堆技术，建成后反应堆功率将达到10 MW。

5.4 关键技术问题

目前，国际上快堆技术主要以金属快堆为主，金属快堆主要有钠冷和铅基冷却两种。本文将对钠冷和铅冷的优缺点做一个比较。

液态金属钠具有最优异的热物理及流体力学性能，最适合用于快堆极高体积比功率堆芯的稠密栅格，以实现核燃料的高速增殖，其全堆增殖比可达1.2～1.4，所以在早期的快堆发展中液态金属钠载热剂便成了首选。

虽然铅的密度相当于钠的12.37倍，但表征载热能力的密度与比热之乘积却仅为钠的1.45倍，而且由于保护结构材料的需要，铅的工作流速不能大于2.5 m/s，所以其载热能力受到很大限制。为了保留较好的堆芯体积比功率和把燃料组件表面温度控制在合理范围内，在铅冷快堆中不得不增加堆芯内铅的流通截面，将元件棒间距与棒径之比(P/D)由钠冷快堆中常见的1.2增至1.8，由于液铅的中子慢化能力低，也只有利用液铅做载热剂时才可以在堆芯内扩大铅载热剂的份额。

铅的中子吸收截面小、慢化能力低，在相同的堆芯几何条件下，铅冷快堆的中子能谱较硬，可获得略优于钠冷快堆的物理性能，但铅冷快堆的P/D值增为1.8后，相关计算表明，其中子物理性能明显下降，失去了核燃料高速增殖的优点，但却可保有使堆芯的内增殖比略大于1的可能性，用以实现反应堆内核燃料的自持循环。

在已建成的钠冷快堆核电厂中，能够达到多年稳定运行水平的只有俄罗斯的电功率为 600 MW 的 BN－600 和苏联建于哈萨克斯坦的钠冷快堆核电厂，其发电功率为 130 MW，每日供淡水 8 万吨，相当于总电功率为 350 MW，但 1999 年哈萨克斯坦的钠冷快堆核电站已停运。俄罗斯的 BN－800 已于 2016 年建成投运，电功率约 82 万 kW。

然而对于大功率商用规模的钠冷快堆来说，结果就没有这么幸运了。由于钠的沸点低，堆芯采用稠密栅格布置，钠的体积份额小，自然循环能力差等原因，在堆芯发生未被保护的失流事故（unprotected loss of flow accident，ULOF）和全部供电中断事故（total loss of power accident，TLOP ）条件下，堆芯内的钠温迅速达到沸点，形成钠蒸汽，而堆芯内导致正反应系数的钠空泡和在此过程中熔化的燃料逐渐由堆芯上端向堆芯中央区移动，形成核燃料向中心区的密集过程，这些都是正反应性的引入效应，再加上快堆中子倍增期短等原因，使大功率钠冷快堆的熔毁过程比热堆更复杂且具有更大的潜在风险。钠冷增殖快堆的堆芯熔毁与压水堆的同类过程有很大的不同，因为压水堆堆芯在过热熔化过程中将水排出堆芯，而水是中子慢化剂，其作用等同于热中子源，所以堆芯熔毁过程带来的是负反应性引入效应。从反应性引入的角度来说，钠冷增殖快堆与压水堆的堆芯熔毁过程有本质的不同，所以对钠冷增殖快堆的堆芯熔毁过程进行精准深入的研究，确认排除功率飞升的可能比设置堆芯熔化物的滞留装置更为重要，因为如果发生堆芯功率飞升事故，则任何型式的滞留装置都不能起保护作用。另外，液钠与空气和水的激烈放热化学反应这一始终挥之不去的巨大隐患，也是促使很多钠冷快堆提前关闭的重要原因。例如，美国首个电功率为 94 MW 的钠冷快堆于 1956 年开建，1963 年投入运行，于 1966 年关闭，经维修后 1968 年恢复运行，又因发生火灾，于 1972 年关闭。美国高通量试验装置钠冷快堆于 1980 年达到临界，到 1983 年 10 月因国会中止财政拨款而关闭。法国 Repsodie 池式钠冷快堆热功率 40 MW 于 1967 年首次达到临界，1983 年关闭。电功率为 233 MW 的 Phenix 钠冷快堆，1973 年开始并网发电，2009 年关闭，运行期间平均负荷因子只有 40%。Superphenix 商用钠冷快堆核电厂电功率为 1200 MW，在已建成的钠冷快堆核电厂中功率最大，1984 年开始运行，1998 年关闭，整个运行期间很少发电，平均负荷因子不到 8%。

在大功率的商用钠冷快堆核电厂中，由于 ULOF 及 TLOP 可能造成堆芯大部分熔化，所以在排除堆芯功率飞升之后也必须考虑在堆芯下部设置核燃料熔融物的滞留机构，以防止二次临界并对其进行就地冷却固化，还要对可能的钠向空气泄漏及在蒸汽发生器中水的泄漏进行精细的探测监督及考虑对相应泄漏事故的紧急处理措施。所有这些情况都是由液态金属钠载热剂本身的物理性能所决定的内在特征，不可能用其他辅助措施加以消除。

在铅冷快堆中，由于液铅的中子慢化能力低，可以拉大堆芯内的棒间距以增加堆芯内载热剂的份额，这时虽然在物理方面失去了高速增殖核燃料的优越性，但在反应堆安全方面却获得了巨大的收益：首先由于增加了堆芯内截热剂的流通截面，减少了堆芯流动阻力，增加了铅载热剂在一回路内的自然循环能力，在小功率铅冷快堆核电装置中甚至可以实现满功率条件下的自然循环，极大地简化了核电厂的传热系统；在大功率铅冷快堆中也可使依靠一回路自然循环安全载出的热能多于10%的额定功率下载出的热能，这明显超过了停堆后的堆芯剩余发热水平。更为突出的是在ULOF及TLOP条件下，由于堆芯内载热剂热容量的增加及自然循环冷却能力的增强，使堆芯出口温度仅增加了2500 K，离铅的沸点尚留有10000 K的巨大安全裕度。另外维持出口高温的时间很短，也不会给燃料元件包壳及其他结构材料造成损伤，凸显了铅冷快堆良好的自然安全性能。

铅冷快堆堆芯内的核燃料增殖比略大于1，一般在1.02～1.05范围内，产生的少量过盈的核裂变材料，仅用以补偿在全部燃料循环过程中不可避免的燃料损失，因而在运行过程中反应性变化很小，不需要很大的反应性燃耗储备，在运行过程中堆芯内的燃料成分及功率密度分布基本稳定，这些特点都有利于反应堆安全及长期稳定运行。铅冷快堆满负荷运行时，堆芯反应性储备小于缓发中子有效份额β_{eff}，所以即使在10 s之内将堆芯内的控制棒全部提升至堆芯以外都不会对堆芯造成损伤，自然排除了堆芯功率飞升的可能性。对于小功率铅冷快堆更可以设计长达20～30年的换料周期，负荷自动跟踪，堆功率在一定的变化范围内甚至不需要移动控制棒，极大地简化了运行管理，可为边远地区建立独立的能源体系并提供理想的核能装置。

鉴于上述原因，目前国际上对于金属快堆的研究逐渐集中于铅基冷却快堆的研究。目前，铅基冷却快堆的关键技术问题主要有以下四个方面。

1)一体化铅基快堆设计技术

(1)总体方案设计技术：系统总体设计、主参数优化、系统方案配置；

(2)燃料组件设计技术：燃料组件选型定型、组件方案论证及设计；

(3)堆芯设计技术：核(屏蔽)设计技术、热工设计技术、安全评价技术。

2)铅铋合金冷却技术

(1)实验参数控制、测量和分析评价技术；

(2)系统控氧防腐技术：氧含量探测技术、气固态氧含量调节技术；

(3)高精度热工流体模型开发技术。

3)燃料材料制备工艺技术

(1)铀锆合金燃料射铸熔炼成分均匀化控制技术；

(2)包壳材料冷热处理技术和预覆层制备技术。

4)辐照和放射性管理技术

(1)铅基合金环境下高低温辐照装置设计技术;

(2)Po 元素分离净化技术。

5.5 各国政策支持

俄罗斯。目前，俄罗斯是国际上对于小型快堆研发力度最大和技术最领先的国家，并且俄罗斯的钠冷快堆和铅铋冷却快堆技术均走在世界前列。但由于钠冷快堆回路数较多，难以实现小型化，因此俄罗斯的小型快堆均采用铅基快堆的技术路线。

俄罗斯国家原子能集团总经理谢尔盖·基里延科在“2015 原子能展”论坛(Atomexpo-2015)的全会上表示：俄罗斯 2025 年前将掌握商业快堆技术。

俄罗斯国家原子能集团在商用冷却快堆领域的研发和工程建设受到了俄罗斯政府的大力支持，是俄罗斯政府核能出口的重要战略方向。预计快堆技术一旦实现商业化，可成为俄罗斯核能领域出口的重要产品。

欧盟。欧盟集中各国资源开展铅冷堆研发，成立了欧洲铅冷系统(European lead-cooled system，ELSY)，其是欧洲第 6 个研究框架规划(FP6)内属放射性废物管理领域的特定目标研究或创新项目，该项目一期于 2010 年 2 月结束，后续研究由欧洲铅冷却先进示范反应堆(lead-cooled European adranced demonstration reactor，LEADER)项目在 FP7 框架下继续开展，主要设计堆型为欧洲铅冷却快堆 ELFR。

美国。美国的快堆研究主要由西屋、Gen4、EM^2 等以公司行为发起，在政府层面，目前对于小型堆的支持主要针对 Nuscale 和 mPower 等水堆。

5.6 小结

小型快堆目前主要有钠冷、铅冷和气冷三种类型，均被第四代核能系统国际论坛列为最有希望的第四代核能技术。钠冷快堆在国际上已有相当的建设运行经验，我国已建成实验快堆，具有相当的技术储备。铅冷快堆具有优良的中子学、热工水力学及安全特性，根据第四代核能系统国际论坛发布的第四代核能系统路线图，其有望成为首个实现工业示范和商业化应用的第四代先进核能系统，近年来在国际上受到越来越多的关注。气冷快堆目前还处于探索阶段，短期很难实现商业化应用。

>>> 第 6 章　小型熔盐堆技术

6.1　国内外研发进展

6.1.1　熔盐堆基本情况介绍

熔盐反应堆(molten salt reactor，MSR)(以下简称"熔盐堆")是核裂变反应堆的一种，其主冷却剂是一种熔融态的混合盐，它在高温下工作时可以保持低蒸汽压，从而降低机械应力，提高安全性，并且比熔融钠冷却剂的化学活性低。熔盐堆的核燃料既可以是固体燃料棒、燃料球，也可以是溶于主冷却剂中的弥散体燃料。弥散体燃料的应用可以简化反应堆结构(见图 6-1)，且无需制造燃料棒，使燃耗均匀化，并允许在线燃料后处理。对于熔盐堆，最新的研究着眼于高温低压主冷却回路的实际优势，许多现代设计方案采用陶瓷燃料在石墨基质中均匀分布，熔盐提供低压、高温的冷却方式，该可式可使熔盐更有效地将热量带出堆芯，从而降低对泵、管道及堆芯尺寸的要求，使得这些元件的尺寸缩小。

对熔盐堆的集中研究始于美国飞行器反应堆实验(aircraft reactor experiment，ARE)计划。ARE 是一个 2.5 MW 热功率的核反应堆实验(本实验的金属结构和管道采用了铬镍铁 600 合金)，旨在使核反应堆达到可作为核动力轰炸机引擎的高功率密度。该计划促成了几个实验，其中的三个引擎测试实验(HTRE-1、HTRE-2 和 HTRE-3)统称为热转移反应堆实验。其中一个实验用熔融氟盐 $NaF-ZrF_4-UF_4$(53∶41∶6 摩尔百分比)作为燃料，用氧化铍(BeO)作为慢化剂，用液态钠作为二次冷却剂，峰值温度为 860 ℃，在 1954 年连续运行了 1000 h。

20 世纪 60 年代，橡树岭国家实验室(Oak Ridge National Laboratory，

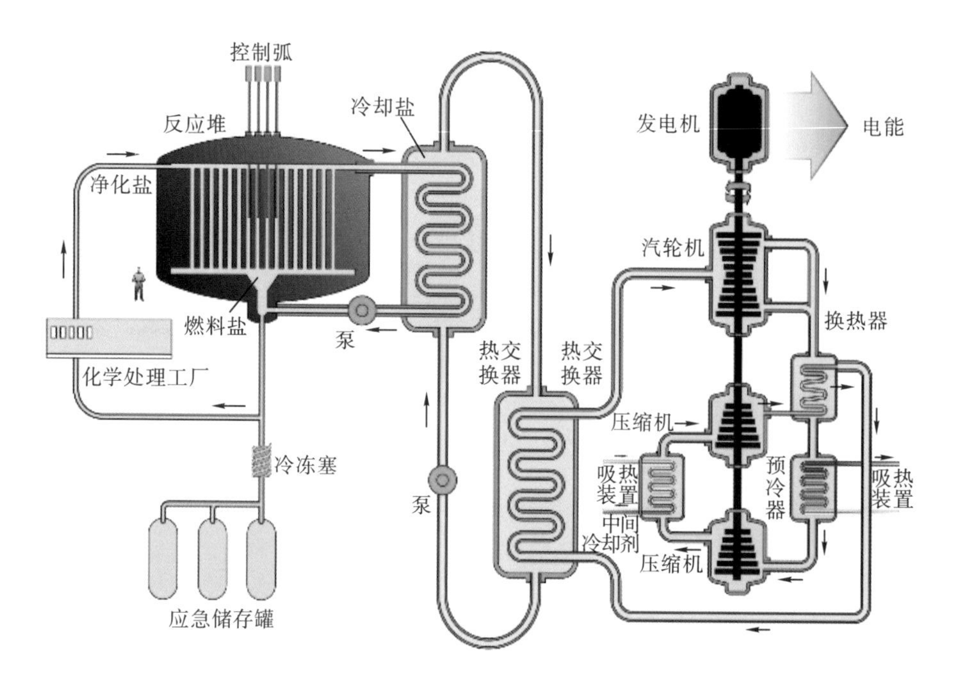

图 6-1　熔盐堆回路示意图

ORNL)在熔盐堆研究中居于领先地位，其大部分工作随着熔盐堆实验(molten-salt reactor experiment，MSRE)达到顶峰。MSRE 也是一个 7.4 MW 热功率的试验堆，用以模拟固有安全超热钍增殖堆的中子“堆芯”。它测试了铀和钚的熔盐燃料，被测试的$^{233}UF_4$液态燃料有着将废料降至最少的独特衰变道，废料同位素的半衰期在 50 年以下。反应堆 650 ℃的炽热温度可以驱动高效热机——燃气轮机。为了便于中子测量，庞大而昂贵的钍盐增殖层被略去。MSRE 管道、堆芯包壳和结构组件由哈斯特洛伊镍基-N 合金制造，其慢化剂是热解石墨。MSRE 于 1965 年达到临界，并运行了四年。MSRE 的燃料是 $LiF-BeF_2-ZrF_4-UF_4$(65∶30∶5∶0.1 的摩尔百分比)，采用石墨堆芯慢化，二次冷却剂是 FLiBe($2LiF-BeF_2$)。MSRE 温度可达到 650 ℃，运行时间相当于满功率运行 1.5 年。橡树岭国家实验室在 1970—1976 年间的最终研究成果是以下的 MSR 设计方案：它的燃料为 $LiF-BeF_2-ThF_4-UF_4$(72∶16∶12∶0.4 的摩尔百分比)，慢化剂是使用周期为 4 年的石墨，二次冷却剂为 $NaF-NaBF_4$，峰值工作温度为 705 ℃。

1973 年发生的三里岛核事故成为核工程时代的分水岭之后，虽然橡树岭国家实验室进行了一些后续研究，但由于失去了资金支持，熔盐堆被暂时放弃近三十年。直到 2002 年第四代反应堆规划推出，这个几乎被遗忘的技术才再次成为热门研究课题。

6.1.2 世界各国的熔盐堆研发情况

自第四代反应堆规划推出，各国开展了大量的研究工作并制定了研究计划，具体介绍如下。

1. IMSR，加拿大

加拿大的400MW一体化熔盐堆(integral molten salt reactor，IMSR400)是一个小的模块化的熔盐燃料反应堆(见图6-2)，它的特点是把主泵、换热器、停堆棒都放在完全密闭的压力容器中。在反应堆寿期末IMSR核心部件的压力容器将会作为单一部件被完全替换。核电站为了避免由于任何原因去打开或者维修压力容器，对工厂生产的质量水平和经济性有一定的要求。为了使IMSR在应对极端情况下的异常状况时，不依赖于操作员的干预、动力机械部件、冷却剂的注入或其他系统的支持(如电力供应系统和仪用空气系统的支持)，其设计特点应满足：

(1)熔盐的稳定性和惰性；

(2)固有安全的堆芯设计；

(3)完全非能动的备用堆芯和包容冷却系统；

(4)一体化的反应堆结构。

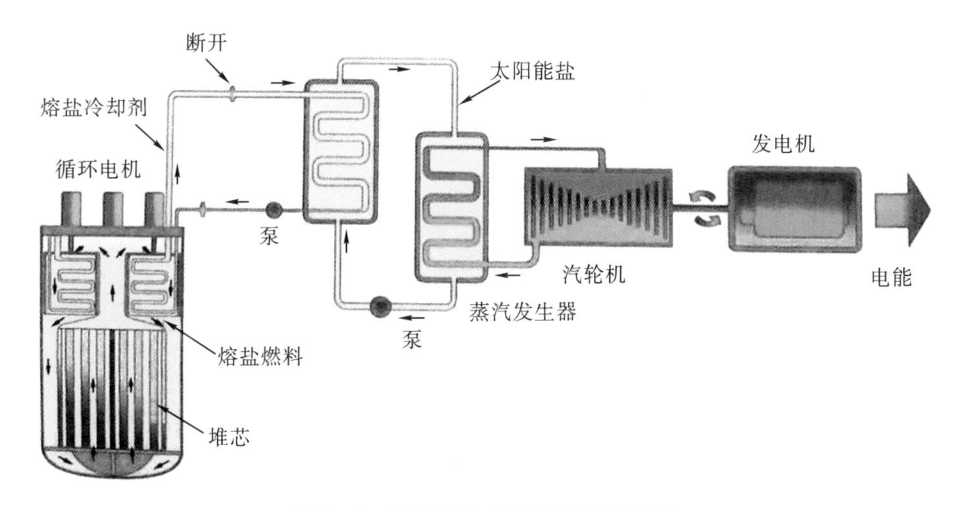

图6-2 IMSR400熔盐堆回路示意图

IMSR电站可以满足从额定功率到负荷跟踪的变负荷用户需求，它以简单的模块和可更换的核心部件及非常可靠的评级为目标。IMSR考虑工厂制造而进行了特殊的设计，它的核电部件很小并且可以公路运输，且它的核心部件设计寿命较短，并且允许专用工厂生产线半自动地生产其部件。2015年

IMSR400 熔盐堆概念设计完成，2016 年启动前置许可供应商设计评审（由加拿大的核监管机构评审），并启动基础工程阶段，2017 年完成加拿大核监管机构预许可第一个阶段供应商设计评审，2018 年开始加拿大核监管机构预许可第二阶段供应商设计审查。

2. MSTW，丹麦

丹麦的（molten salt thermal wasteburner，MSTW）熔盐热废燃烧堆是以乏燃料和钍混合物为燃料运行的热谱单熔盐堆，计划建设拥有两级涡轮机的电功率为 100 MW（或者 115 MW）、热功率为 270 MW 的反应堆。它的堆芯出口温度为 700 ℃，但是对于特殊用途如制氢，出口温度可以达到 900 ℃。MSTW 是围绕着固有安全进行设计的，它在异常的情况下不需要采取积极措施去控制反应堆。完全模块化的 MSTW 适合大批量的生产。当其中的一个模块寿期结束时，冷却下来之后将会被提取并且在内部的工业企业回收后被重新利用。MSTW 中包括石墨基慢化剂在内的堆芯预计寿期为 7 年，然而电厂将会在 60 年的设备生命周期中运行相同一批乏燃料。MSTW 在早期设计阶段的主要关注点在于中子、辐射输运、计算流体力学及其物理设计。

MSTW 可用于发电、区域供热或者制冷、海水淡化等。由于它高的出口温度，很适合用于合成燃料及工业生产过程的热应用。它的高燃耗和直接以乏燃料为燃料使得对于乏燃料储量的减少是一个很好的选择。然而它在无需修改的情况下，能够运行多种不同燃料的排列。MSTW 反应堆结构示意图如图 6－3 所示。

图 6－3　MSTW 熔盐堆示意图

3. ThorCon，国际联合

国际联合的 ThorCon 是一个熔盐核反应堆，与全部目前运行的反应堆不同，它的燃料是以流体的形式存在的。该熔盐堆通过泵循环，并且在事故情况下，可以非能动排水。ThorCon 在略高于大气压下运行，并且可以使用标准厚度的管道和易于实现自动化及船舶式钢板的施工方法。该电站的整个核部都在地下。电功率 1 GW 的 ThorCon 由 4 个 250 MW 电功率的模块组成。其左边是余热冷却塔，中间偏左的位置是地下核岛，黄色矩形的部分是舱口并由龙门起重机为其服务；汽轮发电机大厅在中心，开关在最右边，如果需要，主冷却塔将会到开关的右边；起重机可以定期更换所有关键组件，包括反应堆和燃料盐；反应堆和燃料盐能通过后台特殊用途的船运输。因此，假设电网仍在建设，则反应堆必须脱离电网进行启动，而不能依赖电网提供电能。第一个计划申请的 ThorCon 反应堆将用于为发展中国家发电，成本是这些发展中国家该反应堆市场的关键。ThorCon 和煤发电站相比必须具有成本竞争力，应尽量快地部署。

4. FUJI，日本

到了 20 世纪 80 年代，日本的团队(现在是国际钍熔盐论坛(International thoriam molten salt forum，ITMSF))在橡树岭国家实验室证明了在世界上可以广泛部署 MSRE 结论的基础上研发了 MSR－FUJI。MSR－FUJI 的功率是从 100 MW 到 1000 MW 大小可变的。但是，最新特别设计的 FUJI－3 的功率为 200 MW，被分类为小型模块反应堆(SMR)，其热输出为 450MW，可以实现 44％的热效率，且其熔盐燃料包括钍肥沃的材料和^{235}U 裂变材料。FUJI－3 设计能实现自持的燃料循环，并且转换因子为 1.0。由于 MSR－FUJI 利用了钍循环，因此可产生钚和比轻水堆少的锕系元素。此外，它能作为裂变材料消耗钚，因此有利于降低来自轻水堆中钚扩散的危险，也能利用它把长寿命的次锕系元素(MA)嬗变为短寿命的 MA。

MSR－FUJI 不仅能用来发电而且可以嬗变钚或者次锕系元素。除了这些用途，还可以利用其 704 ℃的出口高温作为海水淡化和制氢的热源。20 世纪 80 年代 MSR－FUJI 的概念设计已经开始，当时设计了一个大型的生产裂变材料的加速器熔盐增殖堆(与加速器驱动系统 ADS 相似)。到 2008 年，MSR－FUJI 完成了几个设计，分别为一个中试厂(小的 FUJI)、一个大尺寸的电站(超级－FUJI)、一个钚燃料厂(FUJI－Pu)。最近，日本又完成了最新的 SMR 电站(FUJI－U3)设计。FUJI 反应堆回路示意图如图 6－4 所示。

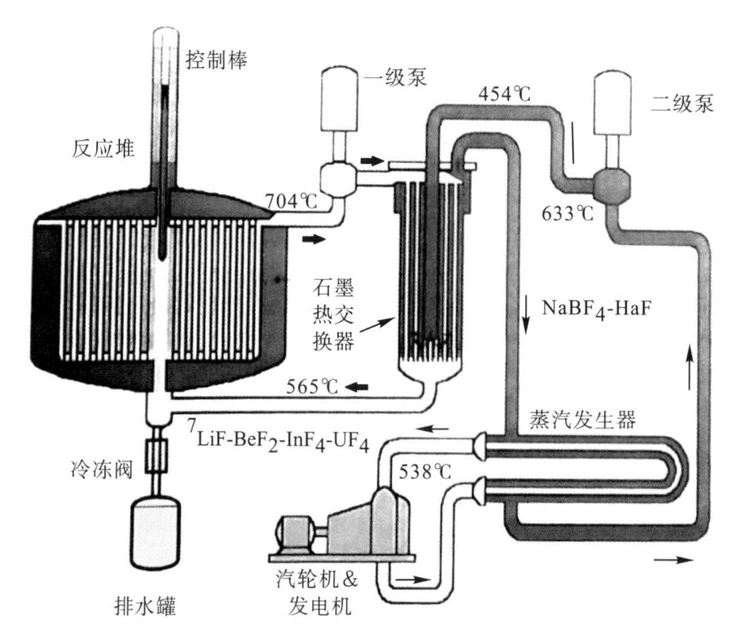

图 6-4　FUJI 熔盐堆回路示意图

5. SSR，英国

英国的稳定熔盐堆(stable salt reactor，SSR)是一种独特的堆型，它使用熔盐燃料代替传统燃料组件中的固体小球，其优势在于熔融盐的安全性，且没有控制移动液体燃料的技术难题。相较传统的核电技术，这种结合应该会大幅降低资本投入。SSR 的设计主要有两种，一种是利用低富集度铀的热谱，一种是利用乏燃料锕系元素嬗变的快谱，这两种设计将来都可以实现钍燃料的增殖。在热谱设计中，用石墨作为慢化剂并作为燃料组件的一个部分，从而无需关注石墨的使用寿命。该技术结合大型储能设备，实现了为电网增加可再生能源来满足高峰电力的需求。

SSR 技术最开始针对的是核技术较为成熟的市场，但由于预期低成本和较高的防核扩散的特点，使在发展中国家和无核国家也可能有巨大的市场潜力。其反应堆高的出口温度进一步允许核电厂利用那些电网不稳定的能源热储备仓库进行可再生能源发电，这将带来更稳定的能源市场和再生能源的拓展。一个 SSR 反应堆可燃烧 10 个热堆的乏燃料并使其嬗变成长寿命的锕系元素，较高浓度的、具有污染的镧系元素被当作 SSR 的可用燃料，这种简单和经济的高温处理方法可以使任何废燃料转换到可用燃料。反应堆厂房示意图如图 6-5 所示。

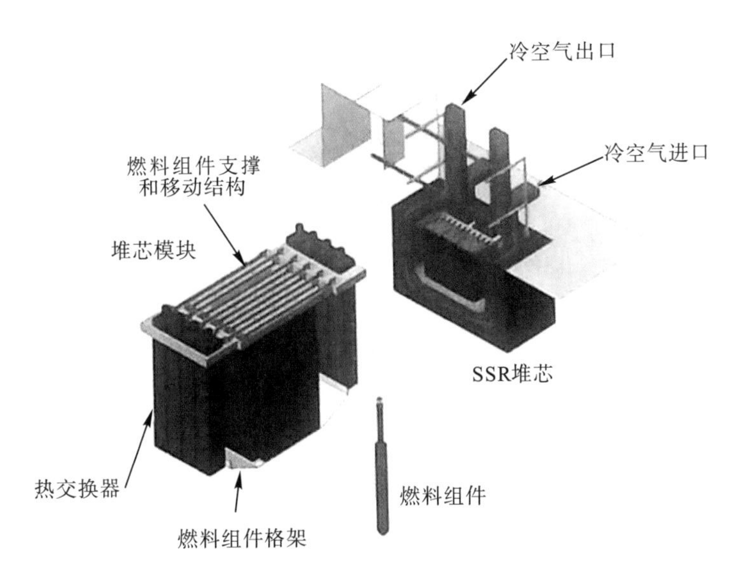

图 6-5 SSR 反应堆厂房示意图

6. SmAHTR，美国

美国橡树岭国家实验室设计的 SmAHTR 是特意为了匹配工业生产过程的能量需求而设计的小功率(125 MW)氟化盐冷却高温堆(fluoride salt cooled high temperature reactors，FHRs)。SmAHTR 的总体目标是为小功率 FHRs 设计的潜在性能进行综合评估，并为 FHRs 的整体研究和开发工作提供指导。SmAHTR 的开发工作得到了美国能源办公室核能先进反应堆技术方案组的支持，其当时还处于早期的概念阶段，此时还不能确定其在商业上的可行性。FHRs 结合了先前开发的反应堆和电厂的优势特性，其主要特点：低压液相氟化盐冷却、高耐温、与氟化盐兼容的燃料、高温功率循环、完全被动的衰变热排斥反应。FHRs 具有经济和可靠地生产大量电力及在高温工艺热下保持充分被动安全的可靠性，其凭借固有的反应堆特性避免了昂贵的冗余安全结构和系统，显得更加经济。此外，作为一个高温堆，FHRs 能有效地产生高温工业过程(包括直接生产烃类燃料)，同时，高温作业增加了干式冷却的 FHRs 的兼容性。

SmAHTR 的主要目的是高效利用碳酸盐的热化学循环制氢。2010 年，美国橡树岭国家实验室最初开发了 SmAHTR 的概念设计，2014 年专注于 SmAHTR 高温热处理生产概念研究。其反应堆结构示意图如图 6-6 所示。

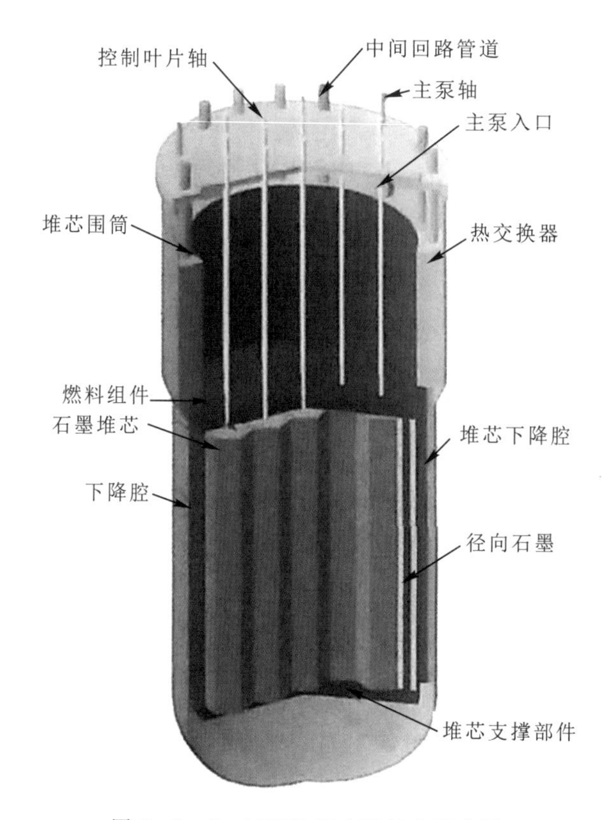

图 6-6　SmAHTR 反应堆结构示意图

7. LFTR，美国

液态氟化钍反应堆(liquid fluoride thorium reactor，LFTR)是由美国 Flibe 能源公司设计的石墨慢化的、含有裂变和增殖材料的液体氟化物盐热谱反应堆。核裂变产生的热能驱动封闭循环燃气涡轮机的功率转换系统发电，目标是通过高效地利用钍资源在较低成本下产生电能。当氟化盐混合物的温度提升到足够使他们达到一个核裂变发生所需要的理想液化媒介状态，氟化盐离子可防止辐射损伤到混合物，并允许在高温、基本环境压力下操作。氟化物盐的高操作温度(500～700 ℃)使它们成为耦合到闭式循环燃气轮机发电系统的最佳选择。超临界二氧化碳燃气轮机采用再压缩循环，有很高的发电效率(大约 45%)。该 LFTR 设计具有两个区域(产生/增殖)，并实现了闭合的钍燃料循环。在再生区的 ^{232}Th 最终通过中子俘获和裂变材料分别转化为 ^{233}U。这个化学处理系统用于分离和再生富集的裂变材料并输送到两个氟化物燃料盐流中。热中子谱利用钍燃料使反应堆能够提取容器内几乎所有的能量，因此几乎可以保证钍资源及相关联的基本燃料的无限使用。

研究 LFTR 的目的在于开发大功率核反应堆，并通过有效地利用钍资源以降低电能的生产成本。在 2015 年美国电力科学研究院完成了 LFTR 的初步设计。该反应堆厂房布置示意图如图 6-7 所示。

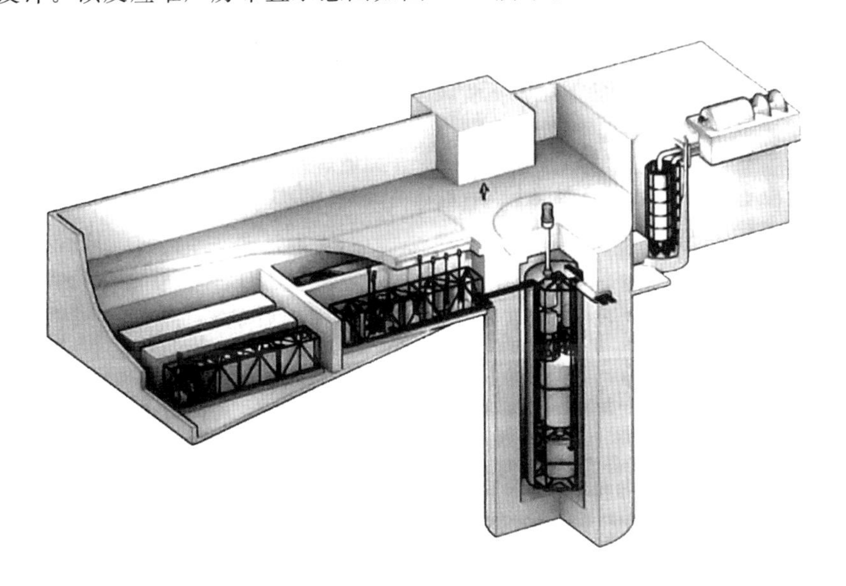

图 6-7 LFTR 反应堆厂房布置示意图

8. MK1 PB-FHR，美国

Mrak1 球床氟化物盐冷却高温反应堆(MK1 pebble-bed fluoride-salt-cooled high-temperature reactor，MK1 PB-FHR)是一种小型化、石墨慢化反应堆。FHRs 不同于其他反应堆技术，因为其利用高温消耗颗粒燃料，并且由氟化盐($^7Li_2BeF_4$)冷却。MK1 PB-FHR 的设计描述是氟化盐冷却高温反应堆第一次提出驱动空中布雷敦循环的基荷发电。MK1 PB-FHR 被设计为仅热核操作时就产生 100 MW 的基本负荷电力，并且使用气相共烧以增加该功率输出到 242 MW 的峰值，这为核电通过灵活的网格支持服务来处理分派峰值功率不断增加的需求及赚取额外收入提供了新的价值主张。该反应堆示意图如图 6-8 所示。

综上，由于熔盐堆属于第四代核电技术，各个国家都开展了不同程度的研究，虽然研究深度有差异，但是各个国家的研究积极性都很高。

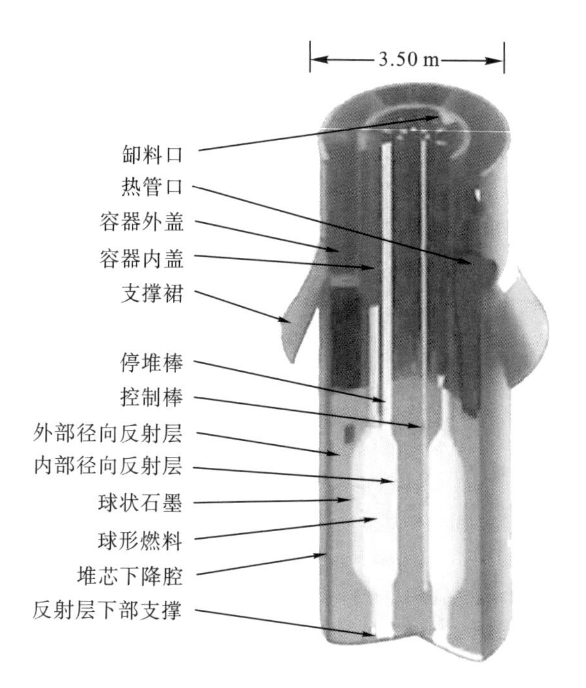

图 6-8 MK1 PB-FHR 反应堆示意图

6.2 技术特点

6.2.1 熔盐堆关键技术总体介绍

熔盐堆的方案有很多，这是由于大多数熔盐堆还处在概念设计阶段，很多设计还没有固化。熔盐堆的最初设定是液态燃料堆，即反应堆没有燃料芯块，易裂变的同位素熔于高沸点的高温液态下的氟盐，燃料与溶剂盐结合构成低熔点共晶体，这种液态混合物既是冷却剂也是燃料；堆内燃料压力很低，接近大气压；液态燃料流过堆芯时发生裂变，放出热量，温度升高后进入主热交换器，把热能传输给二次液盐，此处二次液盐为冷却剂，换热后再次进入反应堆堆芯；在二次传热设备的作用下，热能从主热交换器传给高温氦气布雷敦循环，把燃料的热能转化为电力；加压氦气经加热后，直接冲击透平做功，然后进入预冷器降至低温；低温氦气进入压气机机组后被压缩成高压氦气，然后进入回热器高压侧被加热至接近透平的排气温度，最后进入主换热器加热，重复循环此过程。制氢、发电还有销毁核废料都是熔盐堆的任务。

随着反应堆设计工作的深化，另外一种熔盐堆堆型被研发出来——熔盐冷却固态反应堆。熔盐冷却固态反应堆与最初的熔盐堆有很大的区别，它在推荐的第四代核能系统中被称作“熔盐反应堆系统”(molten salt reactor system，MSCR)，其燃料后处理过程比较困难，且燃料棒需要组装和查验，从而在初始阶段就阻碍了熔盐反应堆工程的部署并长达20年。然而，由于它使用的是组装燃料，反应堆制造厂商仍然可以通过卖燃料组件获利。MSCR具有安全和低压高温冷却剂的成本优势，也可以共享液态金属冷却反应堆。显然，熔盐反应堆堆芯没有可导致爆炸的蒸汽，也没有巨大昂贵的钢制压力容器。因为它能在高温下运行，便可以通过使用效率高、重量轻的布雷敦循环汽轮机将热能转换为电能。目前关于MSCR的研究大多数都聚焦在小型热交换器上，即通过使用更小的热交换器，更少的熔盐，从而达到更加节约成本的目的。

无论是最初的熔盐堆还是熔盐冷却固态反应堆，熔盐的选取都是至关重要的。选择熔盐的基准是要使得反应堆更加安全并且实际可行，偏向采用氟盐主要是因为它不像氯盐那样需要代价十分昂贵的同位素分离。在中子的辐照下氟盐不是很容易变得有辐射性，并且它对中子的吸收截面相比氯盐更小，而对中子的慢化效果相对氯盐要更好。尽管许多五氟化物和六氟化物的沸点较低，但是低价态的氟化物沸点很高。氟盐需要足够多的热量才能分解成更为简单的成分，因而氟化物熔盐在远低于它的沸点的温度下是“化学稳定”的。反应堆熔盐也需要是共熔的，这样能有效降低熔盐的熔点，这也将使得热机的效率更高，因为在熔盐再度被加热之前，能从熔盐中带走更多的热量。使用氯盐可以建造快增殖堆，而在反应堆设计上在使用氯盐方面也做了很多工作，但是氯盐中的氯元素必须要提纯为高纯度的^{37}Cl，这样能减少四氟化硫的产生(当受辐照后有放射性的氯衰变成硫时，便可以产生四氟化硫)。同样，熔盐中的锂元素必须提纯为高纯度的^{7}Li，这样可以减少氚元素的产生(氚元素可以形成氟化氢)。由于熔融氟盐的强氧化还原作用，能导致熔融氟盐的化学势发生变化，解决该问题可以通过在氟盐里加入铍形成所谓的“FLiBe”熔盐，因为加入铍后能降低熔融氟盐的电化学势，并且能防腐蚀。但是铍有很强的毒性，因而在设计时必须要十分注意，以防止它泄漏到外面的环境中。许多其他的盐都能导致熔盐通道腐蚀，尤其是在高温下，这时反应堆可以产生高活性的氢。至今，熔盐选择方面绝大部分的研究都在“FLiBe”熔盐上，因为锂和铍是合理且有效的慢化剂，并且形成的能共熔的熔盐的熔点要比其他组分的熔盐低。由于铍核在吸收一个中子后能放出两个中子，从而也增强了中子的经济性。对于燃料熔盐，通常是加入1%～2%mol的UF_4，也可加入钍盐和钚盐。

盐的提纯与再利用也是熔盐堆的一个关键技术问题。首先盐必须是非常纯净的，并且有可能在大型熔盐堆中保持洁净。盐中如果含有水蒸气就会形成有强烈腐蚀性的氢氟酸；其他杂质也可能会引起不利的化学反应，极有可能需要从系统中清理出去。在以水为慢化剂的传统堆芯中，需要极大的精力对水进行净化和去离子化，以减小其腐蚀性。

考虑到盐的再利用，在线后处理的可能性是熔盐堆设计的一个优点。持续的处理会减少裂变产物的存量，控制腐蚀，并通过移除高中子吸收截面的裂变产物(特别是氙)而提高中子的经济性。这使得 MSCR 特别适合贫中子钍燃料循环。在一些钍增殖情形中，中间产物^{233}Pa 将被从堆芯中移除，从而可以衰变产生高纯度的^{233}U。如果留在燃料中，镤可能会吸收太多中子从而导致在石墨慢化剂和热谱下增殖的可能。很多最新的设计都建议使用更大量的钍。这会使少部分镤原子吸收第二个中子，或者通过(n，$2n$) 反应(中子不是被吸收而是打出核子中的另一个中子)产生^{232}U。这个优点同时带来的缺点是处理更大量的盐而产生的额外费用。另一种设计建议是用重水做高效的慢化剂从而提高中子的经济性(允许更多镤吸收的中子损失)。但是这些设计使得反应堆只能运行在低温低热效率下。必要的熔盐后处理技术只在实验室程度上被阐明了。全尺度的商用反应堆得以应用的前提就是研发一个具有商业竞争力的熔盐清洁系统。

另外，由于熔盐是高度腐蚀性的，随着温度升高腐蚀性更强，对于 MSCR 主冷却回路来说，需要一种能够承受高温腐蚀和强烈辐照的材料。实验表明哈斯特洛伊- N 合金和类似合金能够适应在高达 700 ℃的高温环境下运行的任务。然而，从目前所获得的对于生产规模反应堆的长期经验看来，其将需要满足更高的运行温度，但是在 850 ℃下热化学产氢将变成可能。这个温度范围的材料如复合碳、钼合金(比如 TZM)、碳化合金及基于金属的耐火材料或 ODS 合金可能具有可行性，但尚未确定是否确切可行。

6.2.2 熔盐堆的优势

熔盐堆特殊的设计使其在与其他堆型对比时，具有了很多优势，简述如下。

1. 安全优势

大气压力下，在超高温和强辐照中，熔融氟盐在机械意义上和化学意义上都是稳定的。氟与几乎所有的嬗变产物都以离子形式相结合，使它保持在循环之外。即使是放射性的惰性气体(特别是^{135}Xe，一种重要的中子吸收体)也产生于一个可以预知、可收容的位置——燃料最冷最分散的泵碗处，即便在事故中也不会向生物圈扩散。熔融盐在空气或者水中不可燃，并且锕系元素和放射性裂变产物的氟盐通常都不溶于水。熔盐燃料反应堆可以具有被动核安全：测试反应性系数为负的熔盐混合燃料，在过热的情况下能够降低能量的产生。大多熔盐堆容器的底部都有一个能够快速冷却的冷冻塞。如果冷却失败，燃料会排空到下部的存储设备中。由于燃料可以用来冷却堆芯，因此冷却剂及管道不需要进入高中子通量区。燃料在堆芯外的低中子通量区冷却并进行热交换，这将减少在管道、测试、发展等问题中对中子效应的担忧。

在堆芯区域没有高压蒸汽，只有低压的熔融盐。这意味着熔盐堆的堆芯不会发生蒸汽爆炸，并且不需要轻水堆中最昂贵的元件——堆芯的高压蒸汽容器壳，取而代之的是用金属板材建成的大桶和低压管道(熔融盐管道)，所用的金属材料是哈斯特洛伊-N合金——一种稀有的抗高温抗腐蚀镍合金。

2. 结构优势

与轻水堆类似，钍增殖反应堆使用的是低能量的热中子，因此它比起铀-钚燃料循环所需要的、难于处理的快中子增殖堆安全得多。钍燃料循环集合了反应堆安全性，燃料长期充裕及无需昂贵的燃料浓缩设施等优点。熔盐堆的尺寸可大可小，因此可以很容易地建设一系列的小反应堆(比如100 MW电功率的小反应堆)，从而降低商业风险。熔盐通过化学方法限制裂变产物，并且气体生成缓慢或不产生气体，同样地，燃料盐并不在气体或水中燃烧。堆芯及主冷却循环在接近大气压下运行且没有蒸汽，因此超压爆炸事件不会发生。即便发生了意外事件，大量的放射裂变产物仍将留在盐中而不会散播到空气中。熔盐堆芯是防熔化的，因此，最坏的事件将会是物质泄露，在这种情况下，燃料盐会被排放到被动冷却储存室中以应对该事件。所提出的中子源加速器可以满足一些超级安全的次临界实验设计，以及直接完成初始的Th-^{233}U嬗变。

由于其轻型结构与压缩堆芯，熔盐堆比其他已证明的反应堆设计的每瓦特重量更轻(即它们拥有更大的“功率密度”)。因此，小型及长填料时间间隔的特点使其成为飞机、宇宙飞船等载具的最佳动力选择，如MSBR能增殖自身燃料，因其是简单、低压设计，许多设备会比竞争的其他反应堆技术的更小、更便宜(见图6-9)。像所有的核电站一样，熔盐燃料堆对生物圈的影响很小。特别地，与化石燃料和可再生能源项目相比，它只占用很少的土地，建设规模相对较小，并且它的废弃物与生物圈相隔离。

另外，熔盐堆不需要燃料棒的广泛验证，其燃料是熔融的，同时考虑混合燃料，如Li+BeF+ThF，反应产物会进行化学后处理，连续后处理简化

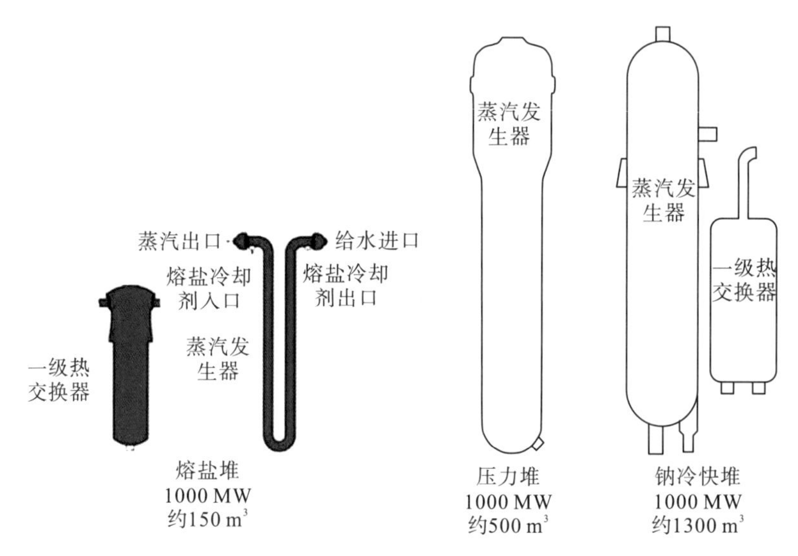

图 6-9　不同反应堆热交换器单元的尺寸对比

了许多反应堆设计和运行问题，例如，不存在^{135}Xe的中子吸收效应问题。裂变产物的中子吸收持续减轻，超铀元素及轻水堆中的长寿命“废物”作为燃料被烧掉。熔盐堆的机械性和中子性比轻水堆简单，堆芯中只有两个主要构成：燃料盐和慢化剂。因此，常态反应下像水沸腾的正反应性系数、化学相互作用等对熔盐堆的影响很小。(事实上，因为水是慢化剂，在热堆中沸腾会产生一个稳定的负反应性系数。)

3. 在线后处理优势

熔盐堆燃料的后处理可以在相邻的小型化工厂中连续进行。橡树岭国家实验室的温伯格(Weinberg)小组发现，一个非常小的后处理设施就可以为一个大型的1 GW的发电站服务：所有的盐都要经过后处理，但只需要每十天处理一次。因此，反应堆燃料循环所产生的昂贵、有毒或放射性的产物总量要少于传统的、必须储存乏燃料棒的轻水堆。并且，除燃料和废弃物之外，所有的一切都保持在后处理厂之内。后处理循环是用氟喷淋从盐中除去^{233}U燃料，然后用4 m高的熔融铋柱从燃料盐中分离出镤，再在小型存储设施中让铋柱中分离出的镤衰变到^{233}U，由于镤的半衰期为27天，因此储存10个月即可确保99.9%衰变为^{233}U燃料。熔盐堆中用一个汽相氟盐蒸馏系统对盐进行提取，但每种盐的蒸发温度是不同的。轻的载体盐：氟化铍和氟化锂会形成盐块，并分别在1169 ℃和1676 ℃蒸发(在真空中该温度会有所降低)；氟化钍在约1680 ℃蒸发(在真空中温度稍低)；只有镧系和碱性稀土氟化物，比如氟化锶，因为拥有更高的沸点而残留(这里面包含糟糕的中子毒物)。熔盐堆每兆瓦电功率每年所产生的废料大约为 800 kg，因此设施非常小。长寿命的超铀盐被作为燃料送回反应堆内。通过盐蒸馏，熔盐堆可以烧钍，甚至可以烧轻水堆核废料的氟盐。理论上，“双流”反应堆设计方案可以将增殖钍与裂变燃料盐分开，这可以消除以高温蒸馏进行的氟化钍(沸点 1680 ℃)与镧系裂变产物氟盐分离带来的技术挑战，其代价是反应堆结构更为复杂。橡树岭国家实验室放弃了双流设计方案，原因在于没有适于运行在 MSRE 堆芯的高温、高中子及腐蚀环境的管道材料。

4. 钍循环的优势

与其他增殖堆燃料循环及后处理相类似，钍燃料循环会在燃烧掉所有的锕系元素后产生乏燃料。这些乏燃料在数百年内都具有放射性，经过 30 年的衰变后，其主要衰变产物是^{137}Cs和^{90}Sr等，数百年后，主要是^{99}Tc等长寿命裂变产物。在目前的核动力工业中，轻水堆的燃料开循环产生的乏燃料中含有大量的钚同位素和次锕系元素。目前减少辐射的途径几乎完全依赖于锕系元素的移除和回收再加工过程，如果其中有少量不被移除，而是作为后处理废料的一部分，钍循环便失去了大部分的优势。

钍循环与铀钚循环相比，其产生的重锕系元素要少得多。这是因为大多钍燃料初始的质量数比较低，因而大质量数产物在产生前就容易因裂变而毁坏。然而，快中子的(n，2n)反应会产生^{231}Pa(半衰期 3.1 万年)，^{231}Pa与重锕系元素会破坏正常的燃料闭循环里的中子俘获与裂变过程。尽管如此，如果对熔盐堆进行化学分离，并将^{233}Pa从堆芯中提取出来以避免中子俘获，经过不断累积后，将^{233}Pa衰变产物^{233}U放回反应堆，则^{231}Pa同时也会被提取出堆芯。

钍基燃料循环能通过两方面来抗增殖：其一，超热钍增殖平均一年生产的燃料仅比它一年所消耗燃料最多多出 9%，这是可以验证的，若过度增殖造成堆室的迅速爆炸也会使得功率堆停止运行；其二，钍基燃料循环中产生的并且化学上也分离不出的^{230}Th(产生过程较为缓慢)会逐渐污染^{232}Th增殖材料。^{230}Th经过反应变成^{232}U，而^{232}U在其衰变成^{208}Tl的衰变链中具有很强的伽马射线辐射性，此辐射性能损害电子，因而$^{233}U/^{232}U$燃料反应堆会转变成为炸弹的观点是不切实际的。在针对增殖优化的时候，钍增殖堆要求现场后处理，从增殖层中移出^{233}Pa，使^{233}Pa通过 β 衰变成为^{233}U，而不是通过中子俘获变成^{234}U。^{233}U包含示踪级的^{232}U，在衰变链上，^{232}U会产生具有强 γ 放射性的衰变子体^{208}Tl。利用同位素分离将^{232}U去除更为困难。如果把铀从钍及其他元素中分离出来，它的放射性活度起初较低，却随着^{228}Th(半衰期 2 年)及短寿命的钍序列衰变产物的富集而增强。

对于石墨慢化、水冷，固体燃料的反应堆设计中，如果反应堆冷却失效，反应性通常会增大，这样的设计便很不安全。不像其他的堆型，单一燃料的MSRE中燃料与冷却剂同是混合的熔融盐。所以，如果MSRE中出现冷却剂中有空穴的情况，则燃料中也有空穴，导致核反应的终止。另外，设计了一个循环外的存储熔盐的装置，通过打开反应堆下部的阀门可以很容易地在几秒的时间内排空反应堆内的燃料冷却剂，再利用重力作用将熔盐推入外部专门设置的保持槽中。熔盐——钍增殖燃料的运行的周期更长，通过化学沉降或脱气作用去除中子毒物的方法可以使其运行几十年而不用加其他燃料。

熔盐堆同样有很好的中子经济，并且基于设计有比传统轻水反应堆更硬的中子谱。因此，它可以在更少的反应燃料下运行。一些设计(比如熔盐实验堆)可以设计运行三种普通核燃料中的任意一种。例如，它可以增殖^{238}U、钍，甚至燃烧轻水反应堆的超铀乏燃料。与之相比，一个水冷反应堆不能完全消耗钚的产物，这是由于裂变废物增加的杂质捕获了太多的中子使得反应“中毒”。

5. 经济与社会优势

不论用产生的每千瓦能量的代价——资本代价还是社会代价来衡量，钍基熔盐增殖堆中的一些堆型都能成为人类已知能源中最有效并且最为先进的能源。地壳中钍的含量大约是^{238}U的三倍，或者说是^{235}U的400倍，其含量同铅一样丰富。钍也十分便宜，目前，钍在市场上的价格为30美元/kg。而21世纪初，铀的价格已经升高到了100美元/kg，这还不包括富集和燃料元素组配所需的费用。比起轻水堆，熔盐燃料反应堆的工作温度(从经过测试的MSRE及相关方案的650 ℃，到未经测试方案的950 ℃)要高很多。因此，熔盐堆可以驱动非常有效的布雷敦循环(燃气轮机)发电机。MSRE已经演示了650 ℃的运行，这使得MSRE成为最先进的“第四代反应堆”。高温运行带来的效率是将燃料消耗、废弃物排放与辅助设备(主要费用)减少50%以上。

由于不需要燃料的制备，因此降低了MSRE的成本。但是因为反应堆制造商通常能从燃料制备得到长期利益，所以对于销售点是一个挑战。自从MSRE使用原始的燃料，基本上只相当于一个混合的化工产品，这是当前的反应堆供应商不愿意看到的，因为他们从燃料组件销售中已长期受益。然而政府机构可以从利益的角度进行计划，可供选择的商业模式是有偿维护和熔盐的后处理。由于堆芯及主冷却循环工作在低压下，使其可以做得更薄，焊接组件成本相对低廉，因此，其成本远低于轻水反应堆堆芯所需要的高压容器成本。同样，一些形式的液体燃料钍增殖可以在每兆瓦产能下比其他堆型使用更少的裂变材料。温度足够高它还可以产生制氢或其他化学反应的工业热，由于这一点，其被纳入第四代反应堆的路线图中以进行更深入地研究。

6.2.3 熔盐堆的劣势

熔盐堆具有很多独特的优势，但是也存在以下不可忽略的问题。

(1)与水汽接触时，氟盐会自然生成氢氟酸，当反应堆停堆、废弃或被淹没时会释放出氢氟酸雾，这是一个安全隐患。

(2)在致密的熔盐堆芯中高中子通量和高温能改变石墨元件的形状，导致运行四年就需要更新。(有一种设计使石墨球浮在盐中，这样不需要关闭反应堆就能移除和连续检测。)

(3)堆芯高中子密度会将^{6}Li 迅速转变成氚-氢的一种放射性同位素。在熔盐堆中，氚形成氟化氢(HF)，氟化氢是一种腐蚀性、化学性质活泼的放射性气体，因此，如果熔盐堆设计使用了锂盐，则需要用^{7}Li 同位素以阻止氚的形成。

(4)如果反应堆暴露在氢中(形成 HF 腐蚀性气体)腐蚀会更快。反应堆暴露于管道中的水蒸气中会导致吸收大量的腐蚀性氢，因此，熔盐堆中的盐实际上是运行在干燥的惰性气体(通常是氦气)层中。冷却后，燃料盐会放射性地产生腐蚀性的化学性质活泼的氟气，尽管这是很慢的过程，但也必须在关闭反应堆前移除盐中的燃料和废物，避免氟气(非放射性)的产生。

(5)基于氯化盐(例如氯化钠作载体盐)的熔盐堆，存在较严重的氯核慢化能力较差的问题，这会导致反应堆成为快堆。理论上，此过程浪费的中了更少，增殖更有效，但安全性也更差，且需要用到纯的同位素^{37}Cl，以避免中子活化^{35}Cl 生成长寿命的放射性活化产物^{36}Cl。^{36}Cl 的存在本身不是什么问题，但其易衰变成硫，形成四氟化硫，四氟化硫是有毒的、腐蚀性气体，会降低镍合金的性能，且遇水会生成 HF，损害人体黏膜。

6.3 国内技术基础

6.3.1 我国研发熔盐堆的历史

我国是较早开展熔盐堆研究的国家。1970—1972 年，上海原子核研究所启动“728 工程”，目标就是建立 25 MW 钍基熔盐堆，1971 年 9 月 13 日石墨-熔盐(冷态)零功率堆达到临界，实验人员基于零功率堆开展了钍元件实验。由于当时开展核电工程的目标是尽快发电，而熔盐堆创新性强，技术难度大，攻关时间较长，因此后面“728 工程”改成了设计 300 MW 的压水堆(秦山一期)，这一举措仅仅是为了满足当时的历史目标，而非否定熔盐堆。

我国熔盐堆的另一个项目是“820工程”，于20世纪70年代开始，由清华大学作为主体承担单位，在当时的历史条件下完成了选址、安全分析、总体设计等工作，锻炼了一批熔盐堆设计、施工的专业人才。

6.3.2 钍基熔盐堆核能系统(TMSR)专项

2011年1月，在中国科学院2011年度工作会议期间举行的中国科学院“创新2020”新闻发布会上，中科院宣布，“未来先进核裂变能——钍基熔盐堆核能系统”(thorium molten salt reactor nuclear energy system，TMSR)等首批战略性先导科技专项启动实施。TMSR战略性先导科技专项历经两年的酝酿、调研、讨论，于2010年9月25日通过了高层专家参加的咨询评议，2010年10月26日通过实施方案论证，2010年12月27日通过预算评审。TMSR专项的目标：通过20年左右，研发第四代裂变反应堆核能系统——钍基熔盐堆核能系统，所有技术均达到中试水平并拥有全部的知识产权；培养出一支规模千人以上、学科和技术门类齐全、年龄分布合理、整体居国际领先水平、具备工业化能力的钍基熔盐堆核能系统科技队伍；建成世界级钍基熔盐堆核能系统研究基地(包括基础研究基地和中试研究基地)。

TMSR专项兼顾科学研究、技术发展和工程建设，即从钍基熔盐堆的基本科学问题研究入手，不断深入对钍基熔盐堆科学规律的了解；从最小的反应堆工程建设开始，采取逐步放大规模的路线，发展相关的核心技术，最终掌握钍基熔盐堆核能系统所有核心技术并实现产业化。该专项计划分三步，(商业推广除外)路线图如图6-10所示。

2011—2015年的起步阶段：建立完善的研究平台体系、学习并掌握已有技术、开展关键科学技术问题的研究；工程目标是建成2 MW钍基熔盐实验堆并在零功率水平达到临界。

2016—2020年的发展阶段：建成钍基熔盐堆中试系统，全面解决相关的科学问题和技术问题，达到该领域的国际领先水平；工程目标是建成10 MW钍基熔盐堆并达到临界。

2021—2030年的突破阶段：建成工业示范性钍基熔盐堆核能系统并解决相关的科学问题，发展和掌握所有相关的核心技术，实现小型模块化熔盐堆的产业化；工程目标是建成示范性100 MW电功率的钍基熔盐堆核能系统并达到临界。

TMSR专项完成了以下工作。

(1)建立了反应堆设计平台、材料测试评估平台、熔盐物化实验室、放射化学实验室及核安全实验室等开展TMSR基础研究的设施(冷基地)。

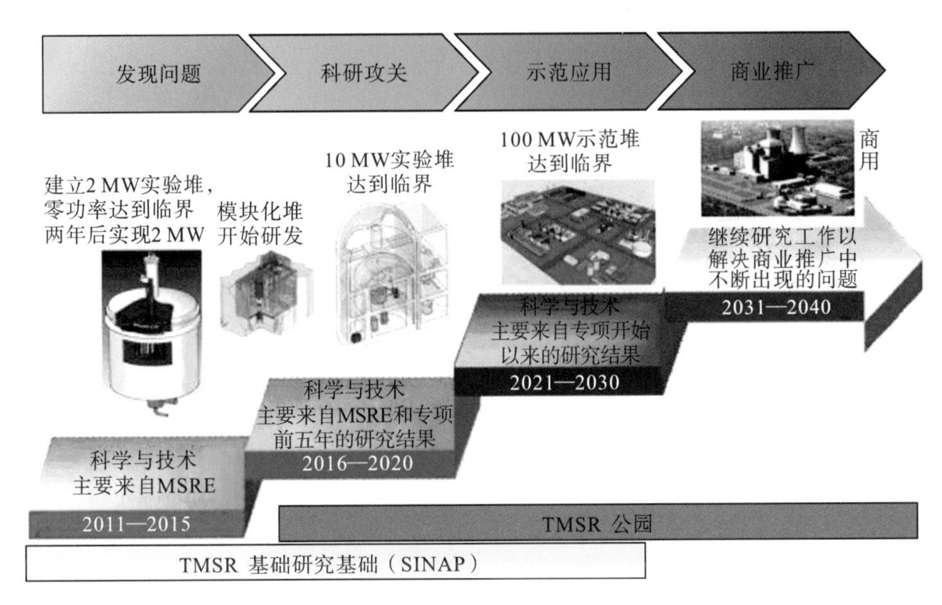

图 6-10 我国“先导专项”熔盐堆项目路线图

(2)启动了TMSR研究堆(热)基地选址工作，首选为江苏盐城大丰(上海市的海丰农场)，并已与地方政府及国家核安全局进行了沟通，开展了环境影响报告书的编写与安全分析报告的编写。

(3)完成了TMSR-SF1及TMSR-LF1的概念设计，并进行了国际专家评审及国内专家评审。在此基础上，完成了TMSR-SF1的核安全设计准则(讨论稿)及设计准则(讨论稿)。

(4)完成了控制棒驱动机构、高温熔盐泵、冷冻阀、空气换热器等TMSR研究堆关键设备样机研制，建成了国际上最大的FLiNaK熔盐高温试验回路，开展了回路系统实验。

(5)^{7}Li离心萃取分离技术工艺、高纯钍分离技术工艺、减压蒸馏与熔盐电化学干法后处理技术、氚监测与控制、熔盐制备、国产高温镍基合金及高性能SiC纤维及SiC\SiC复合材料制备等TMSR关键技术研发取得重要进展。

近年来，钍基熔盐堆的研发在世界范围内日益受到重视。TMSR专项依托中科院上海应用物理所，在中科院下近10个研究所参与下，“从无到有”组建了几百人的科技队伍，建成了配套齐全的(冷)实验研究基地，实现了原型系统与关键技术的系统突破，为建设实验堆奠定了坚实的科学技术基础。TMSR专项已经成为国际钍基熔盐堆研发的一个领跑者。

6.4 关键技术问题

熔盐堆技术上有不少有待解决的问题，如：锕系元素和镧系元素的溶解性；材料的兼容性；金属的聚类；盐的处理、分离和再处理工艺；燃料的开发；腐蚀和脆化研究；氚控制技术的研发；熔盐的化学控制；石墨密封工艺和石墨稳定性改进和试验；详细的概念设计研究和设计规范等。具体而言，有如下几方面的问题。

6.4.1 辐照对于镍基合金性能影响的问题

反应堆材料受载能粒子轰击产生的点缺陷和缺陷团及其演化的离位峰、位错环、层错、微空洞和贫原子区等，引起的材料性能变化称之为辐照效应。

早期橡树岭国家实验室熔盐堆试验装置中对哈斯特洛伊-N合金的辐照效应研究表明合金受到中子辐照后，容易发生脆化及晶间断裂，主要是因为在高温条件下中子与合金元素发生反应生成氦，氦在合金晶界处积累聚集容易造成晶间断裂。为了解决这种氦导致的脆化问题，研究人员尝试着往合金中加入Ti、Zr、Hf等元素使生成MC型碳化物，这种碳化物在合金内能捕获氦从而抑制它们在晶界处聚集。

近几年哈斯特洛伊-N合金的辐照效应研究表明辐照对合金的微观结构造成损伤从而影响其机械性能、腐蚀性能等。研究人员发现，Xe离子辐照哈斯特洛伊-N合金，基体内会产生大量缺陷黑斑，这种黑斑是溶质原子的团簇和位错环，是由溶质原子在点缺陷团簇处的辐照偏析产生的，其尺寸大小、密度与辐照剂量、辐照速率、辐照能量有密切关系。同时发现辐照后合金硬度显著增大，硬度与缺陷的尺寸、密度成正比关系。另有人员在研究了高温氦离子辐照后哈斯特洛伊-N合金的微观结构，发现500 ℃高温下辐照使样品中出现位错环和纳米级氦泡，位错环和氦泡的尺寸、密度随着氦离子剂量增大而增大，且氦泡倾向于在晶界处聚集。国外关于哈斯特洛伊-N合金的辐照研究有涅克柳多夫(Neklyudov)等人，他们往合金中注入氦和氢，研究了氢和氦热脱附的协同作用。另有研究人员研究发现合金内晶界处形成的氦泡会加剧合金在FLiNaK熔盐中发生的晶间腐蚀，而早期橡树岭国家实验室对合金受中子辐照后的拉伸性能进行了测试。

6.4.2 氚的分离与储存问题

熔盐堆运行过程中会产生HT、TF、Kr、Xe及少量其他裂变产物，为了保证熔盐回路的正常循环，需要将这些裂变产物从熔盐中分离出来，从而达到去除有害成分、净化熔盐的目的。特别是氚在大多数金属材料中具有强渗透性，在熔盐堆的运行温度高达 700～977 K 的条件下，这种渗透将导致氚在构件中的滞留，管道的辐照损伤、氦脆，甚至会导致大量的氚释放到环境中，不仅会影响反应堆的运行寿命还会危害到公众的健康。熔盐中氚的去除是与其他放射性气体如^{85}Kr、^{133}Xe 等的去除同时进行的。整个净化过程采取向熔盐中通入吹扫气体的方法，将气态产物载带出来，使其进入在线处理系统中，并对不同的气态产物分别进行处理。

目前，这套技术还没有完全固化，需要进一步加强研究。

6.4.3 液态燃料熔盐堆的燃耗管理问题

液态燃料熔盐堆以高沸点氟化物或氯化物为载体，以可裂变和易裂变材料为燃料，液态燃料在一回路循环流动，仅在堆芯达到临界状态。由于采用的是流动的液态燃料，故液态燃料熔盐堆燃耗分析与燃料管理具有以下特点：

(1)由于燃料的流动特性，反应堆运行过程中燃料不断相互混合，使堆芯各处燃料组分趋于一致，这与固态燃料反应堆中的燃耗分区处理完全不同。

(2)固态燃料反应堆燃料一直处于堆芯活性区，然而对于液态燃料熔盐堆，燃料一段时间在堆芯活性区，一段时间在堆芯外。燃料在不同位置时，其燃耗方程具有不同的形式，需要区别对待各自求解。

(3)熔盐堆采用在线处理装置提取裂变产物和活化产物，使用在线添料装置添加燃料，需要就不同的处理与添料模式进行处理。

(4)在传统的固态燃料反应堆中，燃料内各核素质量变化很小(以释出裂变气体的形式及裂变过程中质量亏损的形式减少质量)，燃耗计算程序中，一般不考虑材料的密度变化。而在液态燃料熔盐堆中，由于可以对燃料进行在线添料、在线处理，燃料的成分变化较大，在燃耗计算过程中，需要考虑熔盐密度的变化。因此，现有的用于固态燃料反应堆的燃料管理程序不适用于液态燃料熔盐堆，需要开发特有的液态燃料熔盐堆燃料管理程序，用于液态燃料熔盐堆燃耗分析与燃料管理。

6.4.4 液态燃料熔盐堆安全特性分析的软件开发

熔盐堆采用流动的氟化物熔盐作为燃料，其燃料具有流动性、高温低压等特点，因此在熔盐堆的安全分析上需要建立新的方法。在熔盐堆安全研究历史上，为了建立熔盐堆安全分析方法，早在 1956 年美国橡树岭国家实验室就开始研究了均匀水堆(aqueous homogeneous reactors，AHR)中流动的燃料带来的安全性影响。随后，美国橡树岭国家实验室在1962年的MSRE熔盐实验堆的安全计算报告和1964年的MSRE安全分析报告中采用了基于点堆动力学方程的MURGATROYD软件及基于中子扩散方程的MODRIC软件，分析了MSRE燃料泵故障、冷熔盐进入事故、注入事故、石墨破损、加料事故、控制棒失控抽出事故等事故工况，以及MSRE堆的点堆中子动力学方程、缓发中子份额的考虑与HRT堆中的基本一致，但在分析程序中增加考虑了熔盐与石墨的热容、反应性的温度反馈系数、热交换值、黏滞系数等的影响，并在有效中子增殖系数、熔盐的密度系数等中进行了修正，但在压力模型与热交换模型中采用的是简单的整体模型。

近年来，国际上第四代先进反应堆中熔盐堆的热点越来越高，熔盐堆的安全分析软件有了迅速的发展，国际上有多个可用于熔盐堆的安全分析程序。德国FZK研究中心在压水堆的中子动力学和热工力学耦合DYN3D程序的基础上，考虑增加燃料的流动性，开发了能够在熔盐堆上应用的DYN3D-MSR程序；日本JAEA原子能机构、法国CEA研究中心和德国FZK研究中心将已用于快堆的SIMMER程序开发扩展到对熔盐堆的物理热工安全分析中，该程序基于中子输运理论，在先驱核浓度方程中考虑缓发中子在堆内和堆外的分析，建立了堆内和堆外环路的模型；意大利拉韦托(Ravetto)等人基于二维多群中子扩散方程开发了POLITO程序，该程序在缓发中子先驱核方程中考虑了熔盐流动的影响；法国电力集团(EDF)R&D部门也基于中子扩散方程，开发了一维Cinsf1D程序，程序中也考虑了流动性及缓发中子先驱核的份额的影响，程序方程的求解是采用准静态方法、隐式方法等进行求解。

在这些程序中点堆动力学计算时间快、应用比较方便，特别是在反应堆局部扰动不太大的情况下应用比较多，因而在熔盐堆的安全分析中也被广泛地应用。但点堆动力学不能描述与空间有关的动力学效应，只适用于反应堆偏离临界不远和扰动不太大的问题。

6.4.5 熔盐堆辐射屏蔽的方法研究

由于采用流动的熔盐作为燃料，放射性会随燃料的流动出现在燃料回路乃至冷却剂回路等设施和设备周围；而熔盐特性决定了熔盐堆的高温运行环境，因此熔盐堆辐射防护和屏蔽设计在满足辐射防护要求的同时需要实现高温隔离的功能。具体工作包括：

(1)熔盐堆在线处理情况下的源项计算和分析方法。熔盐堆在燃料循环期间，可以进行在线处理。在熔盐泵处按照一定周期从燃料中移除中子毒物如Kr和Xe等，可以有效提高中子经济性；也可以移除氚以降低堆内氚的浓度，有效防止氚对堆芯结构材料的腐蚀和损伤；同时可以适当补充^{235}U以补充堆芯反应性。这些在线处理过程会对堆芯源项情况产生影响，如部分在线移除核素及其衰变子体的含量会降低，而在线加料又会导致部分裂变产物含量增大。目前主要的源项计算软件并不同时具备熔盐堆截面处理功能和在线处理下的源项计算功能，因此需要参照源项计算的一般流程和反应堆输运计算理论进行输运燃耗计算的耦合，以实现熔盐堆在线处理情况下的源项计算和分析。

(2)确定液态燃料钍基熔盐实验堆辐射源项和热屏蔽需求，基于辐射源项和温度源项情况，设定液态燃料钍基熔盐实验堆辐射屏蔽设计目标和热屏蔽设计目标，并由此初步确定屏蔽方案。

(3)根据源项及辐射防护初步设计经验进行辐射防护最优化设计，在建立液态燃料钍基熔盐实验堆堆型的基础上建立屏蔽体辐射屏蔽计算模型和热屏蔽分析模型。

6.4.6　熔盐堆含氟废物的固化问题

氟化物熔盐因为具有传热性能好、蒸汽压低、使用温度高及高辐照下不分解等特点，而被选为熔盐堆的燃料载体和冷却剂。因而在燃料盐分析、燃料后处理、燃料载体盐分离回收等过程中都会产生各种类型的含氟放射性废物。不同于其他核反应堆产生的氧化物废物，这些废物大多以固态氟化物的形式存在。目前关于熔盐堆废物处理处置的研究非常少，因此还不清楚最终如何处理处置这些废物。综上，基于放射性废物管理的要求，熔盐堆废物的处理处置研究是相当必要的。

国际上公认的固态放射性废物最有效可行的处置方法是地质处置。在地质处置之前需要对放射性废物进行固化，使其转变成密实、机械强度高、化学惰性的固态。目前建立在氧化物体系之上的固化方式不适用于这些含氟放射性废物的固化：首先其在目前普遍采用的硼硅酸盐玻璃中的溶解度很低，固化将产生很大的废物体积；其次现有的固化设施也建立在氧化物体系之上。所以，熔盐堆废物的固化必须进行新的固化材料的开发或者新工艺的研究。

6.5　各国政策支持情况

目前从事熔盐堆研发工作的有中国、美国、英国、丹麦、加拿大等国，其中加拿大、丹麦与英国是由企业作为设计方，目前的资金来源主要是自筹(如加拿大地球能源对其一体化熔盐堆(intergral molten salt reactor，IMSR)

完成的A轮投资已超过2000万加元)，并有少量的国家科研经费(一般单项不超过10万美元)支撑；中国、日本由国家实验室承担熔盐堆研究，几乎全部由国家经费支持研发工作，且支持额度较大；美国的熔盐堆有基于公司作为主体研发的，也有高校、国家实验室作为主体承担的，经费途径少量来源于国家，大量是自筹经费。另外，第四代核能系统国际论坛作为一个互相交流的平台，虽然是成员国各自出经费进行研究，但是成果共享，也起到了较好的支持作用。总体而言，由于熔盐堆比较超前，方案较多，尚存在技术不确定性，因此多数国家的研究经费主要来源于研发单位自筹，而国家仅仅是小额度支持而已。

另外，国家的支持力度也与该国后处理的基本政策相关。要充分利用熔盐堆的增殖潜力，反应堆必须配合后处理设施的位置。美国没有核燃料的后处理过程是因为没有供应商愿意去承包。由于不同主管部门的监管制度差异很大，使得监管风险和相关的成本非常大。一些美国的管理部门害怕任何形式的燃料后处理都会为钚经济及其相关的扩散风险铺平道路。类似的争论导致了1994年IFR项目的关闭。钍燃料循环的扩散风险来自于潜在的^{233}U的分离。相比起来，英国、法国、日本、俄罗斯和印度当前有一些燃料后处理设施在运行，这也是为什么这些国家对于熔盐堆研发的支持力度会大一些的原因。

6.6 小结

熔盐堆具有独特的技术优势，已被第四代核能系统国际论坛列为最有希望的第四代核能技术，并且小型熔盐堆日益受到国际的广泛关注。但是其依然存在着的很多亟待解决的问题。总的来说，一方面，熔盐堆还有较多技术难点尚未攻破，应首先做好基础研究、物理设计、热工设计、辐射防护设计等工作，并用较长时间、较完备的试验方案对设计进行验证；另一方面，熔盐堆的关键问题——材料问题是重中之重；另外，要将原型系统集成为实验堆还面临许多挑战，要使熔盐堆最终从实验室走向工业应用，需要国家、地方政府和企业的联合支持。

总之，虽然当前正在研发的熔盐堆技术总体上还处于概念设计阶段，技术上还存在很多亟待解决的问题，但早期的熔盐堆技术基础和实践经验，以及多年来核能技术的发展和工业技术的进步，已为熔盐堆的示范和商业化提供了坚实的基础。

>>> 第 7 章　其他微型堆、空间堆、水下核电源技术

7.1　国内外研发进展

7.1.1　微型核动力堆

微型核动力堆是在多用途模块化小型堆概念提出之后，针对更小规模的能源需求而提出的，美国超安全核能公司(Ultra Safe Nuclear Corporation，USNC)提出了一种新型反应堆概念 MMR－10，其设计目的是为偏远矿区和偏远社区提供安全可靠的核能源，以替代目前这些地方采用的柴油发电机，因为柴油发电机消耗的燃料成本极为昂贵。

该公司的 MMR－10 微堆主要是针对加拿大北部矿区和偏远社区的潜在用户设计的，其一方面可作为现有柴油发电机能源的替代，另一方面可开发新的矿区资源，使之在能源稳定供给和经济上变得可行。

加拿大是最大的矿业国家之一，已由 200 多个开掘中的矿区产出 60 多种矿物与金属，潜在的待开采矿区有 400 多个。加拿大的许多偏远煤矿的位置超出了现有的和计划电网的范围，而能源供给占 15%～22%的开采及生产成本，输电线路成本过高，可再生能源只能提供不经济的且断断续续的电力。另外，柴油发电机组是偏远地区矿业的唯一可采用的基本负荷发电，其成本非常高，所有的柴油都是通过卡车或飞机运输的，运输价格非常高(1.68 美元/升或 42 美分/千瓦时)，孤立的矿山和恶劣天气条件也对柴油供应造成了威胁。

加拿大有超过 300 个偏远社区没有连接大型、稳定的电网。柴油发电机

是目前供电和供暖的主要解决方案。这些社区的电价为每千瓦时0.50美元到1.00美元。未来柴油价格将上涨，供应短缺会造成重大社会影响。加拿大政府大量补贴许多原住民社区的能源成本。在安大略省，政府评估在21个偏远社区使用MMR类型的设施（5～10 MW电厂），为这些社区提供MMR类型的发电厂将比建设这些地方的输电线路更经济。

USNC预计MMR-10的建造成本在1亿美元以内，售电价为0.3美元/千瓦时(约1.9元/千瓦时)。因此MMR-10在加拿大边远矿区和社区的特殊用途方面具有较广阔的潜在市场前景。

目前，MMR-10处于预概念设计阶段，USNC提出了总体技术参数，进行了初步的核设计和热工水力分析。下一步USNC将与中方合作开展有质量控制和验证的概念设计和优化工作，USNC与中国核动力研究设计院已就合作的范围和分工进行了初步沟通。

7.1.2 空间堆

自20世纪50年代以来，美国和俄罗斯(含苏联时期)始终将空间堆电源技术视为国家战略核心技术，投入了大量人力物力进行研发，建立了系统的研制与试验设施，完成了大量试验，形成了雄厚的技术基础，积累了丰富经验。法国、意大利、德国、日本、印度等国家也曾对空间堆电源技术开展过研究，但规模与美俄相差甚远。美国、俄罗斯和欧洲太空局又分别发布了研发计划，纷纷加大了空间堆电源研发投入力度，旨在抢占空间核动力战略制高点。

1. 美国发展情况

美国实施了多个空间堆电源研发计划，对多种方案进行了深入研究，技术基础宽厚，基本具备了快速响应潜在重大军事需求的技术能力。

从1954年到1973年，美国实施了空间核辅助电源(space nuclear auxiliary power，SNAP)计划，重点对500 W的SNAP-10A电源开展了深入研究。SNAP-10电源采用钠钾冷却热堆匹配温差发电方式，于1965年被送入太空，验证了反应堆电源的空间适用性。

从1983年到1994年，为支持“星球大战”计划，美国启动了SP-100计划，重点开发了锂冷却快堆匹配温差发电的100 kW电源，完成了电源系统详细设计、燃料元件测试、部件制造和鉴定。

1990年，美国从俄罗斯租用了6个TOPAZ-2电源开展了电加热非核集成试验，并以此为基础，设计了 40 kW 的 SPACE－R 电源。

2002 年，美国开始实施普罗米修斯计划，重点开发氦氙气冷快堆匹配布雷敦循环发电的 200 kW 电源，作为木星冰敷卫星轨道器的能源动力。期间开展了电源设计、运行特性模拟、堆芯材料开发与试验等工作。2006 年，由于空间任务优先顺序的调整，相关研发活动转入技术研究水平。

2006 年至今，美国重点进行经济可承受星球表面裂变反应堆 AFSPS 电源的研发。AFSPS 电源以 40 kW 作为基线功率，强调低风险和低成本，采用了成熟的不锈钢材料、二氧化铀燃料、钠钾合金冷却剂，以及近年来获得突破的斯特林循环发电技术，目标是成为月球、火星等星体的表面电源，以及成为载人或机器人小行星探索任务核电推进的电源。截至 2013 年，美国已基本完成了 AFSPS 电源的部件和子系统测试。

除 AFSPS 电源外，美国还积极开发了千瓦级空间堆电源，以填补放射性同位素电池和 AFSPS 之间的功率空当，以支持深空探测任务。千瓦级电源采用钠热管冷却反应堆匹配斯特林循环发电的技术方案，2012 年完成了可行性验证。

对于功率更大的空间堆电源，美国以 AFSPS 电源和普罗米修斯计划研发的技术为基础，进一步提高反应堆出口温度，并采用布雷敦循环发电方式，从而可将功率扩展到兆瓦级。兆瓦级空间堆电源可支持核电推进任务，包括以火星为目的地的载货、载人任务。

2012 年，美国航空航天局(NASA)正式发布《太空技术路线图》(见图 7－1)，将空间堆电源列为 16 项优先级最高的技术之一。在《太空技术路线图》中，美国按照千瓦级、50 千瓦级和兆瓦级三个功率量级规划了下一步的研发工作，并计划在 2028 年前执行 5 次空间应用任务。

2. 俄罗斯发展情况

俄罗斯(含苏联时期)空间堆电源的研究相对集中，且持之以恒，先后开发出罗马什卡、布克、托帕斯 I 和托帕斯 II 等 4 个电源型号，向太空发射了几十颗空间堆电源，应用经验丰富，处于世界领先地位。

20 世纪 60 年代初，苏联研制出 500 W 的罗马什卡电源，该电源采用石墨直接导热反应堆匹配温差方式发电。从 1964 年开始，罗马什卡在专门的试验装置上进行了 2 年的功率试验，验证了寿期特性。

20 世纪 60 年代中期，苏联研制出 3 kW 的布克电源，该电源采用钠钾冷却快堆匹配温差方式发电。从 1967 年到 1988 年，共有 35 个布克电源用于宇宙号海洋侦察卫星。

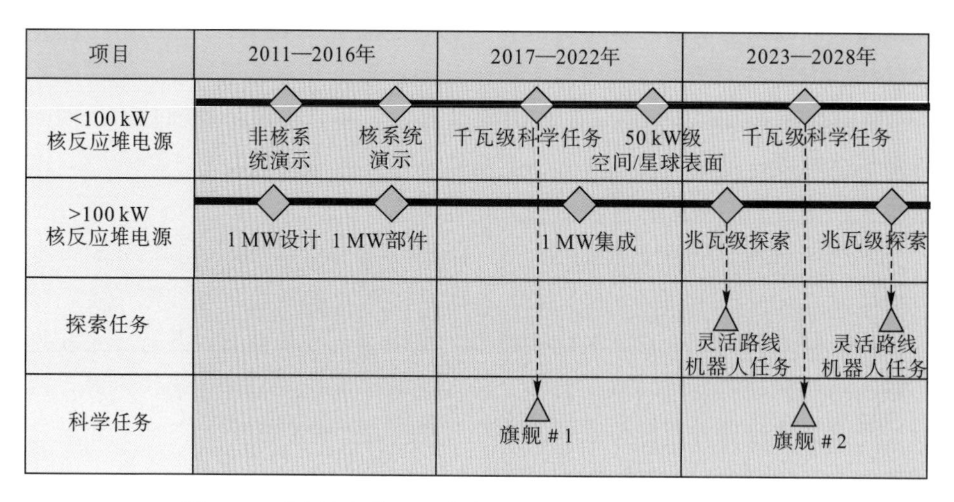

图 7-1 美国空间堆电源技术路线图(《太空技术路线图》)

从 20 世纪 60 年代开始，苏联还积极开展了托帕斯系列电源的研发。托帕斯 I 电源功率为 5 kW，采用钠钾冷却热堆匹配热离子的方案发电。1987 年共有两个托帕斯 I 电源在宇宙号卫星上完成了飞行试验。托帕斯 II 电源与托帕斯 I 电源类似，功率为 5 kW，所不同的是，其对热离子发电元件结构进行了改进，以便于开展电加热试验。苏联共研制了 30 个托帕斯 II 全尺寸样机，完成了所有地面试验与考验，整机考验超过 14000 h。

20 世纪末，俄罗斯开始了第二代热离子电源的开发，设计了多个具有双工况的电源方案，功率从几十到几百千瓦不等。据了解，俄罗斯目前正在进行额定功率 50 kW、加强功率 150 kW 的托帕斯-STAR 电源的工程研制。2012 年，俄罗斯还公布了创新型热离子发电元件的设计，据称可达到 20%的转换效率，从而使热离子空间堆电源能够实现兆瓦级的功率输出。

2009 年，俄罗斯宣布投资 170 亿卢布(约合 6 亿美元)，利用 9 年时间研制兆瓦级核动力飞船，开启了俄罗斯空间核动力发展的新阶段。该兆瓦级核动力飞船为核电推进，其核反应堆电源采用了超高温氦氙气冷快堆匹配布雷敦循环发电方案，电功率 1 MW，服役寿期 12 年以上。俄罗斯空间核动力专家认为，该方案继承了俄在核热推进和布雷敦循环发电方面的技术基础，具有较深厚的技术积累，是一项低风险、技术可行的计划。2012 年，俄罗斯已完成该空间堆电源的草图设计，2013 年在索斯诺维博尔的反应堆台架上进行了冷却剂试验，2014 年研制出燃料元件，计划在 2025 年前完成飞行试验准备。

3. 欧空局

除美国和俄罗斯外，欧洲太空局也大力开展了空间堆电源技术研究，主要执行了颠覆性空间动力与推进技术(DiPoP)项目和兆瓦级高效空间动力系统(MEGAHIT)计划。DiPoP项目重点对30 kW星表前哨站电源系统和200 kW核电推进系统进行研究，其中斯特林循环发电被认为是热电转换系统的重要候选方案。MEGAHIT计划主要用于确定兆瓦级核电推进系统的技术路线图，目前该计划已执行完毕，确定了兆瓦级空间堆电源采用超高温氦氙气冷快堆匹配布雷敦循环发电的方案，转入了为地面演示做准备的技术开发阶段。

7.1.3 水下核电源

美国海军曾开发和应用了供海面、海底和偏远地区使用的放射性同位素电源(radioisotope thermoelectric generators，RTG)，其海上用途包括给导航浮标、气候或海洋数据收集系统、水下监测系统等供电。美国海军布置在深海的RTG可在300年内保持其完整性。早在20世纪80年代初，美国就完成了500～1000 W军用温差发电机的研制，并于80年代末正式列入部队装备，并将其放在深海中成为美国导弹定位系统网络的组成部分，为无线电信号转发系统供电。

据公开资料报道，美国海军曾在地面和水面水下设施安装RTG，包括Sentinel、SNAP、URIPS、Millibatt(RT-1)等型号，并采用^{90}Sr热源。美国海军还对^{238}Pu热源的RTG进行过开发测试。从1968年开始，美国海军还对电功率2 kW的大功率RTG开展了研究，并先后在加利福尼亚州海岸、圣迭戈太平洋海底山脉、大西洋深海、太平洋深海、墨西哥湾、巴哈马群岛等区域安放了多个水下/水面核电源系统。

俄罗斯曾将10 W到200 W的RTG用于海上灯塔，并采用^{90}Sr热源，平均运行寿命达21年。其在海上和偏远地区使用的放射性同位素电源近1000个。

7.2 技术特点

7.2.1 微型核动力堆

微型核动力堆功率介于小型动力堆和核电源之间，主要用于满足特殊工业或偏远地区的能源需求。

美国超安全核能公司提出的微堆方案为MMR-10(见图7-2)，其电功率为10 MW级，由两个置于地下的很小的一体化柱状气冷堆(各5 MW电功率)及其汽轮发电机组成。MMR-10 反应堆结构比较简单、系统极为简化。MMR-10 按照模块化运输和装配设计，在工厂生产各组件并运输到现场安装，基荷运行，并采用高富集度燃料，无需换料即可运行 20 年。

由于采用了耐事故燃料 FCM，MMR-10 具有极好的安全性，美国超安全核能公司认为 MMR-10 可以防止堆芯熔化。机组在满功率情况下可以承受完全丧失冷却剂事故，并保证不损伤燃料、堆内构件和反应堆压力容器，堆芯无放射性物质泄漏。

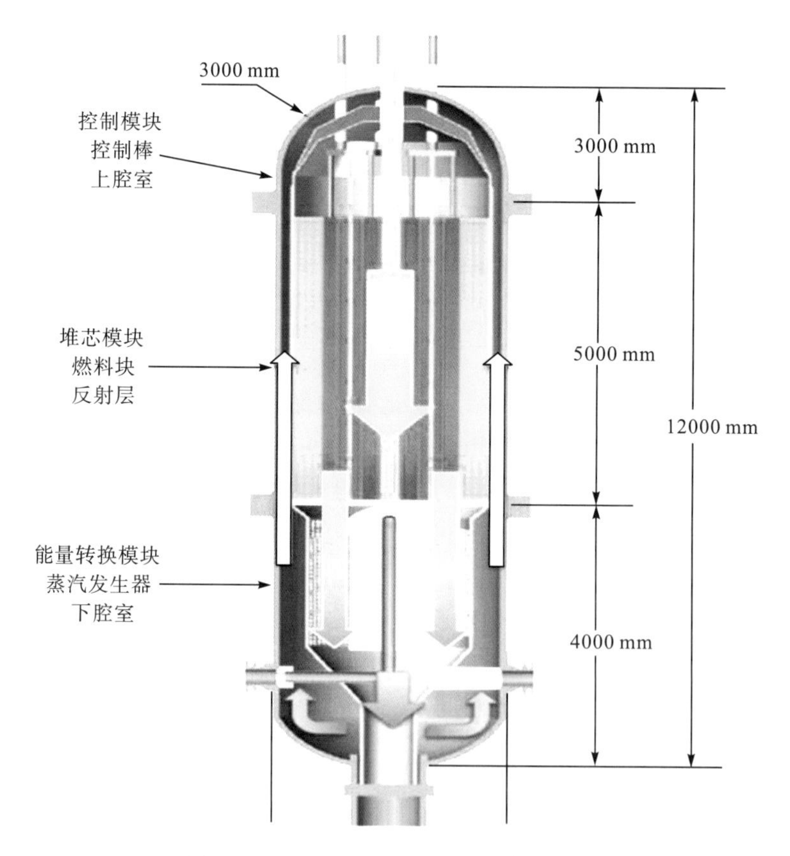

图 7-2　MMR-10 微型核动力堆示意图

7.2.2　空间堆

空间核动力泛指空间利用核能的装置，该装置将核能转化为电能或者推进的动能以满足航天器飞行任务的需求。

空间堆对核能的利用形式主要有空间核热源、空间核电源和空间核推进等，如图 7-3 所示。

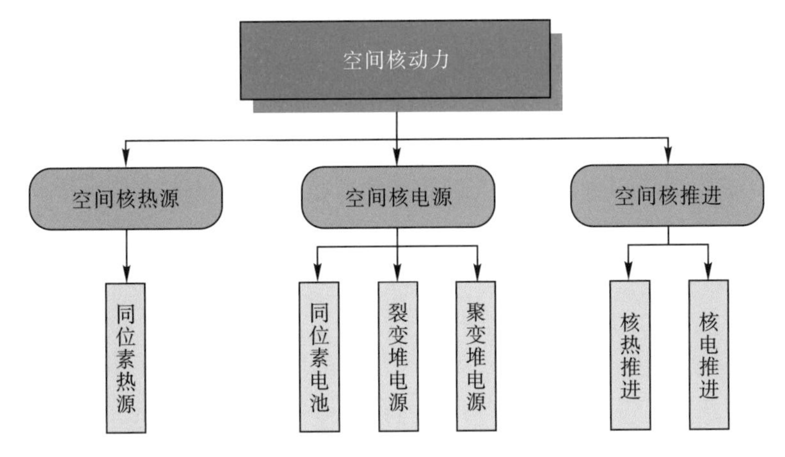

图 7-3　空间核动力应用形式

完成各种空间任务所需电源功率需求如表 7-1 所示：

表 7-1　完成各种空间任务所需电源功率

序号	空间任务	所需功率/kW
1	综合性信息用航天器	10～25
2	收集、处理和传送生态信息用航天器	20～25
3	借助火箭运载器运输的航天器，为电火箭发动机供电	50～100
4	在空间站上以工业规模生产半导体材料	10～50
5	用无线电望远镜研究宇宙射线，望远镜系统耗电	约 10
6	彗星、火星及木星之间小行星的航天器	25～30
7	作为月球和星球表面的能源	100～1000
8	太空武器	约 1000
9	近地轨道的短期空间雷达	3～10
10	高轨道的长期空间雷达	约 100

1. 热离子空间核电源

苏联第一台热离子空间核电源是 TOPAZ-Ⅰ，其电功率为 7000 W，热电转换效率为 5.8%，总重量为 1000 kg，比功率为 420 W/100 kg，在轨有效寿命要求为 45 天，实际在轨时间 143 天。TOPAZ-Ⅰ采用的是多节热离子转换器，而单节比多节效率更高，因而苏联科学家又研制了单节热离子转换器 TOPAZ－Ⅱ。

TOPAZ－Ⅱ主要由反应堆活性区、反应堆控制系统、冷却系统、核辐射防护屏蔽和辅助系统等组成，输出功率为6000 W、质量为1061 kg、长度为3.9 m，装填了重11.5 kg的浓缩二氧化铀（UO_2），寿命延长至3～5年。其反应堆与热离子转换系统是一体的，而且热离子能量转换器既做热电转化器件，又做反应堆的核燃料组件。TOPAZ－Ⅱ的运行结果：最大发射极温度为1875 K，最大电流密度为1.09 A/cm^2，总电压为32 V，总电流为192 A，转换效率为6.0%。

此后，俄罗斯又相继开发了第二代空间站核电源。包括：电功率100 kW的第二代温差电核反应堆电源BUK－TEM、电功率从35 kW到400 kW不等的第二代热离子核反应堆电源NPS系列、新型堆外热离子核反应堆电源Elbrus－400/200。

美国在1991—1994年间购买了带电加热热离子燃料元件的TOPAZ－Ⅱ系统装置，在此基础上设计了SPACE－R热离子空间核反应堆电源。

20世纪80年代起，美国政府的若干部门投资研制电功率100 kW的SP－100空间核反应堆。SP－100是一个由高温耐热铌合金与氮化铀陶瓷制成的快堆，该反应堆由液态金属锂强迫循环冷却。在第一级泵循环装置中，固态硅-锗热电转换器将第一锂循环中的热转换成电；而第二级泵循环装置则将热电转换的废热传到由钛热管组成的散热器，然后再由散热器将废热散到空间去。SP－100方案的优点是将转换系统放置在核反应堆的外部，因此转换器可根据所需功率及使用条件，变换不同的转换系统，例如，热电转换系统、布雷敦循环系统、朗肯循环系统、斯特林循环系统等。

目前，美国正在研制电功率1 kW和10 kW的空间反应堆，寿命15年以上，以星球表面应用为主要目的。另外，美国投巨资进行的核动力飞船计划，将用核动力飞船60天抵达卫星。这种核发电机除了提供飞船所需要的电力外，还可为飞船上的电子设备及和休斯顿发射中心通讯联系提供电力。

2. 先进斯特林热电转换技术

先进斯特林转换器最初由Sunpower公司研发，并且作为一项技术研发与美国航天局（NASA）的Glenn研究中心签订合同。先进斯特林转换器技术满足NASA对未来高效热电转换的要求。

在航天器中的斯特林循环能量转换器是基于自由活塞式斯特林结构进行改造的，即一个配气活塞和一个动力活塞在充有氦气的压力气缸中往复运动，将热能转化为电能。斯特林循环由加热器端吸热，由冷却器排出废热，在每一个循环中回热器用于储存和释放热能以提高效率。动力活塞与永久磁铁直线交流发电机耦合，将往复运动的机械能转化为电能。发动机和交流发电机被组装成一个单个组件，并封装于一个密封的耐压容器中，工作频率一般是固定的，外部的电控制器根据负荷的大小对活塞冲程进行控制，并将交流电转换为直流电。

3. 核热推进

核热推进是在洲际导弹出现前发展的，其主要目的是提高导弹的射程。美国1958年开始建设试验堆，1960年开始建设原型堆，一直到1963年这两个堆都还不具备运行条件。彼时用于阿波罗登月的土星五号火箭技术已经成熟且进入应用阶段。

7.3 关键技术问题

对于微型堆而言，其关键技术问题主要与所选堆型有关，就微型堆本身特点而言，其关键技术在于以下几个方面：

(1)反应堆及配套辅助设施小型化技术；

(2)运输简易及可移动设计技术；

(3)固有安全性设计技术。

对于空间堆和水下核电源而言，其关键技术主要在于热电转换技术，即主要在于以下几个方面：

(1)多模式空间反应堆动态转换系统设计；

(2)燃料元件热工模拟技术；

(3)空间核能系统虚拟仿真技术；

(4)液态金属流动与传热理论研究；

(5)先进反应堆安全分析技术；

(6)反应堆长寿期技术。

7.4 小结

微型核动力堆仍为蒸汽动力系统，关键技术难度不大，但功率水平低，较易被其他能源品种替代，在民用领域的市场前景还不明朗。

空间堆主要以核电源的形式为航天器提供电能，目前美、俄已经有较多的应用实例，其应用主要是为了减轻发电装置重量，或提供更为持久的电能。对于水下核电源而言，其具有重要的军事用途背景，相关资料较为缺乏，其应用主要是为了长期稳定、可靠地提供能源。目前空间堆和水下核电源主要应用在航空航天、军事领域等方面，以热电转换方式发电为主，应着重加强热电转换效率的提升，为减小反应堆重量起到积极的作用。

>>> 参考文献

[1] 自然资源部海洋战略规划与经济司 .2020 年全国海水利用报告[R/OL]. (2021 - 12 - 08)[2022 - 12 - 31]. https：//www. gov. cn/xinwen/2021 - 12/08/5659217/files/61f2f0f14ebb4a01b867b314aafb53e0. pdf.

[2] NEA C S. Technical Feasibility and Economics of Small Nuclear Reactors [J]. Nuclear Development，Nuclear Energy Agency，2011.

[3] World Nuclear Association. Facilitating International Licensing of Small Modular Reactors[R/OL]. [2022 - 12 - 31]. https：//world - nuclear. org/uploadedFiles/org/WNA/Publications/Working _ Group _ Reports/REPORT _ Facilitating _ Intl _ Licensing _ of _ SMRs. pdf.

[4] KIRSHENBERG S，JACKLER H. Purchasing Power Produced by Small Modular Reactors - Federal Agency Options[R/OL]. (2017 - 02 - 28) [2022 - 12 - 31]. https：//www. energy. gov/sites/default/files/2017/02/f34/Purchasing%20Power%20Produced%20by%20Small%20Modular%20Reactors%20 -%20Federal%20Agency%20Options%20 -%20Final%201 - 27 - 17. pdf.

[5] KIRSHENBERG S，JACKLER H，EUN J. Adding to Resilience at Federal Facilities[R/OL]. (2018 - 2 - 25)[2022 - 12 - 31]. https://www. energy. gov/sites/default/files/2018/01/f47/Small%20Modular%20Reactors%20 -%20Adding%20to%20Resilience%20at%20Federal%20Facilities%20. pdf.

[6] International Atomic Energy Agency. Deployment Indicators for Small Modular Reactors[R/OL]. (2018 - 09 - 14)[2022 - 12 - 31]. https：//www. iaea. org/publications/13404/deployment - indicators - for - small - modular - reactors.

[7] HUBER B R. The New Nuclear? Small Modular Reactors and the Future of Nuclear Power[J]. Notre Dame J. on Emerging Tech. , 2020, 1: 458.

[8] SHROPSHIRE D E, BLACK G, ARAÚJO K. Global Market Analysis of Microreactors[R]. Idaho National Lab. (INL), Idaho Falls, ID (United States), 2021.

[9] OECD. Small Modular Reactors: Challenges and Opportunities [R/OL]. (2021 - 04 - 07)[2022 - 12 - 31]. https: //www. oecd. org/publications/small - modular - reactors - 18fbb76c - en. htm.

[10] International Atomic Energy Agency. Technology Roadmap for Small Modular Reactor Deployment[R/OL]. (2021 - 08 - 05)[2022 - 12 - 31]. https: //www - pub. iaea. org/MTCD/Publications/PDF/PUB1944 _ web. pdf.

[11] International Atomic Energy Agency. Advances in Small Modular Reactor Technology Developments: A Supplement to the IAEA Advanced Reactors Information System (ARIS)[M]. IAEA, 2020.

[12] International Atomic Energy Agency. Advances in Small Modular Reactor Technology Developments: A Supplement to the IAEA Advanced Reactors Information System (ARIS)[M]. IAEA, 2018.

[13] International Atomic Energy Agency. Advances in Small Modular Reactor Technology Developments: A Supplement to the IAEA Advanced Reactors Information System (ARIS)[M]. IAEA, 2016.

[14] International Atomic Energy Agency. Advances in Small Modular Reactor Technology Developments: A Supplement to the IAEA Advanced Reactors Information System (ARIS)[M]. IAEA, 2014.

[15] International Atomic Energy Agency. Status of Small and Medium Sized Reactor Designs: A Supplement to the IAEA Advanced Reactors Information System (ARIS)[M]. IAEA, 2011.

[16] International Atomic Energy Agency. Status of Small and Medium Sized Reactor Designs: A Supplement to the IAEA Advanced Reactors Information System (ARIS)[M]. IAEA, 2012.

[17] KUZNETSOV V. Innovative small and medium sized reactors: Design

features, safety approaches and R&D trend[J]. IAEA TECDOC - 1451, Vienna, 2004.

[18] International Atomic Energy Agency. Benefits and Challenges of Small Modular Fast Reactors[M]. IAEA, 2021.

[19] International Atomic Energy Agency (IAEA), International Atomic Energy Agency (IAEA). Design Features to Achieve Defence in Depth in Small and Medium Sized Reactors (SMRs)[M]. International Atomic Energy Agency, 2009.

[20] ADAMOVICH L, BANERJEE S, BOLSHUNKHIN M, et al. Status of Small Reactor Designs Without On - site Refueling[J]. IAEATECDOC - 1536, IAEA, 2007.

[21] 宋丹戎、刘承敏. 多用途模块式小型核反应堆[M]. 北京：中国原子能出版社，2021.

[22] CATELLI P M D, GARRONE G, LOCATELLI M, et al. 中小型一体化模块式反应堆的经济性[J]. 国外核动力，2014.

[23] 国家核安全. 核动力厂设计安全规定：HAF 102 - 2016[S]. 北京：中国标准出版社，2004. 04.

[24] 苏州热工研究院有限公司，环境保护总核与辐射安全中心. 核动力厂环境辐射防护规定：GB 6249 - 2011[S]. 北京：中国环境科学出版社，2011.

[25] 国家核安全局. 小型压水堆核动力厂安全审评原则(试行)[S]. 北京：国家核安全局，2016.

[26] 马明泽. 概率安全分析技术在核安全领域中的应用[M]. 北京：原子能出版社，2010.

[27] 国家质量监督检验检疫总局，中国国家标准化管理委员会. 核电厂应急计划于准备准则 第1部分：应急计划区的划分：GB/T 17680. 1 - 2008[S]. 北京：国家标准化管理委员会，2008. 07.

[28] 中华人民共和国国家质量监督检验检疫总局. 电离辐射防护与辐射源安全基本标准：GB 18871 - 2002[S]. 北京：中国标准出版社，2002. 10.

[29] 卫生部工业卫生实验所. 核事故应急情况下公众受照计量估算的模式和参数：GB/T 17982 - 20000[S]. 北京：中国标准出版社，2000.

[30] 苏永杰，王建华，李文辉，等．小型堆应急计划区划分方法的探讨[J]. 辐射防护，2017，37(03)：235-239.

[31] 生态环境部核与辐射安全中心，北京市辐射安全研究会．小型核动力厂非居住区和规划限制区划分技术规范：T/BSRS 022-2020[S]. 2018.

[32] AUGUTIS J，ALZBUTAS R，CARELLI M，et al. Small Reactors without On-site Refuelling：Neutronic Characteristics，Emergency Planning and Development Scenarios[J]. 2010.

[33] 国家技术监督局．2×600MW压水堆核电厂核岛系统设计建造规范：GB/T 15761-1995[S]. 北京：中国标准出版社，1995.

[34] SOFFER L，BURSON S B，FERRELL C M，et al. Accident Source Terms for Light-water Nuclear Power Plants. Final Report[R]. Nuclear Regulatory Commission，1995.

[35] 王军龙，魏述平，刘嘉嘉，等．模块式小型堆MAAP建模及严重事故裂变产物释放特性研究[J]. 核动力工程，2015，36(S2)：20-23. DOI：10.13832/j.jnpe.2015.S2.0020.

[36] International Atomic Energy Agency. Advances in Small Modular Reactor Technology Developments：A Supplement to the IAEA Advanced Reactors Information System (ARIS)[M]. IAEA，2022.

[37] 徐广铎，余文生，王金秋，等．一体化小型核供热堆简化场外应急预案的研究[J]. 核科学与工程，2022，42(03)：684-691.

[38] 王淅铖，王鼎渠，蒋跃元，等．NHR200-Ⅱ燃料组件定位格架简化建模方法研究[J]. 核动力工程，2021，42(04)：105-111.

[39] 郝文涛，张亚军，杨星团，等．小型一体化全功率自然循环压水堆NHR200-Ⅱ技术特点及热力市场应用分析[J]. 清华大学学报(自然科学版)，2021，61(04)：322-328.

[40] ZHANG W X，WANG D Z. NHR-200 Nuclear Energy System and Its Possible Applications[J]. Progress in Nuclear Energy，1995，29：193-200.

[41] ZHE D，PAN Y，MIAO L，et al. Dynamic Modeling of the NSSS Based on NHR200-II Nuclear Heating Reactor[C]//International Conference on Nuclear Engineering. American Society of Mechanical Engineers，2018，51432：V001T13A026.

[42] 徐洪杰，戴志敏，蔡翔舟，等．钍基熔盐堆和核能综合利用[J]. 现代物理知识，2018，30(04)：25－34.

[43] 蔡翔舟，戴志敏，徐洪杰．钍基熔盐堆核能系统[J]. 物理，2016，45(09)：578－590.

>>> 索引